U0308678

中式合院设计

王钊宏 著

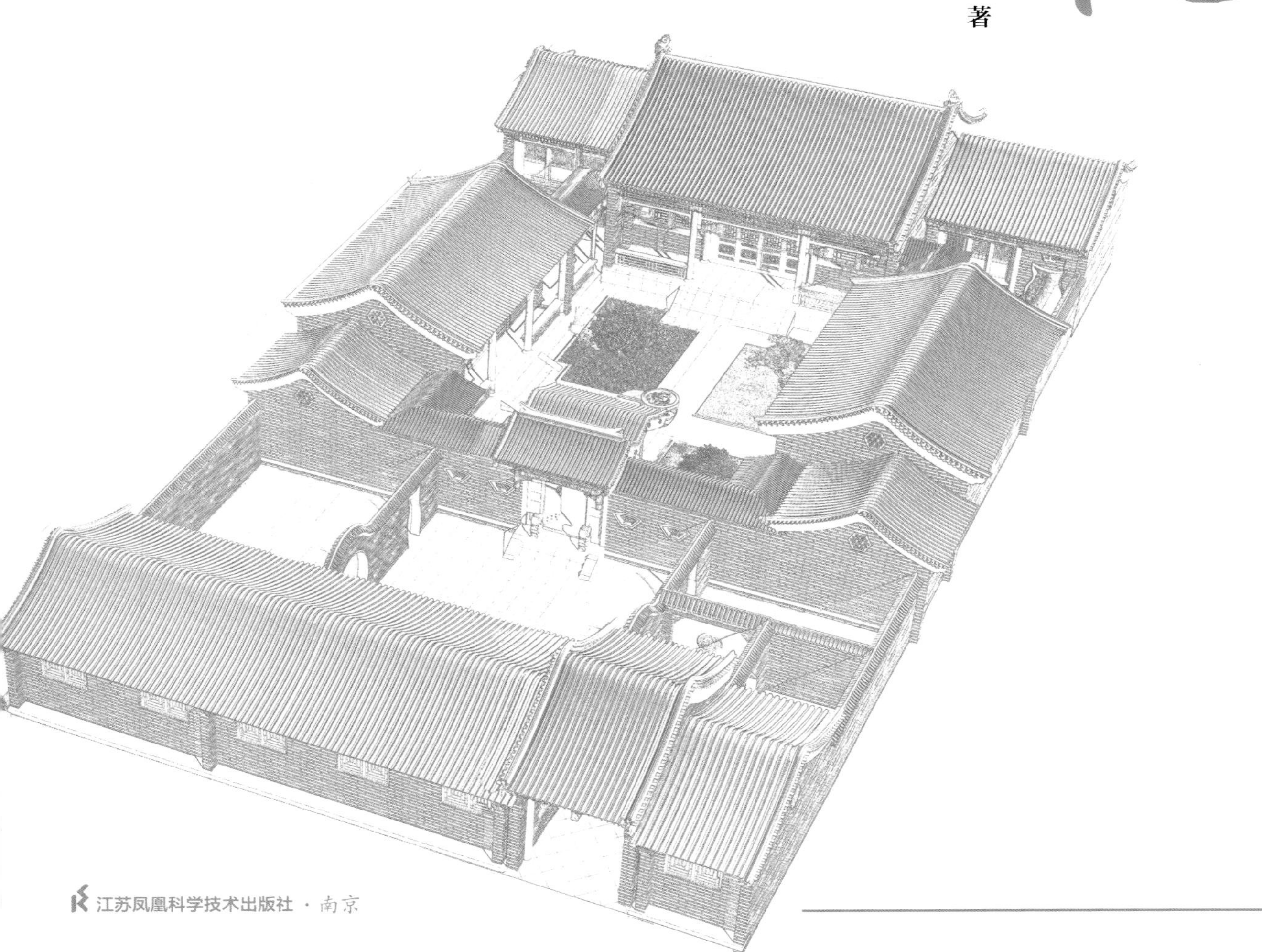

江苏凤凰科学技术出版社 · 南京

图书在版编目（CIP）数据

中式合院设计 / 王钥宏著 . -- 南京 : 江苏凤凰科学技术出版社 , 2023.6（2025.1 重印）
ISBN 978-7-5713-3586-1

Ⅰ . ①中… Ⅱ . ①王… Ⅲ . ①别墅－建筑设计－中国
Ⅳ . ① TU241.1

中国国家版本馆 CIP 数据核字 (2023) 第 098666 号

中式合院设计

著　　者　王钥宏
项目策划　凤凰空间／肖莹莹
责任编辑　赵　研　刘屹立
特约编辑　杨　畅

出版发行　江苏凤凰科学技术出版社
出版社地址　南京市湖南路 1 号 A 楼，邮编：210009
出版社网址　http://www.pspress.cn
总 经 销　天津凤凰空间文化传媒有限公司
总经销网址　http://www.ifengspace.cn
印　　刷　天津裕同印刷有限公司

开　　本　889 mm×1 194 mm　1 / 16
印　　张　19.5
插　　页　4
字　　数　136 000
版　　次　2023 年 6 月第 1 版
印　　次　2025 年 1 月第 3 次印刷

标准书号　ISBN 978-7-5713-3586-1
定　　价　450.00 元（精）

图书如有印装质量问题，可随时向销售部调换（电话：022-87893668）。

参编人员

屈靖淞　周广勇　李　旭　牛　旭　姚金江

朱锦龙　凡　俊　裴怡斐　李洪坤　何　璇

陈安豪　刘静丽　孙文博　曹　凯

前言

我是一名中国传统文化爱好者，也是中式合院的追随者，带领十余人的团队，专注于中式合院的设计与施工。在所参与的项目中，结识了非常信任我们的甲方，放心地把项目交给我们；结识了经验丰富的匠人，让我们可以从工匠的角度体味中式建筑的一砖一瓦，领会传统工艺的精湛；也结识了不同的古建筑材料厂家，让我们见证材料、工艺的日新月异。中国的建筑文化有着数千年的沉淀，我们在与中式合院打交道的过程中，深知古建筑文化的博大精深、学无止境，我们团队也在实践中虚心学习、取长补短，认真打磨我们的设计作品。

由于宅基地的面积有相应的限制，农村的自建房户型越来越往小户型方向发展，所以本书内容增加了较多的小户型设计，再结合不同风格、不同类型的中式合院案例进行讲解。全书分为中式别墅、小型合院、三合院、四合院、宗祠五大类别，共 124 个案例，每个案例均附有简要的户型信息、户型平面图及外观效果图，并配有对应的二维码，可扫码观看视频，部分视频为现场实景案例，部分视频为户型分析讲解。因施工图的制作是一项系统性的工作，每一套施工图会占到几十页的篇幅，一本书下来也展示不了几套图纸，故本书未做施工图纸的展示仅保留其图纸编号。为满足不同层次读者的需求，本书案例力求大、中、小、微都涵盖，风格从京派、苏派到徽派都有展示。书中的户型都是真实案例，基本遵循农村常见的习俗来布局，也结合了甲方的具体需求。因各地文化的差异，建房者在参考户型时可以根据自己的需求做些适当调整。

传承中式文化，设计经典合院，谨以此书献给喜欢中式合院的朋友，也可作为建房者的户型参考。由于本人水平有限，书中若有疏漏、不当之处，敬请广大读者批评指正。

王钥宏

2023 年 1 月

目录

家和万事兴

第一章

中式别墅案例

案例 01

外观效果图

户型信息

【图纸编号】193

【建筑层数】1 层

【用地宽度】16.74 米

【用地长度】13.74 米

【用地面积】230.01 平方米

【建筑面积】248.55 平方米

扫码观看相关视频

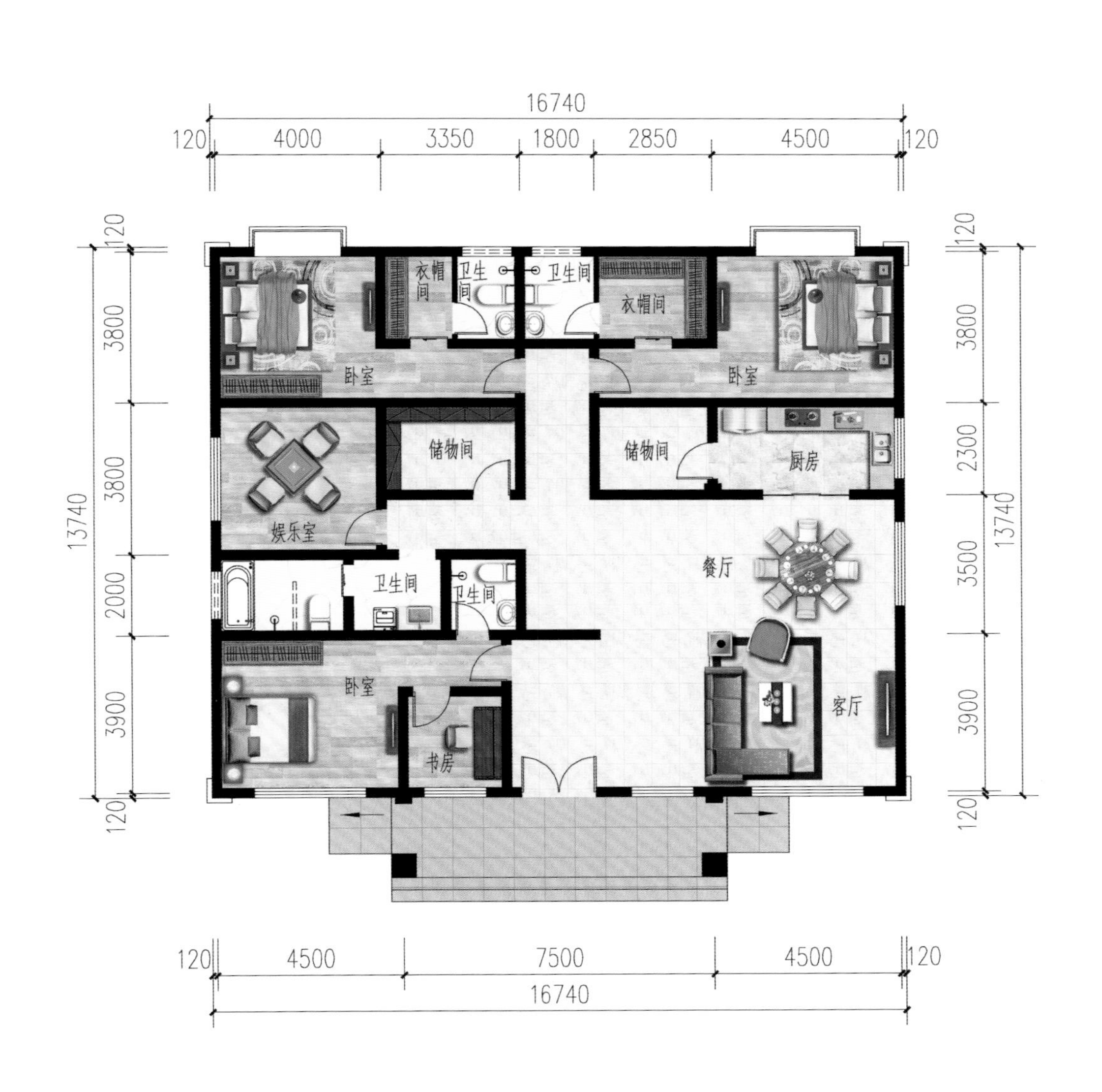

平面图

案例
02

外观效果图

户型信息

【图纸编号】202　　【用地长度】12 米

【建筑层数】1 层　　【用地面积】180 平方米

【用地宽度】15 米　　【建筑面积】198.09 平方米

扫码观看相关视频

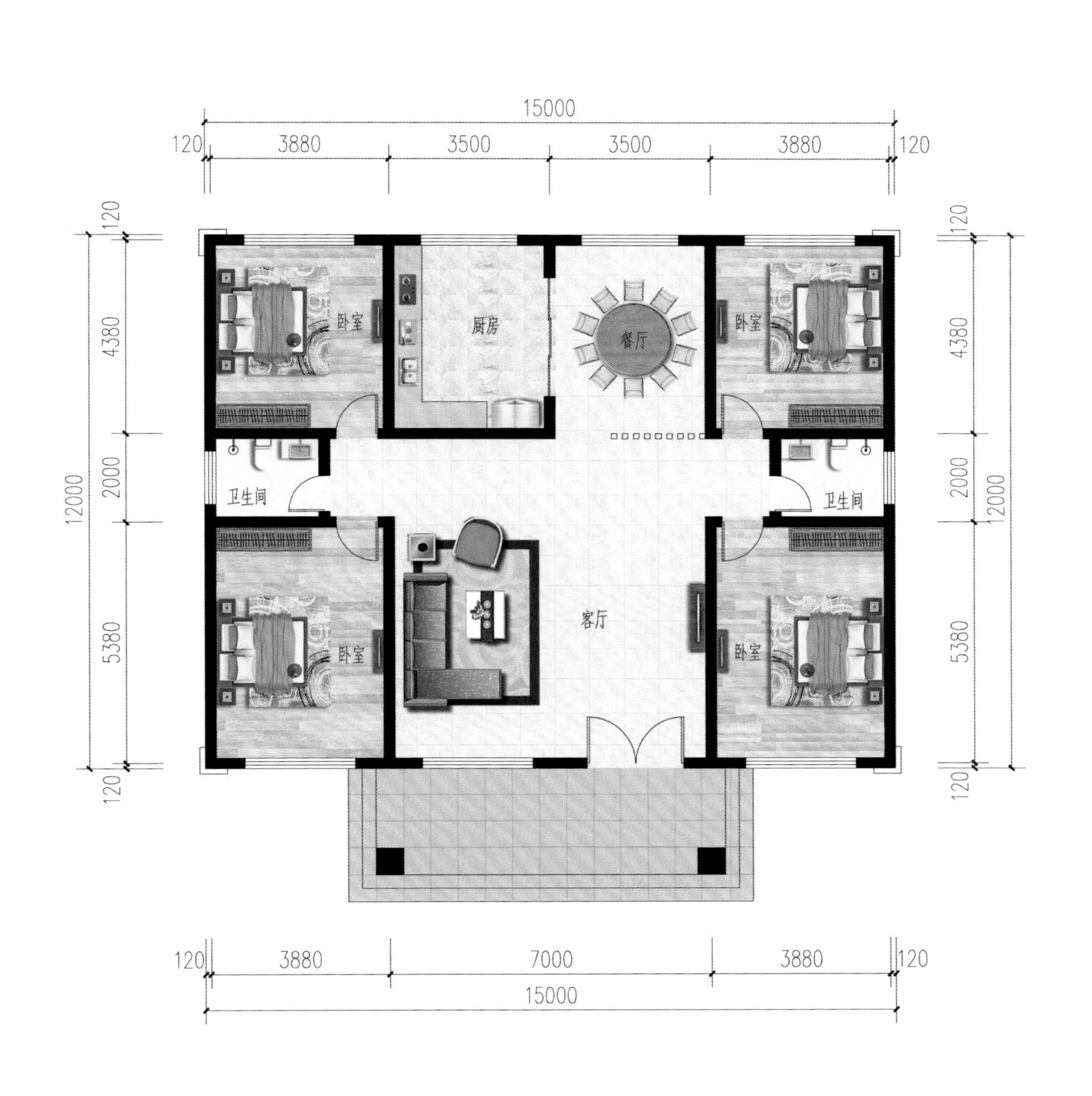

平面图

案例03

外观效果图

户型信息

【图纸编号】174 【用地长度】17.24 米

【建筑层数】1 层 【用地面积】245.50 平方米

【用地宽度】14.24 米 【建筑面积】216.43 平方米

扫码观看相关视频

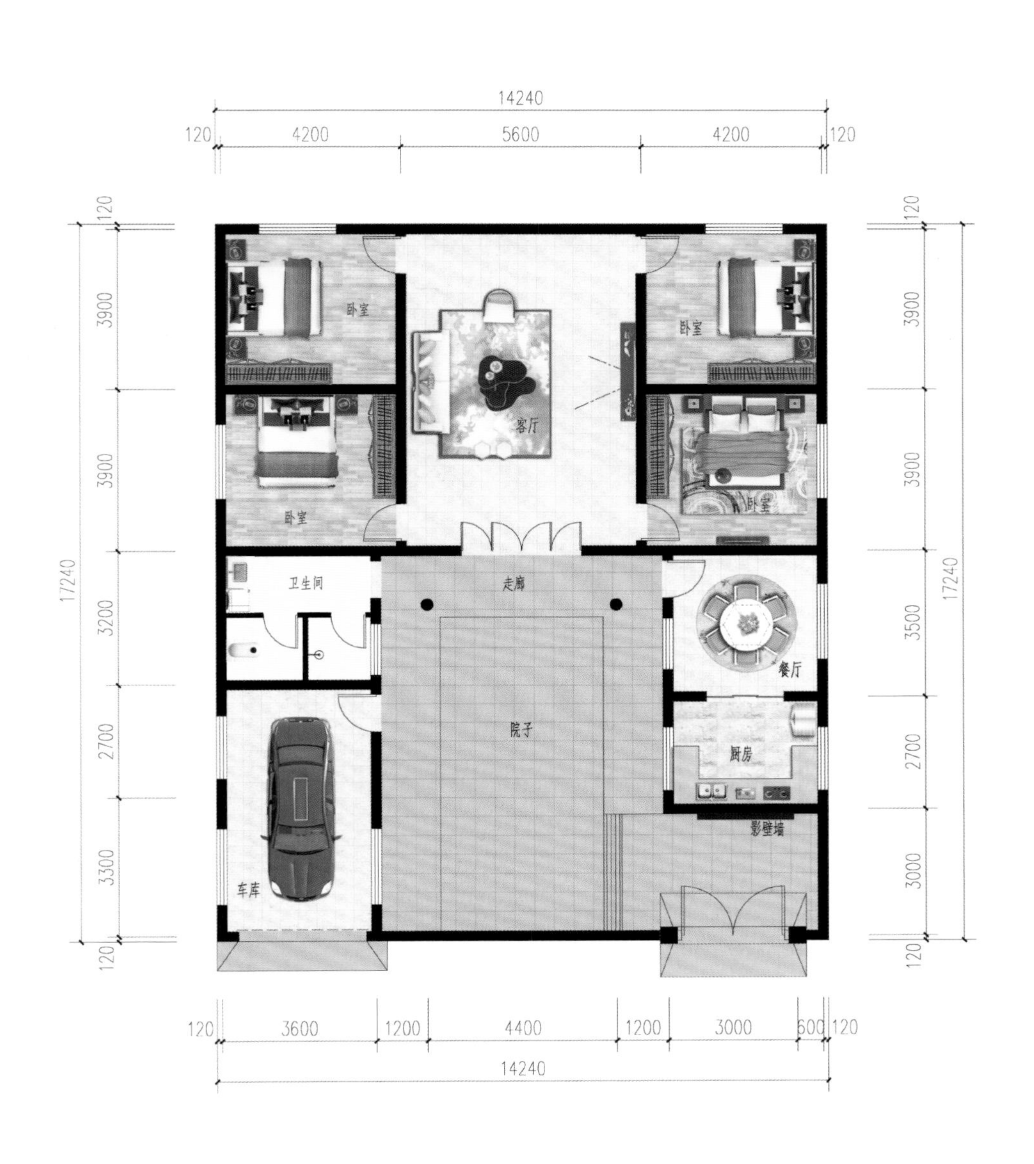

平面图

案例 04

外观效果图

户型信息

【图纸编号】176

【建筑层数】1层

【用地宽度】13.24 米

【用地长度】11.62 米

【用地面积】153.85 平方米

【建筑面积】148.26 平方米

扫码观看相关视频

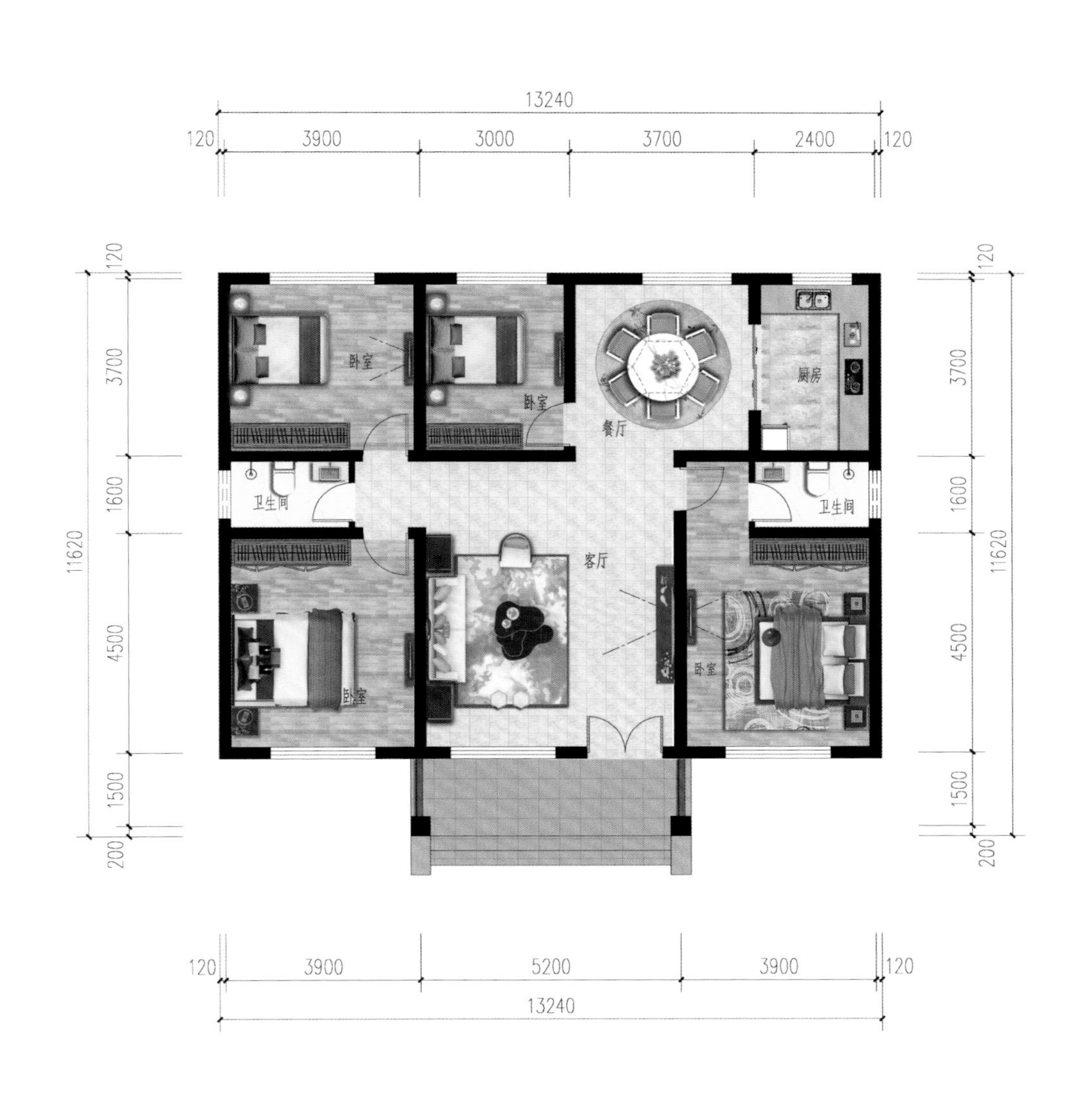

平面图

案例 05

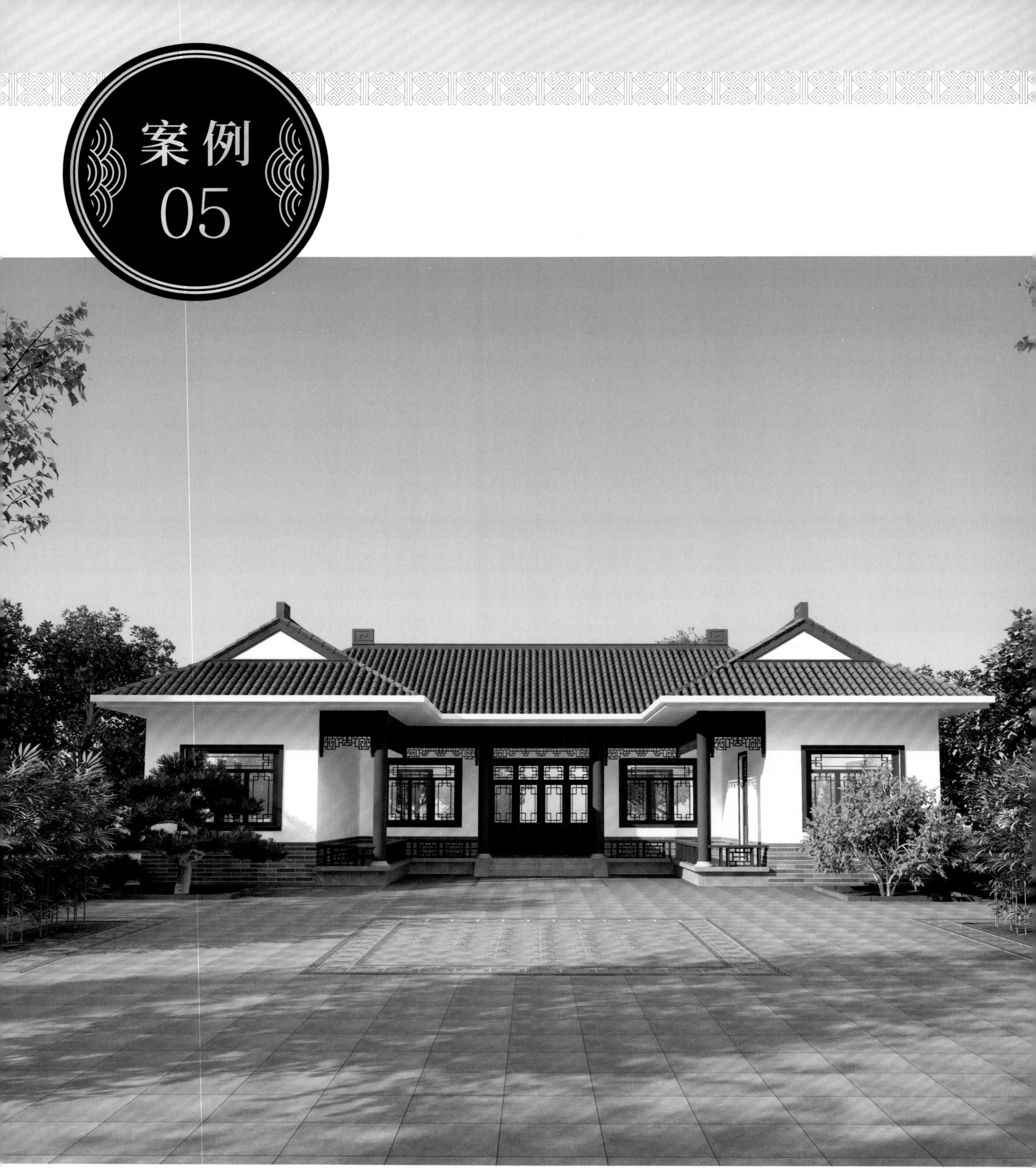

外观效果图

户型信息

【图纸编号】175

【建筑层数】1 层

【用地宽度】17.64 米

【用地长度】11.54 米

【用地面积】203.57 平方米

【建筑面积】177.99 平方米

扫码观看相关视频

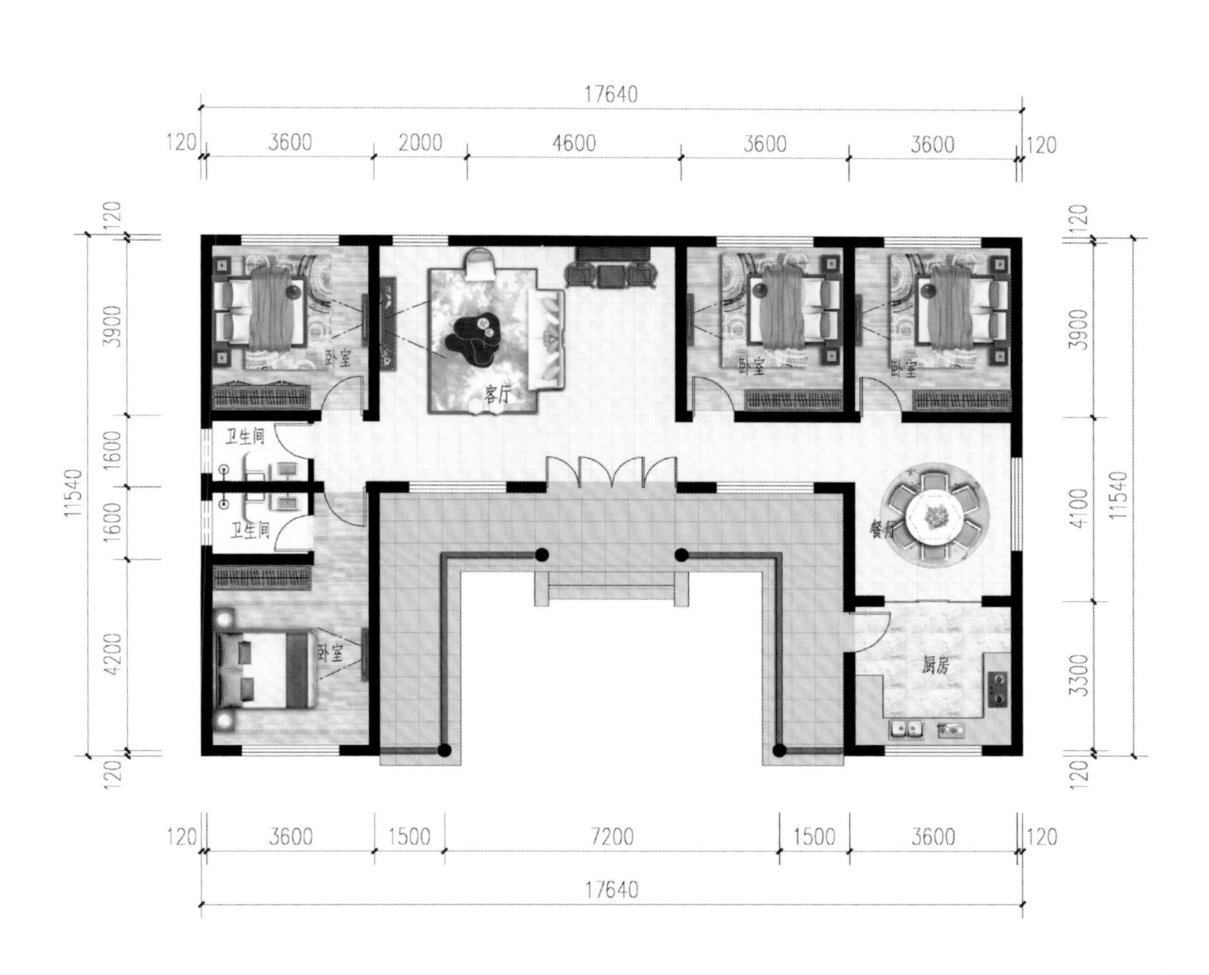

平面图

案例 06

外观效果图

户型信息

【图纸编号】150

【建筑层数】2 层

【用地宽度】18.60 米

【用地长度】13.45 米

【用地面积】250.17 平方米

【建筑面积】353.70 平方米

扫码观看相关视频

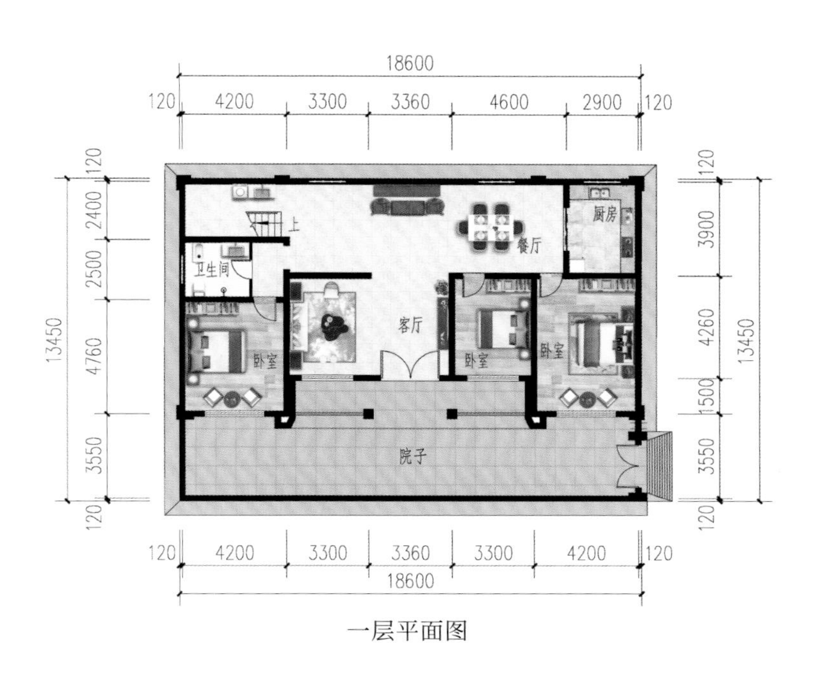

一层平面图

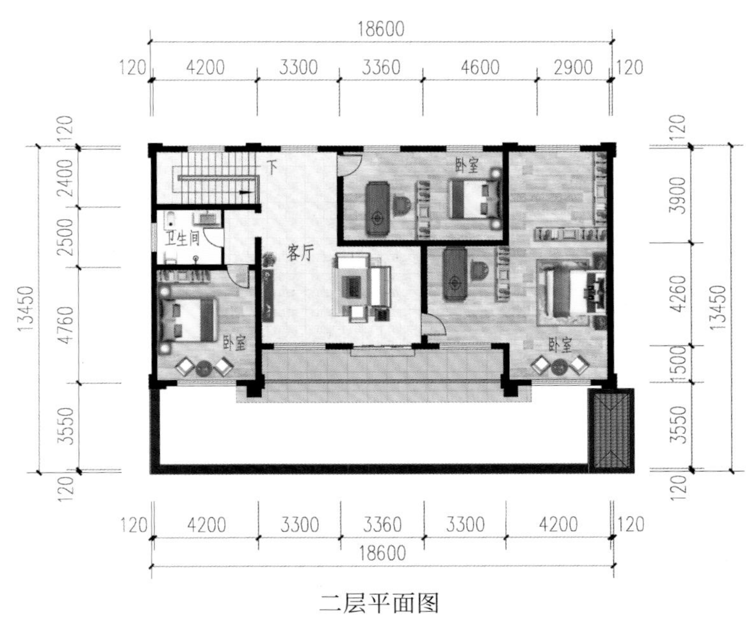

二层平面图

案例 07

外观效果图

户型信息

【图纸编号】153

【建筑层数】2 层

【用地宽度】16.32 米

【用地长度】16.32 米

【用地面积】266.34 平方米

【建筑面积】264.78 平方米

扫码观看相关视频

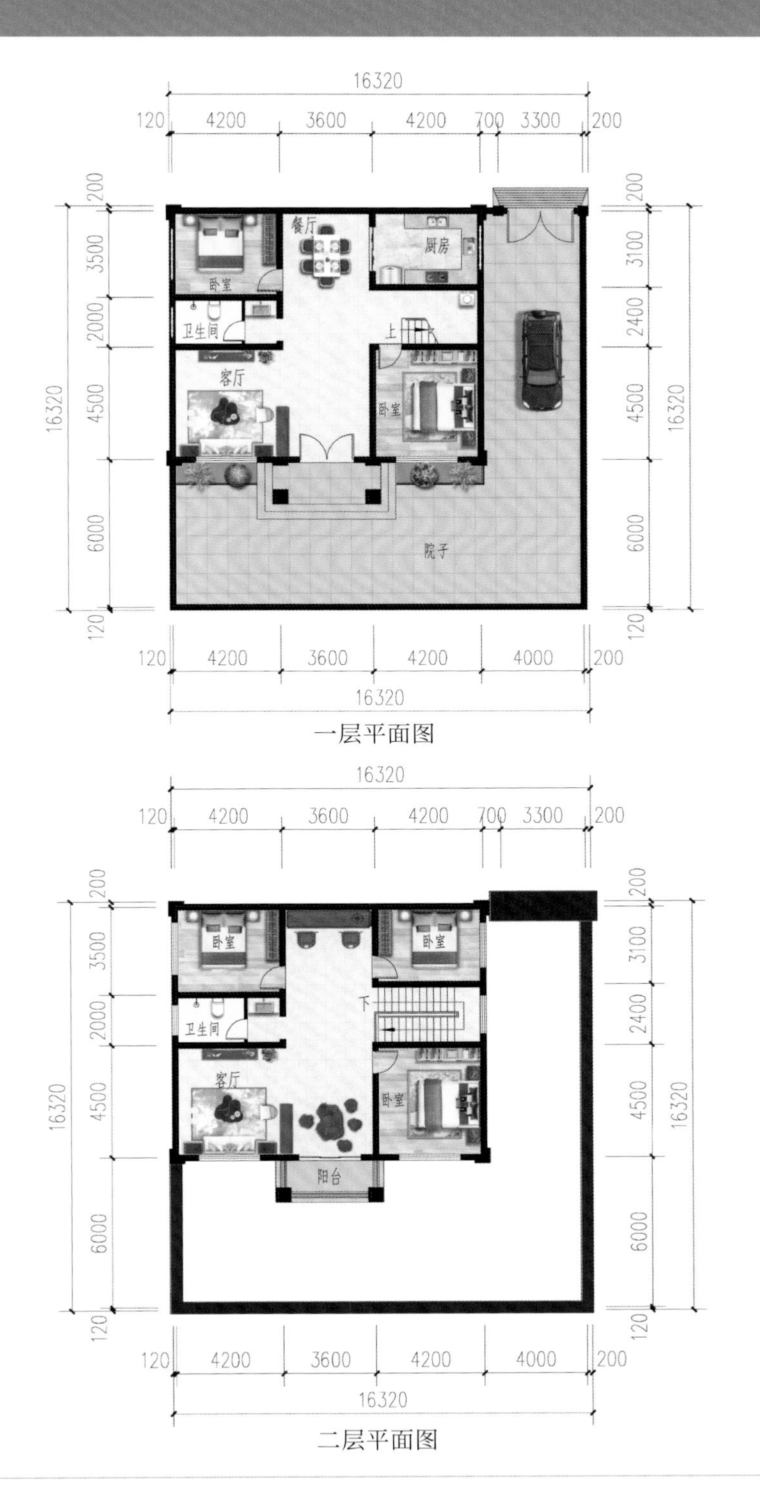

案例 08

外观效果图

户型信息

【图纸编号】231

【建筑层数】2 层

【用地宽度】16.14 米

【用地长度】12.14 米

【用地面积】195.94 平方米

【建筑面积】242.99 平方米

扫码观看相关视频

一层平面图

二层平面图

案例 09

外观效果图

户型信息

【图纸编号】084
【建筑层数】2 层
【用地宽度】18.24 米
【用地长度】26.02 米
【用地面积】474.60 平方米
【建筑面积】615.00 平方米

扫码观看相关视频

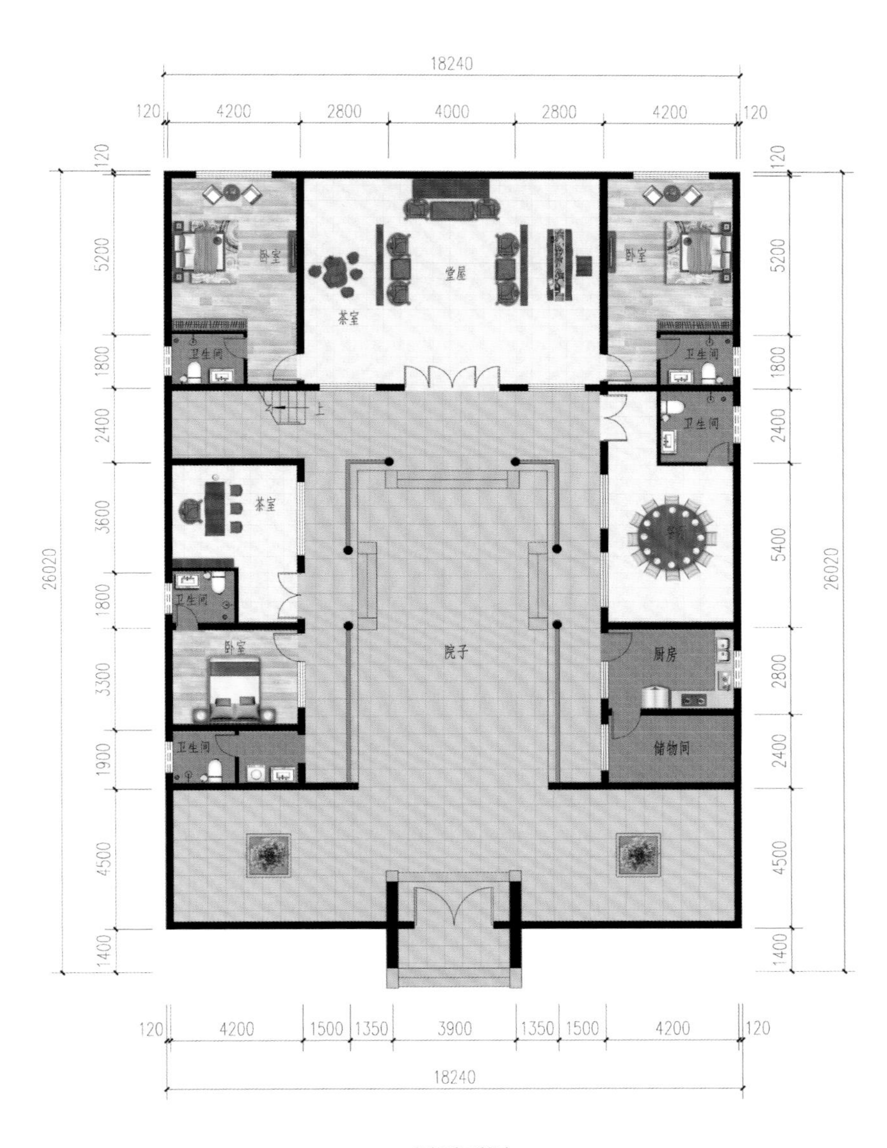

一层平面图

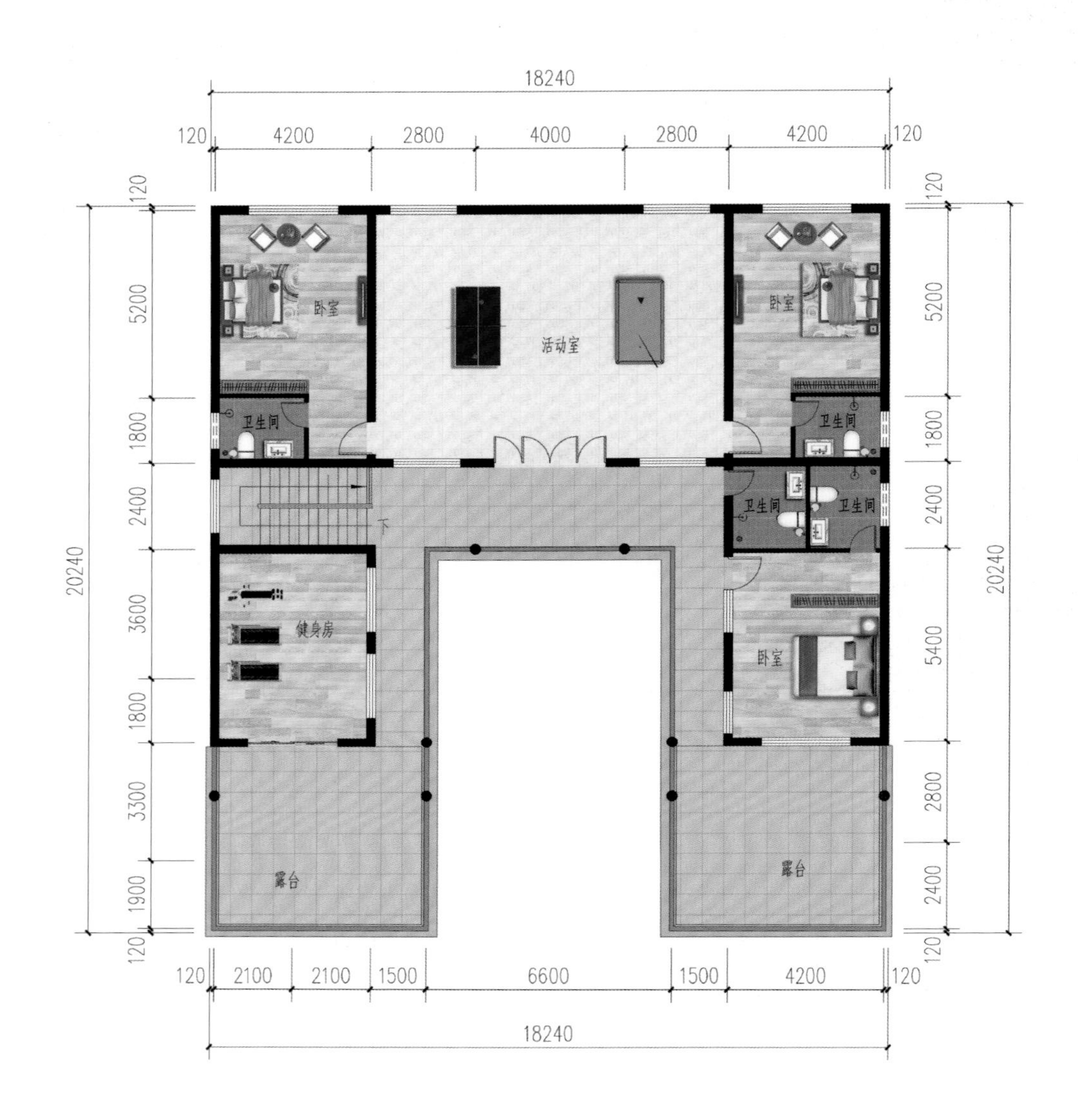
18240
120
4200
2800
4000
2800
4200
120
卧室
活动室
卧室
卫生间
卫生间
卫生间
卫生间
下
健身房
卧室
露台
露台
5200
1800
2400
3600
1800
3300
1900
20240
5400
2800
2400
2100
1500
6600

二层平面图

外观效果图

户型信息

【图纸编号】205

【建筑层数】2 层

【用地宽度】17.24 米

【用地长度】18.24 米

【用地面积】314.46 平方米

【建筑面积】452.90 平方米

扫码观看相关视频

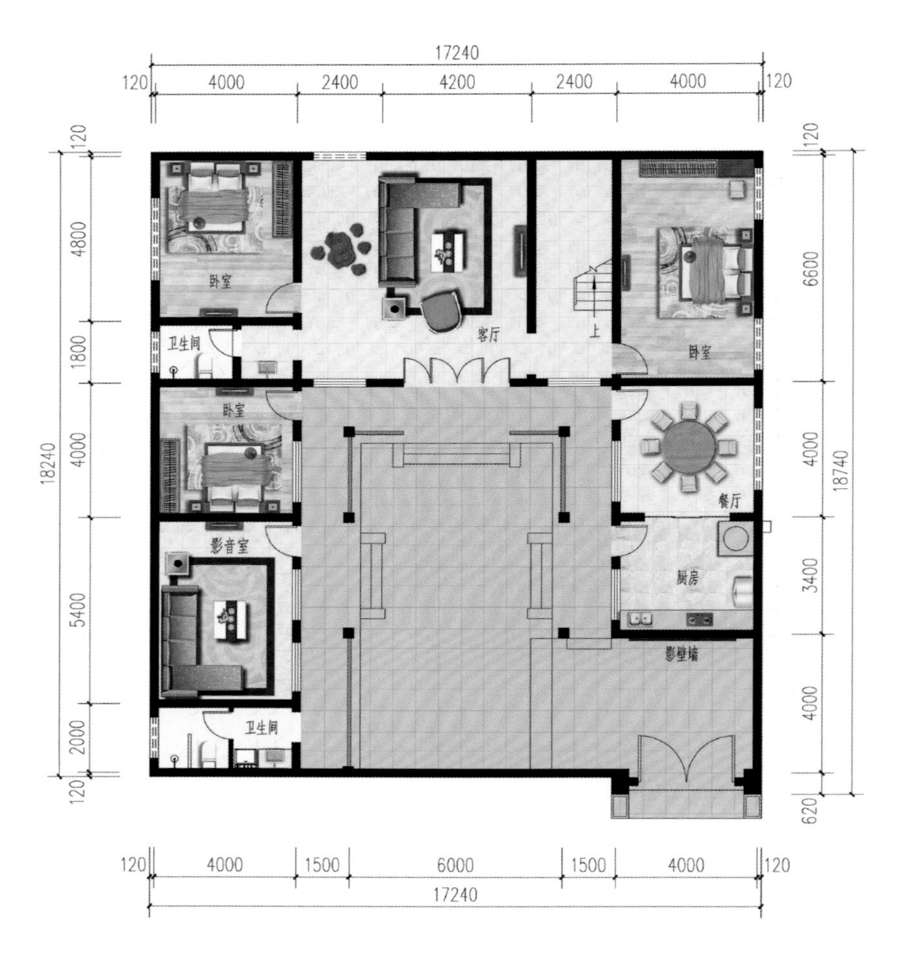

一层平面图

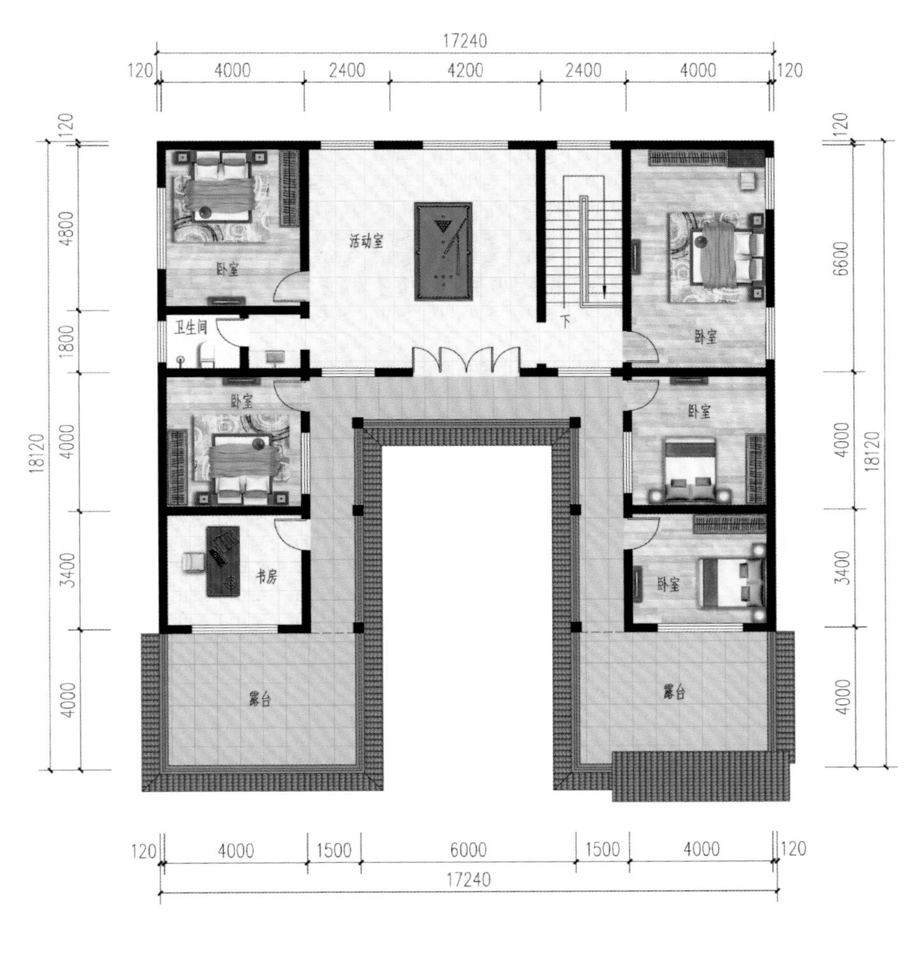
17240
120
4000
2400
4200
2400
4000
120
活动室
卧室
卫生间
下
卧室
卧室
卧室
书房
卧室
露台
露台
4800
1800
4000
3400
4000
18120
6600
4000
3400
4000
18120
120
4000
1500
6000
1500
4000
120
17240

二层平面图

案例 11

外观效果图

户型信息

【图纸编号】115

【建筑层数】2 层

【用地宽度】12.74 米

【用地长度】21.07 米

【用地面积】268.43 平方米

【建筑面积】351.13 平方米

扫码观看相关视频

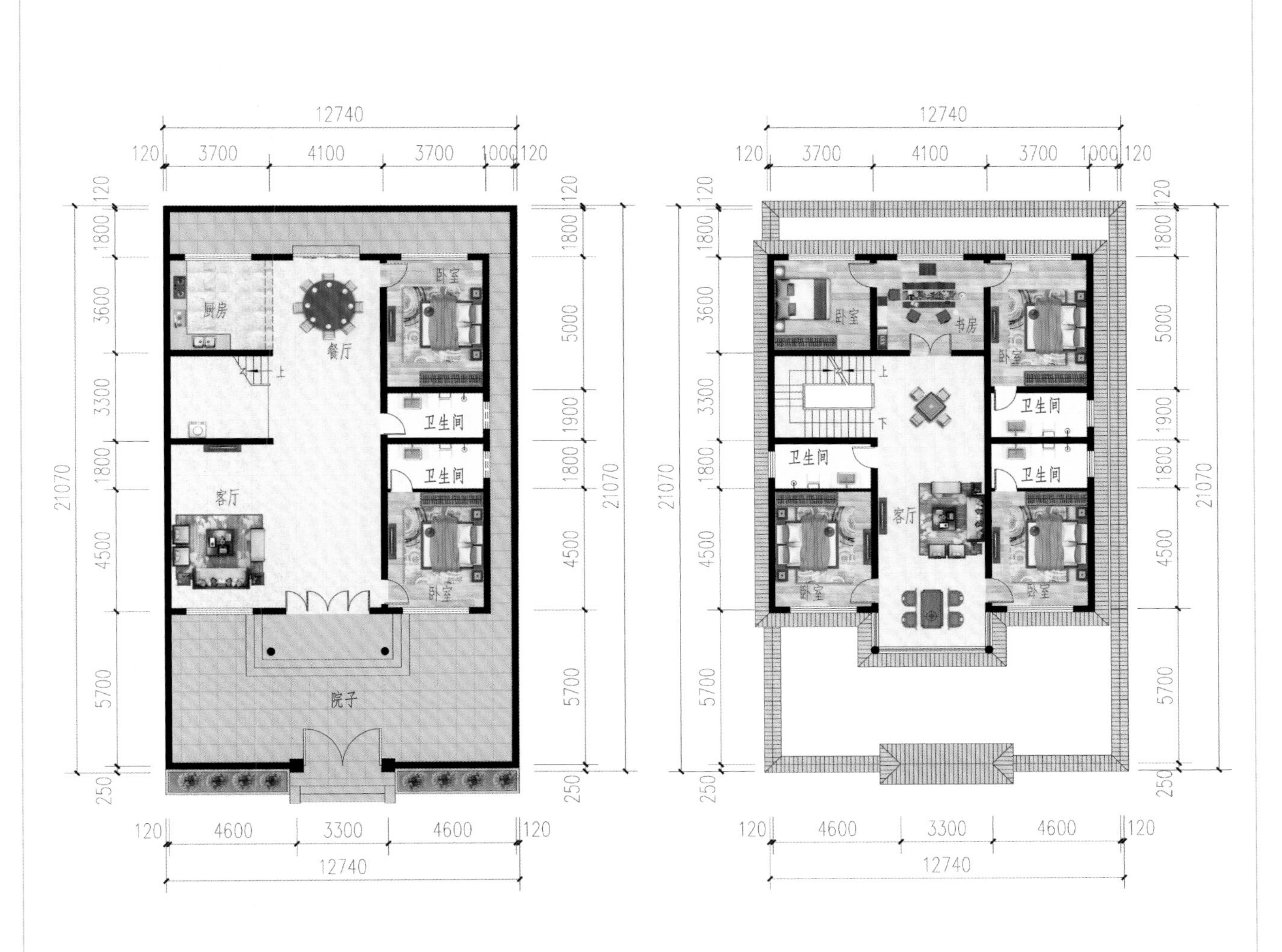

一层平面图

二层平面图

案例 12

外观效果图

户型信息

【图纸编号】128

【建筑层数】2 层

【用地宽度】14.24 米

【用地长度】20.24 米

【用地面积】288.22 平方米

【建筑面积】354.62 平方米

扫码观看相关视频

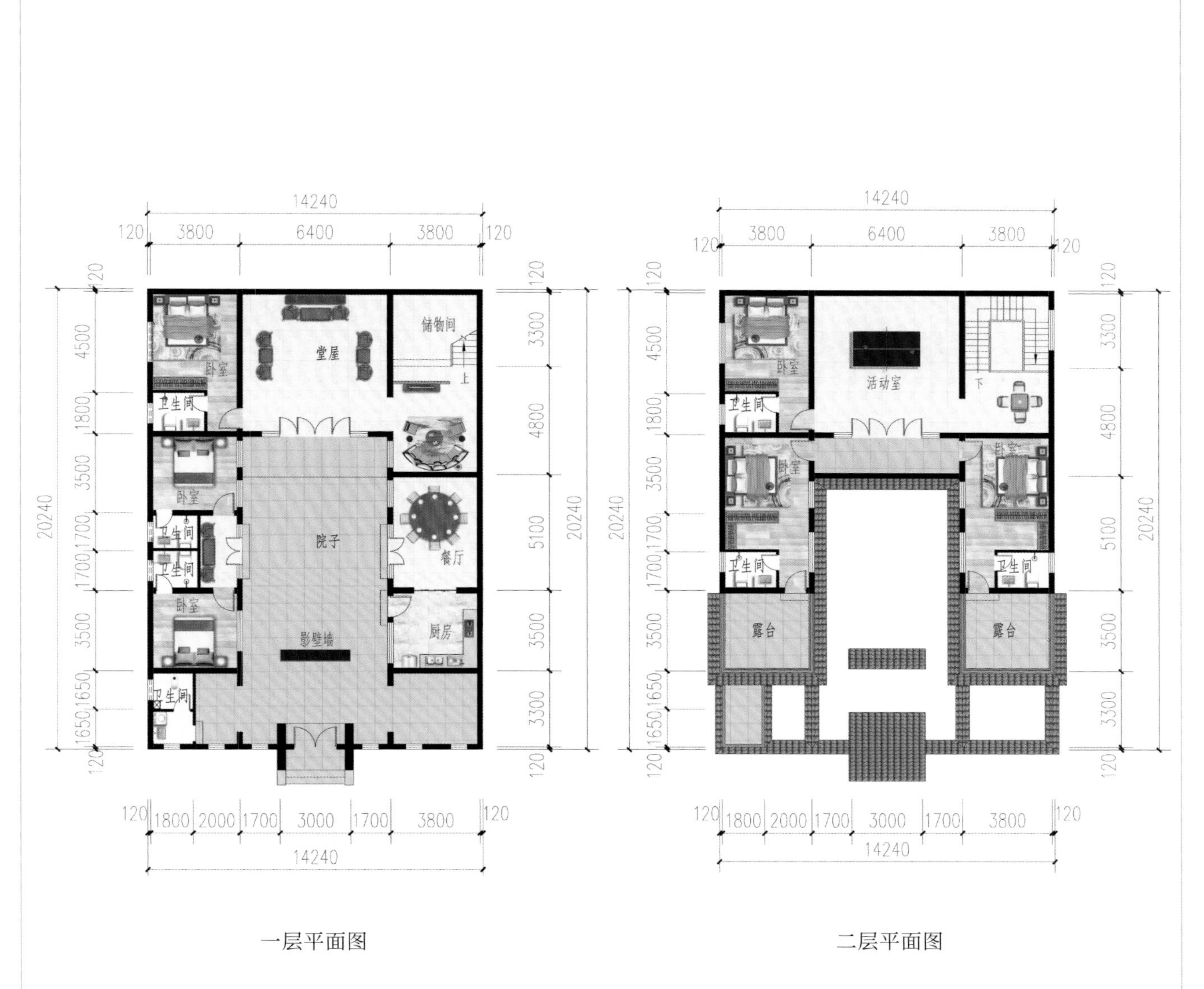

一层平面图

二层平面图

案例13

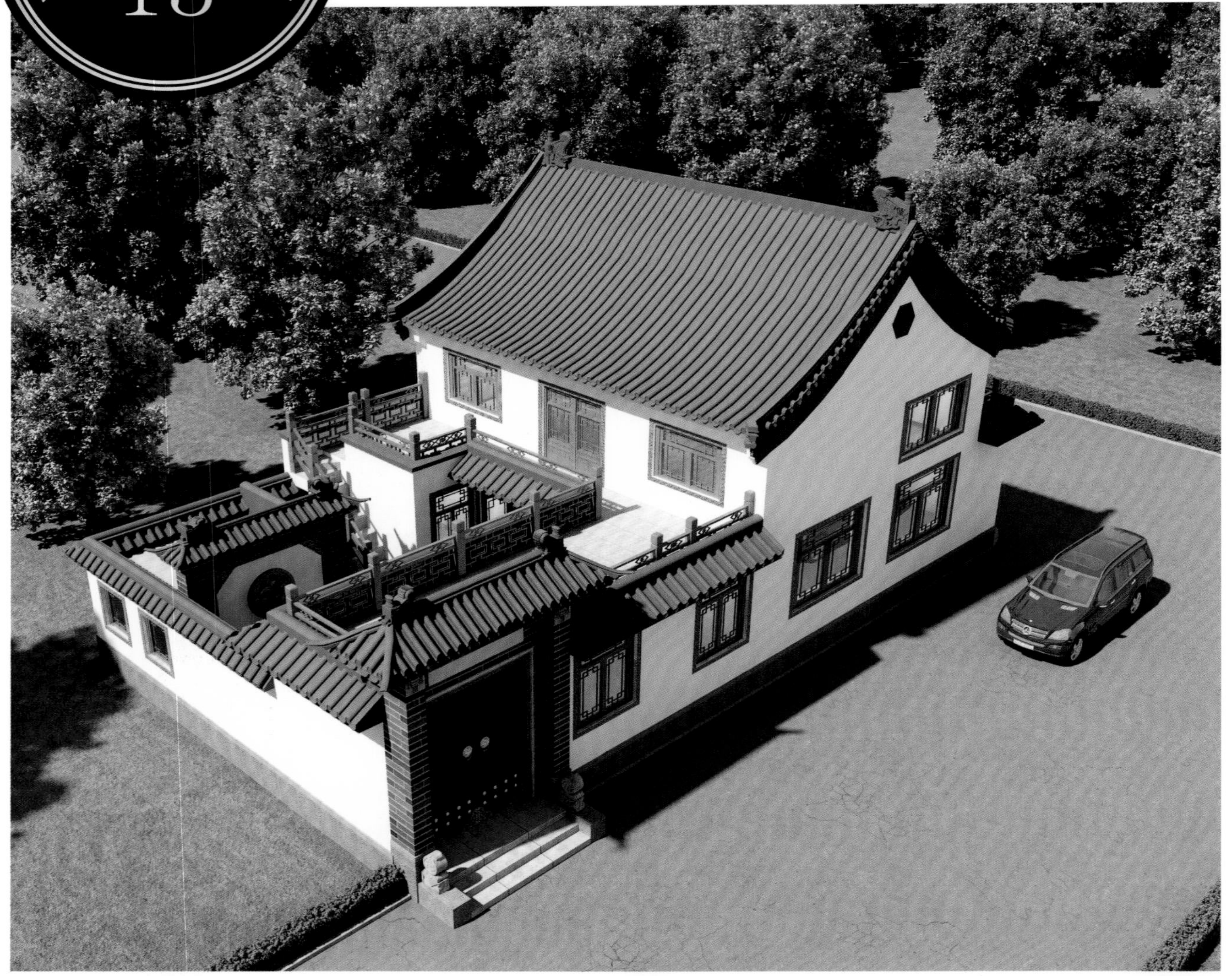

外观效果图

户型信息

【图纸编号】139

【建筑层数】2 层

【用地宽度】10.57 米

【用地长度】18.24 米

【用地面积】192.80 平方米

【建筑面积】259.00 平方米

扫码观看相关视频

一层平面图　　二层平面图

案例14

外观效果图

户型信息

【图纸编号】178　　【用地长度】14.50 米

【建筑层数】2 层　　【用地面积】191.40 平方米

【用地宽度】13.20 米　　【建筑面积】286.44 平方米

扫码观看相关视频

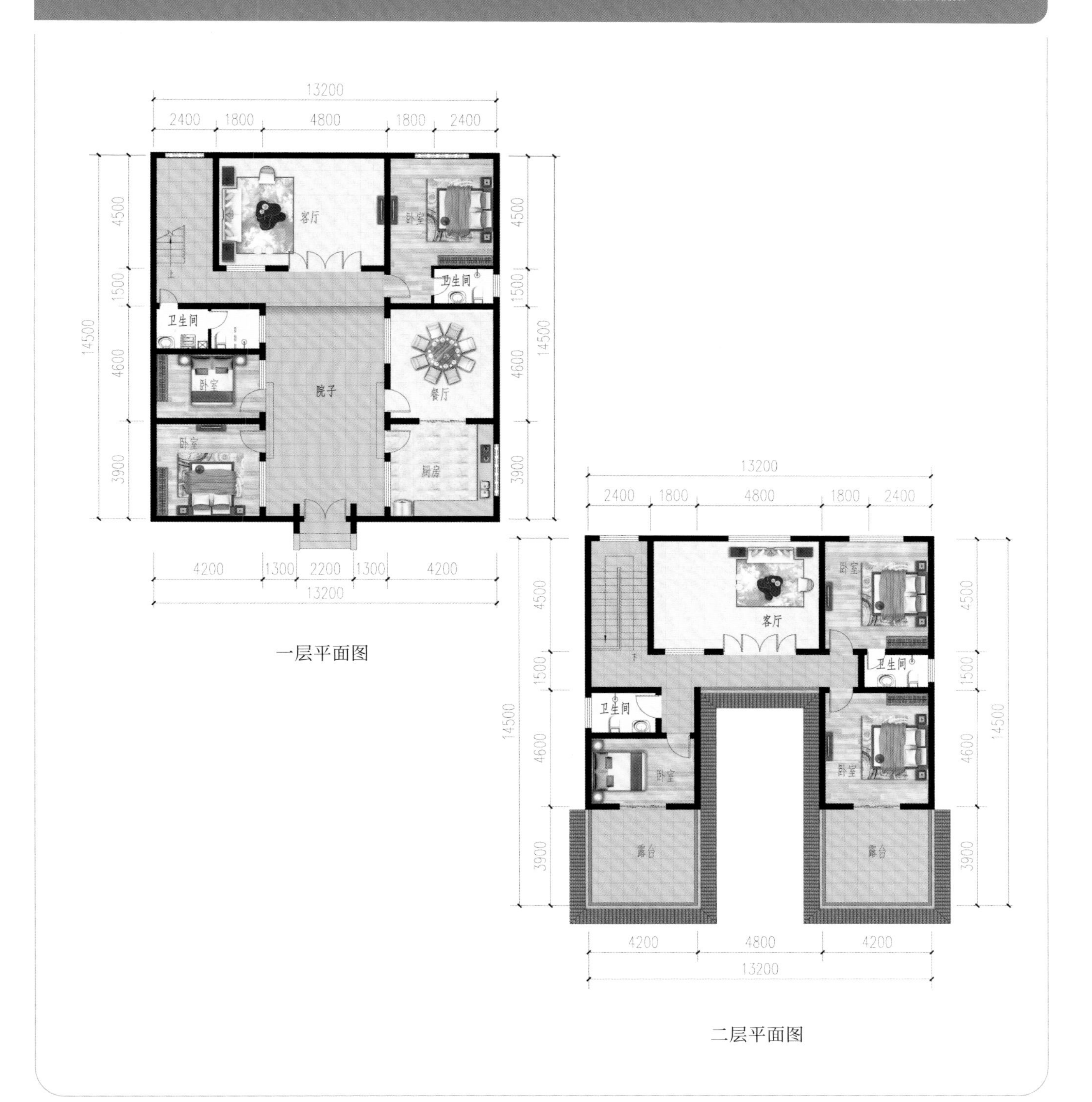

案例 15

外观效果图

户型信息

【图纸编号】168

【建筑层数】2 层

【用地宽度】13.00 米

【用地长度】10.30 米

【用地面积】133.90 平方米

【建筑面积】234.09 平方米

扫码观看相关视频

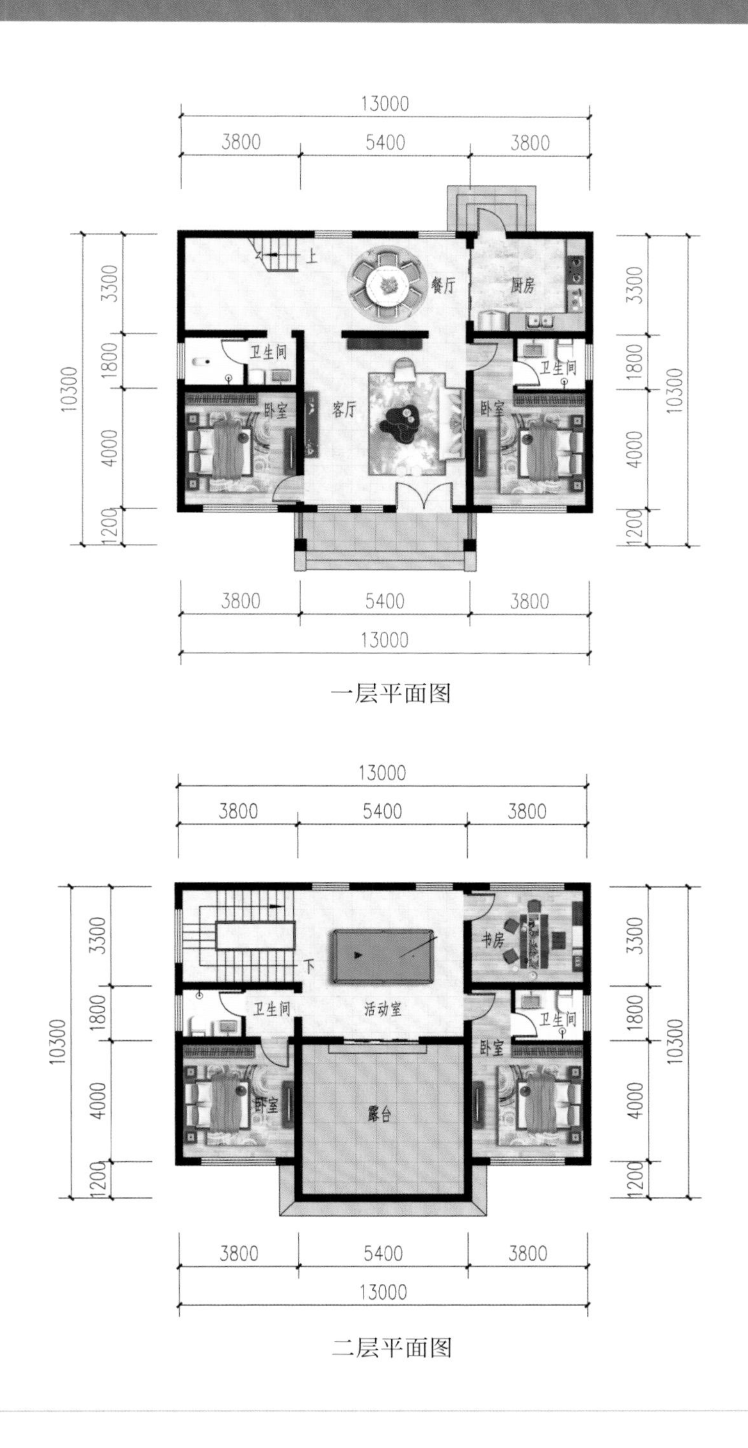

一层平面图

二层平面图

案例16

外观效果图

户型信息

【图纸编号】171

【建筑层数】2 层

【用地宽度】12.54 米

【用地长度】15.84 米

【用地面积】198.63 平方米

【建筑面积】303.06 平方米

扫码观看相关视频

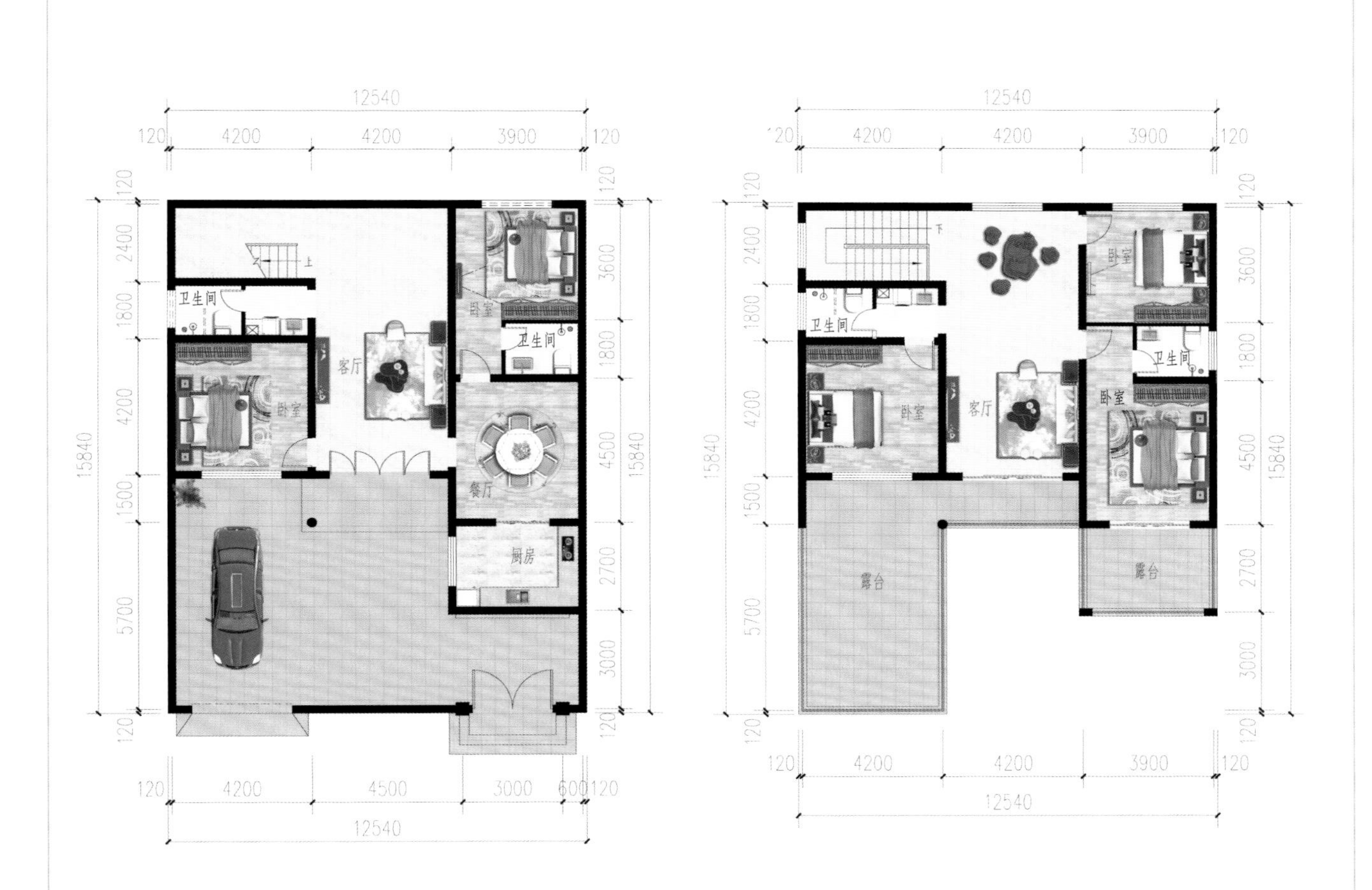

一层平面图

二层平面图

案例 17

外观效果图

户型信息

【图纸编号】166

【建筑层数】2 层

【用地宽度】20.40 米

【用地长度】24.00 米

【用地面积】489.60 平方米

【建筑面积】573.91 平方米

扫码观看相关视频

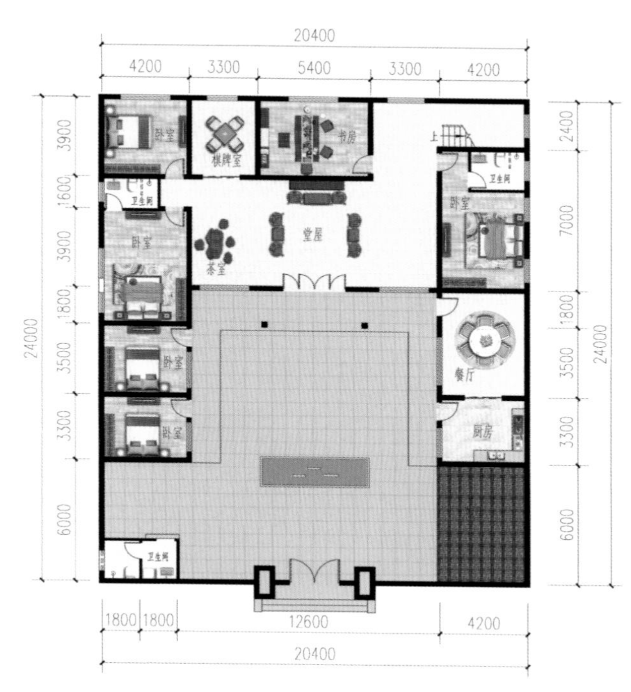

一层平面图

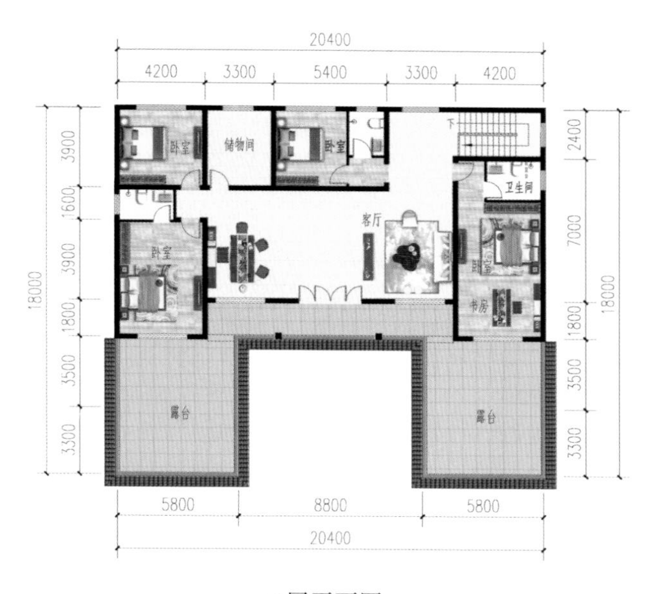

二层平面图

案例 18

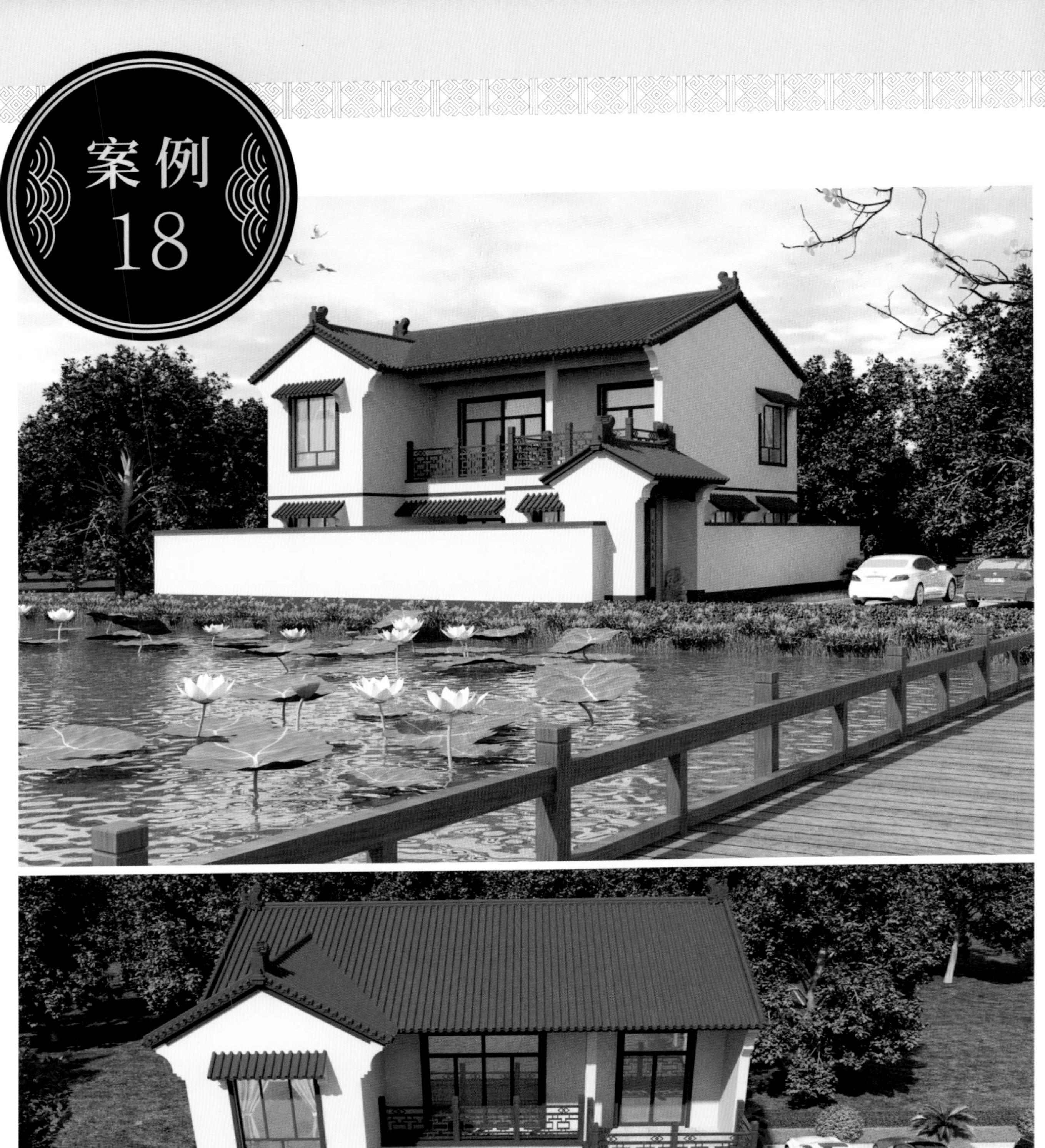

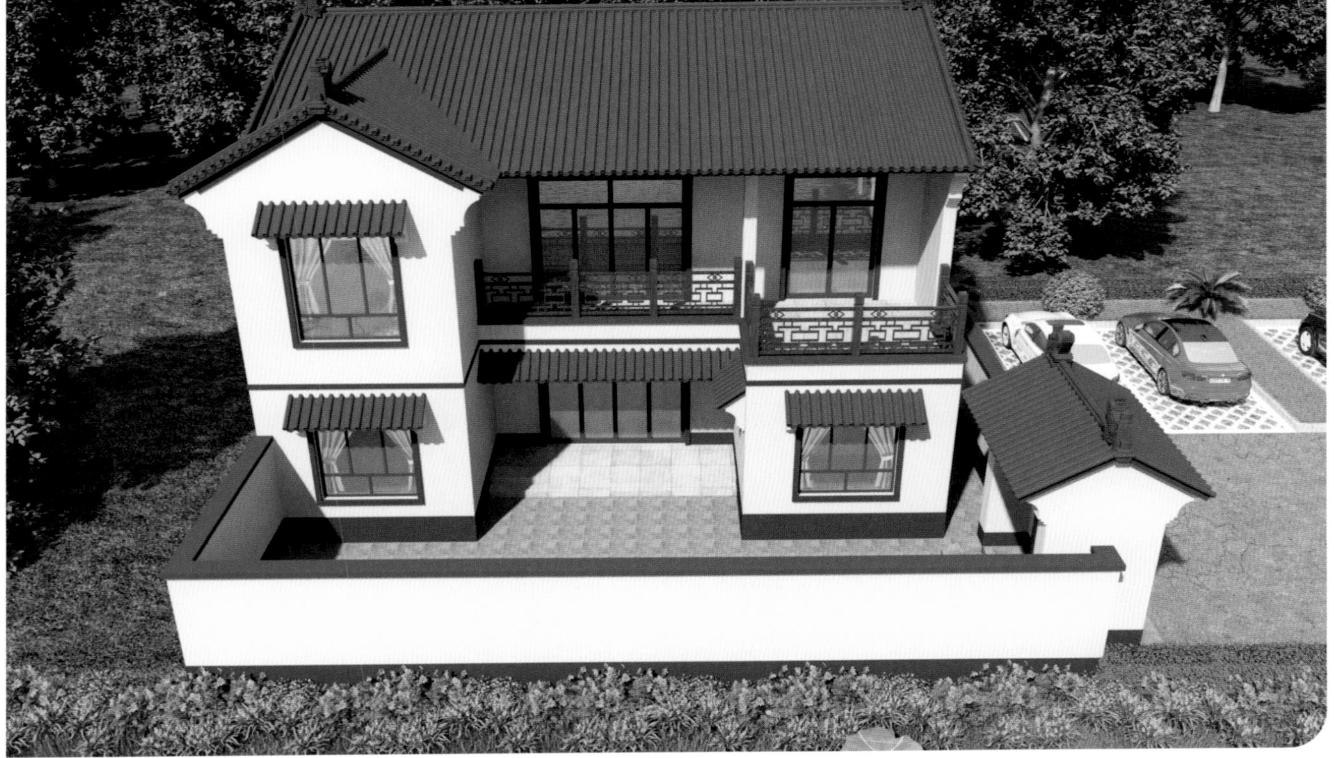

外观效果图

户型信息

【图纸编号】164

【建筑层数】2 层

【用地宽度】14.00 米

【用地长度】16.00 米

【用地面积】224.00 平方米

【建筑面积】239.74 平方米

扫码观看相关视频

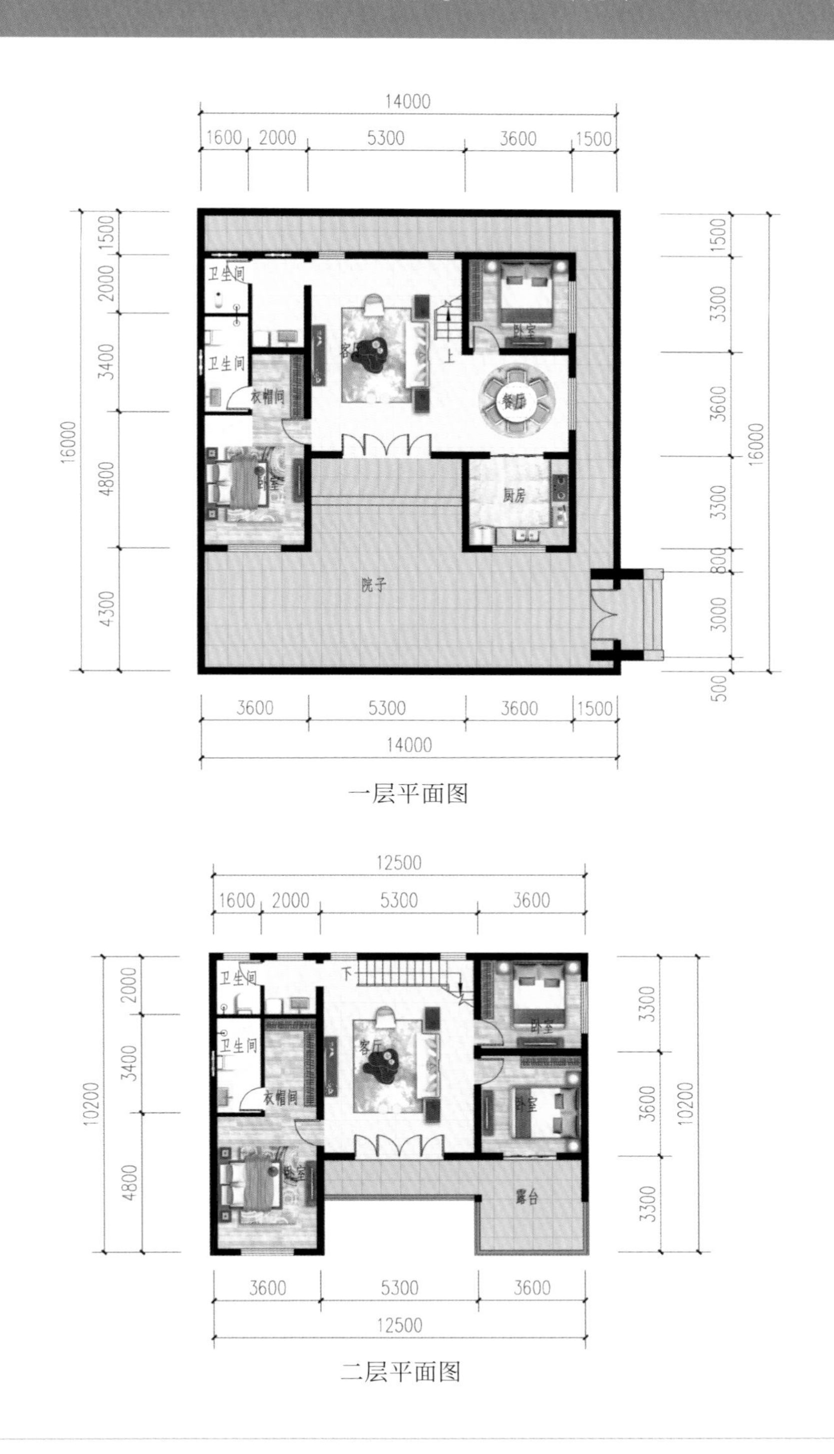

案例 19

外观效果图

户型信息

【图纸编号】191

【建筑层数】2 层

【用地宽度】20.24 米

【用地长度】23.64 米

【用地面积】478.47 平方米

【建筑面积】544.71 平方米

扫码观看相关视频

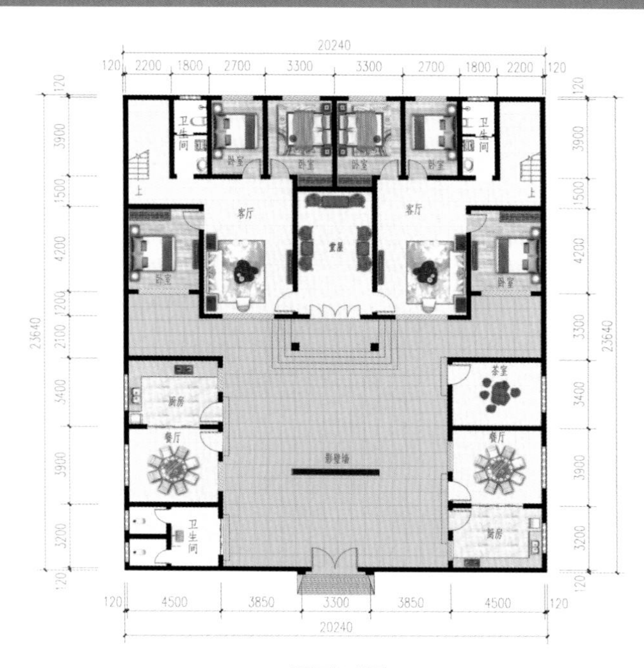

一层平面图

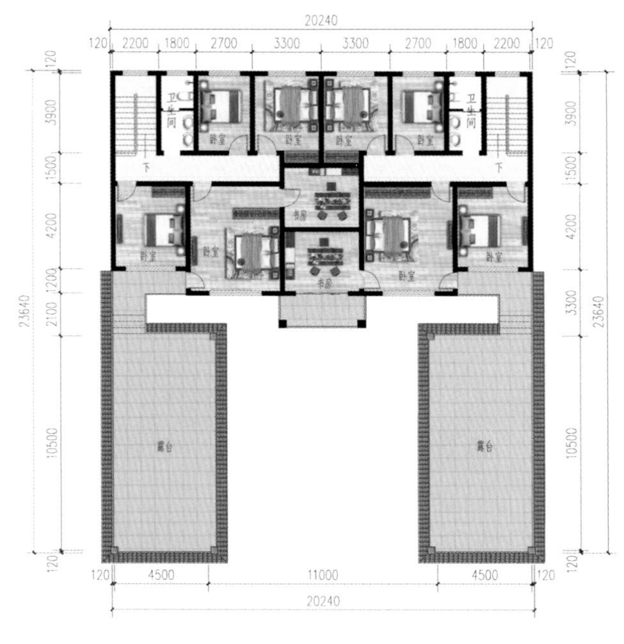

二层平面图

案例 20

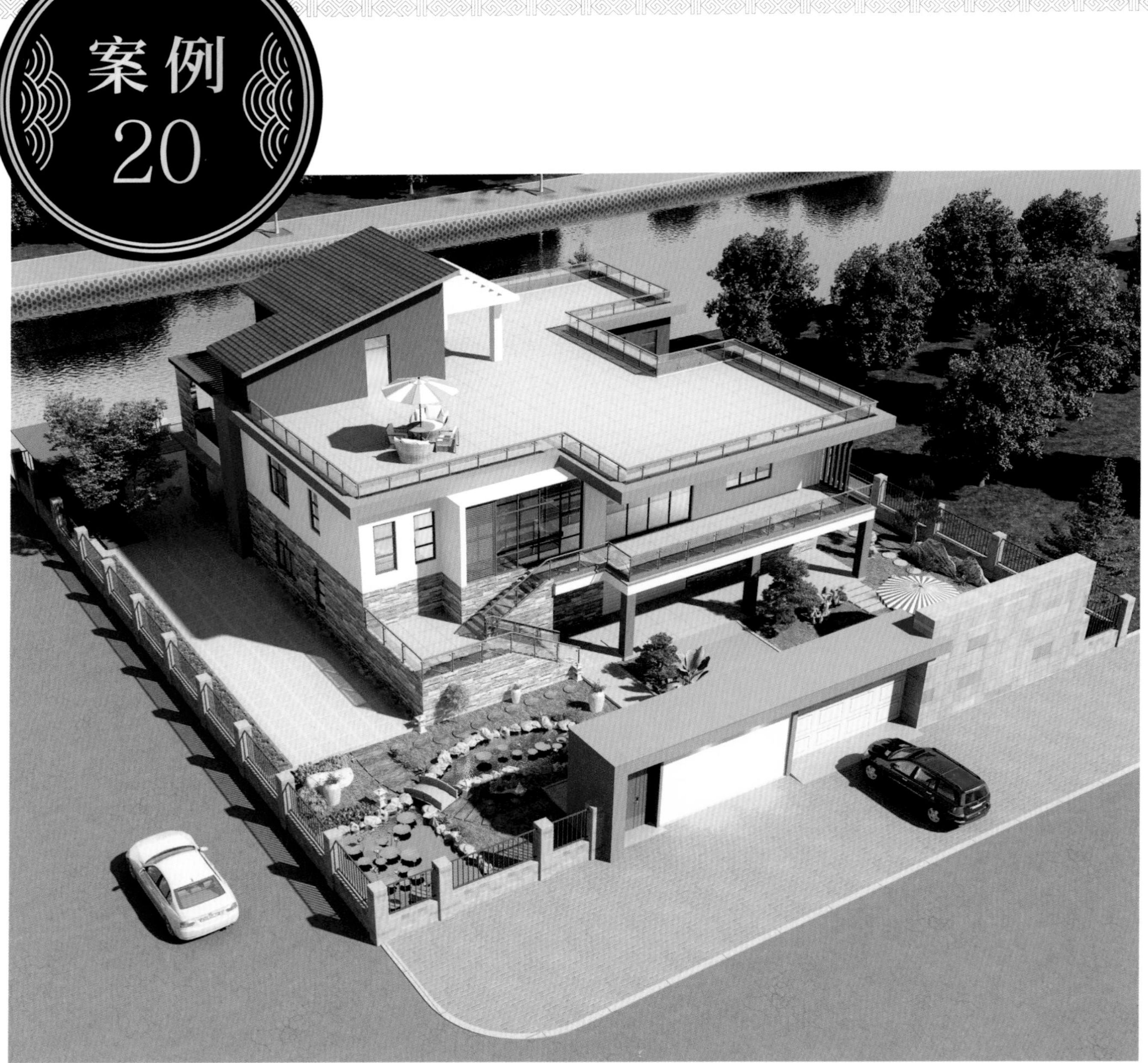

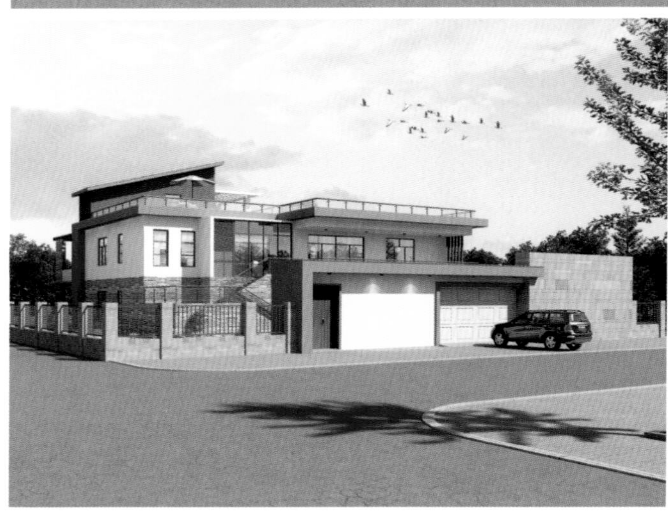

外观效果图

户型信息

【图纸编号】133
【建筑层数】3 层
【用地宽度】32.24 米
【用地长度】37.24 米
【用地面积】1200.62 平方米
【建筑面积】737.20 平方米

扫码观看相关视频

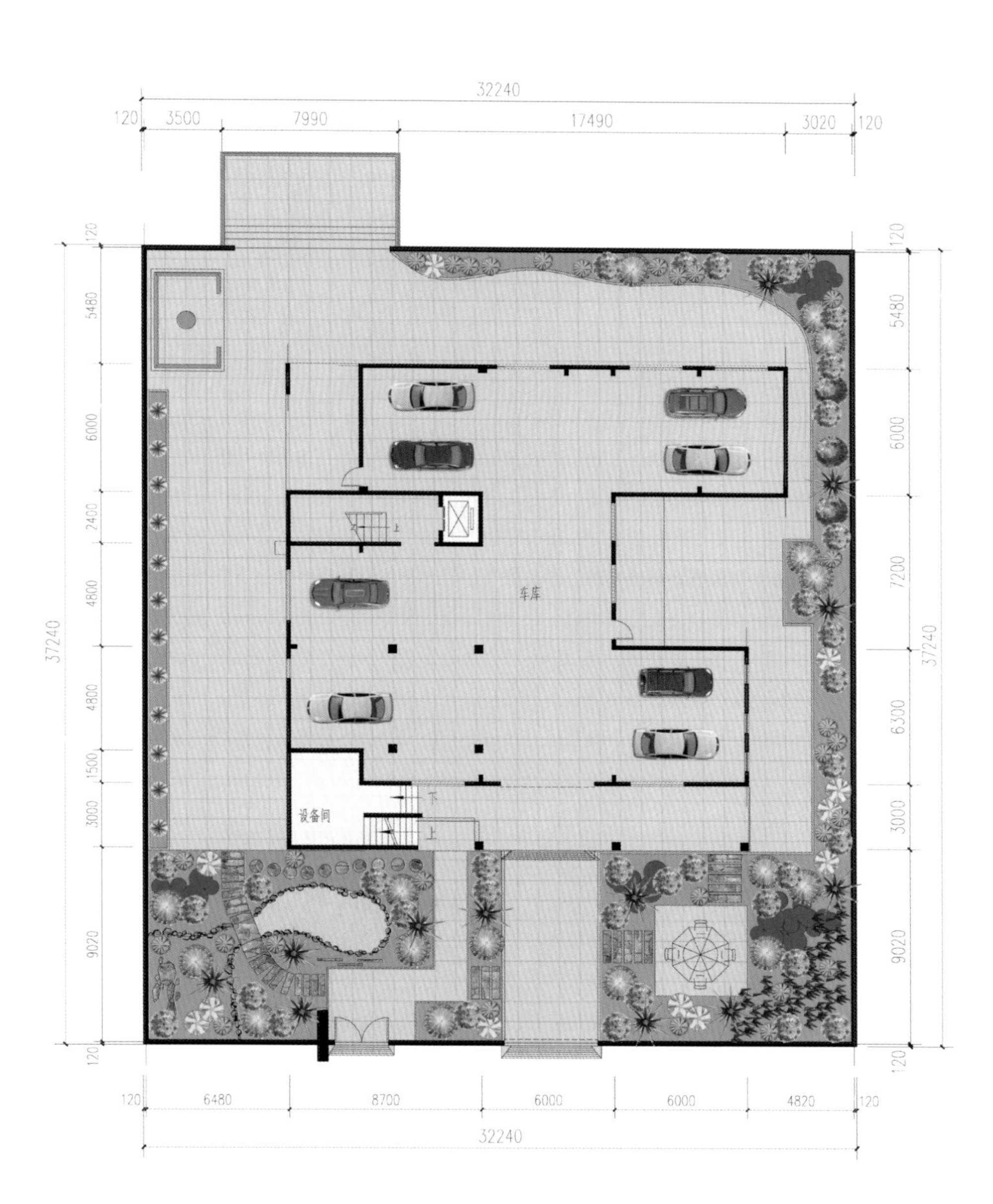

一层平面图

22700
100
3300
3600
1800
3900
2100
3900
3900
100
露台
棋牌室
卫生间
卧室
卫生间
卧室
卧室
卫生间
餐厅
阳台
厨房
卫生间
卧室
卫生间
卫生间
衣帽间
客厅
卧室
衣帽间
阳台
露台
5400
6000
6000
1800
4200
2400
4800
2000
2800
1500
3000
7200

二层平面图

三层平面图

外观效果图

户型信息

【图纸编号】140

【建筑层数】3 层

【用地宽度】15.54 米

【用地长度】15.54 米

【用地面积】241.49 平方米

【建筑面积】536.11 平方米

扫码观看相关视频

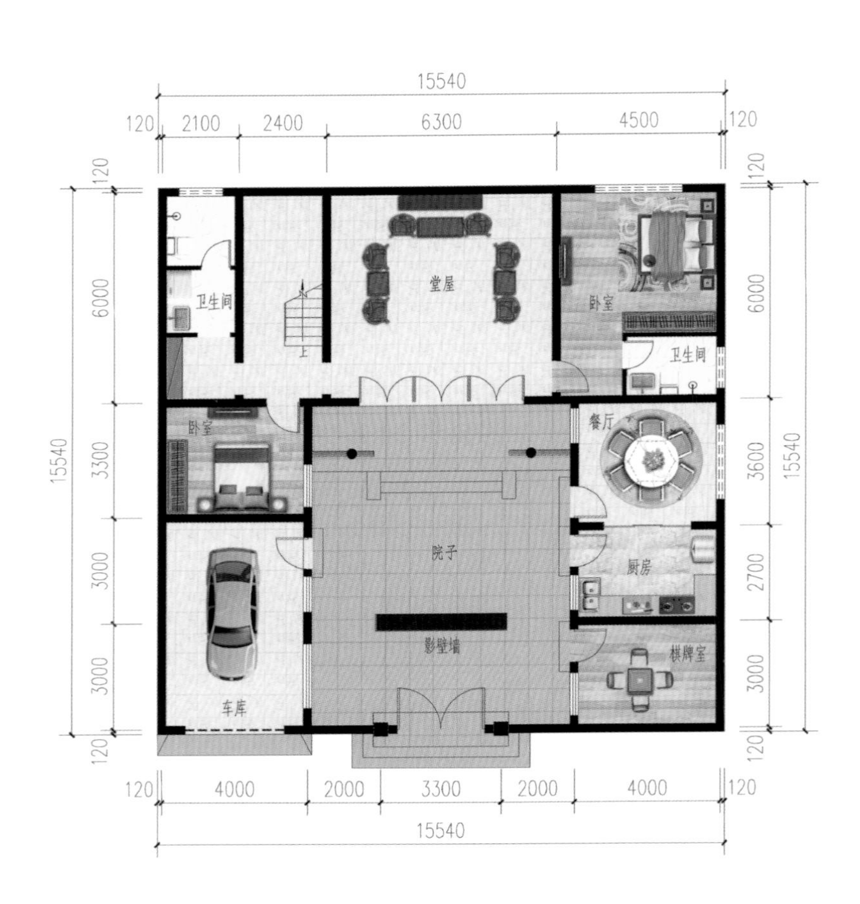

一层平面图

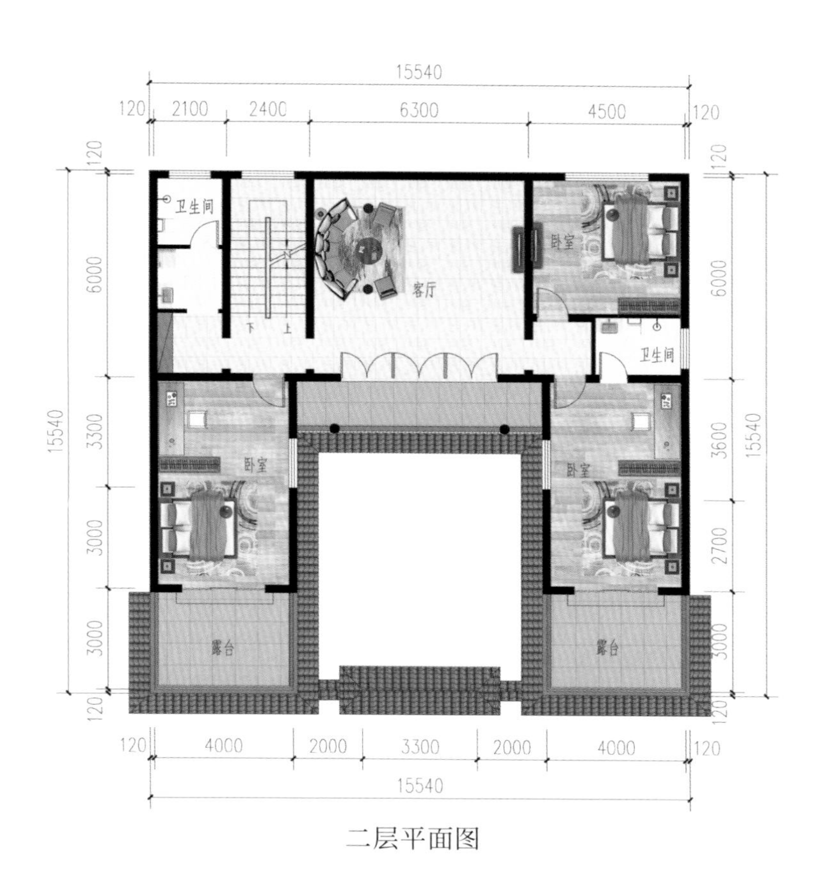
15540
120
2100
2400
6300
4500
卫生间
客厅
卧室
露台
下
上
6000
3300
3000
3600
2700
4000
2000
3300

二层平面图

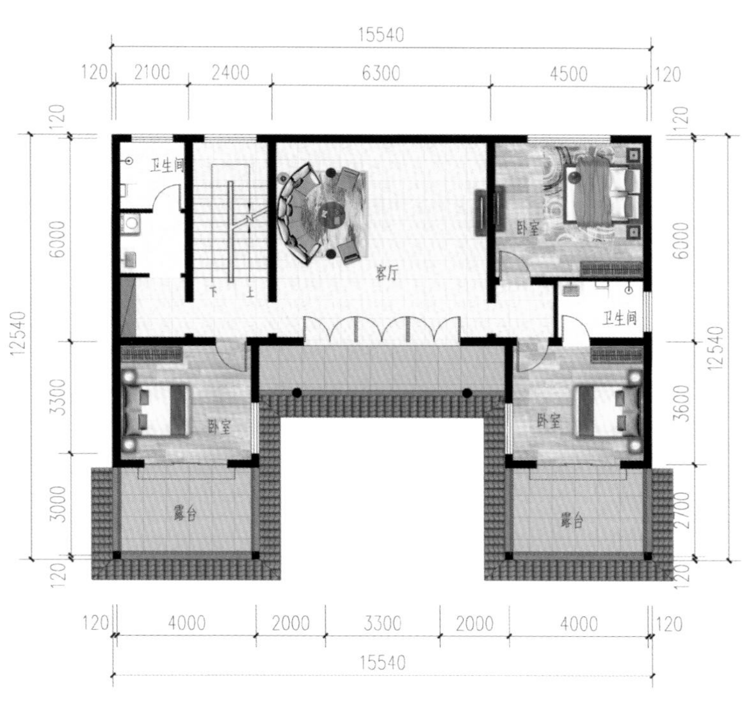
15540
120
2100
2400
6300
4500
卫生间
客厅
卧室
露台
下
上
12540
6000
3300
3000
3600
2700
4000
2000
3300

三层平面图

案例 22

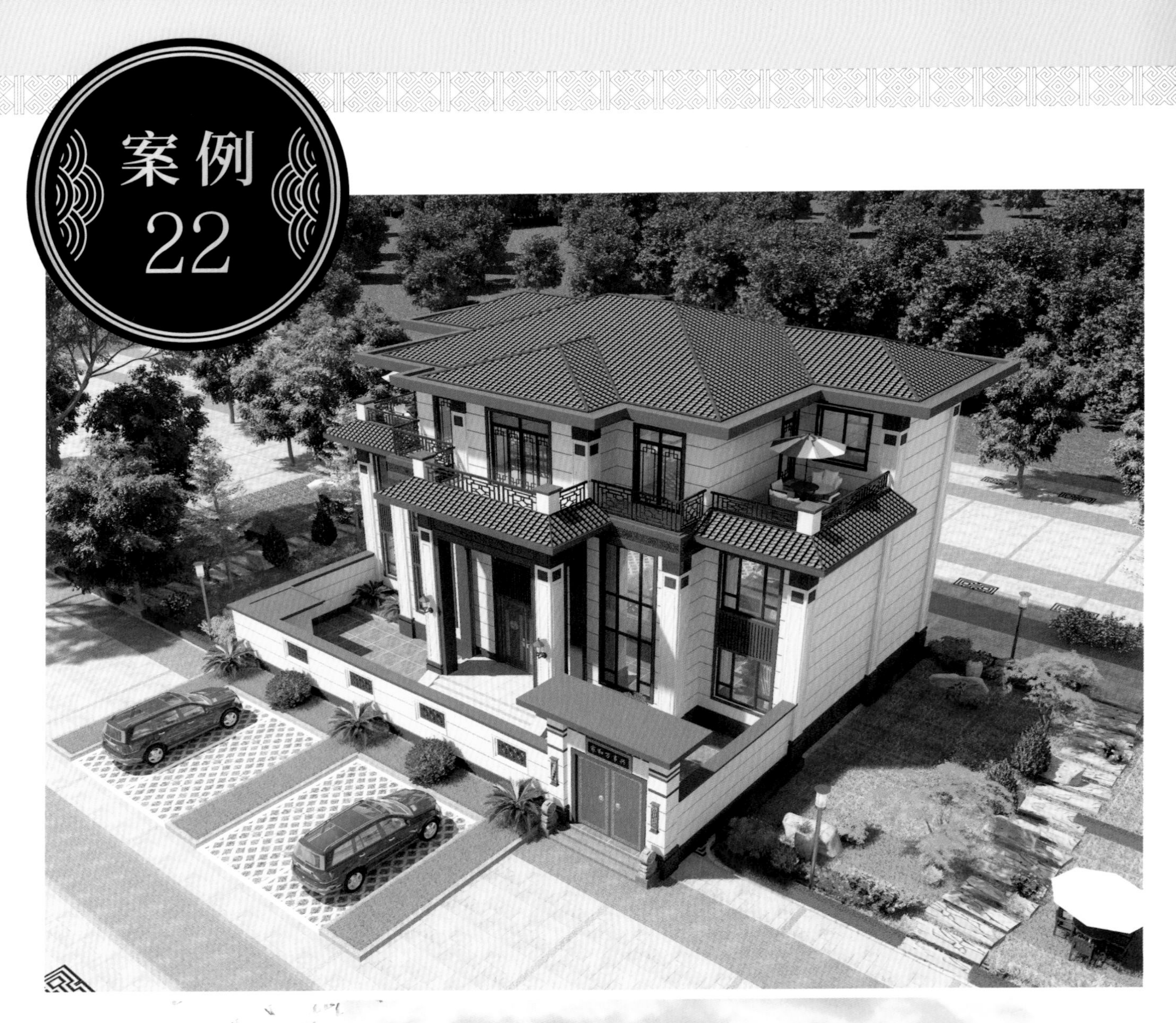

外观效果图

户型信息

【图纸编号】144

【建筑层数】3 层

【用地宽度】20.24 米

【用地长度】16.94 米

【用地面积】342.87 平方米

【建筑面积】651.84 平方米

扫码观看相关视频

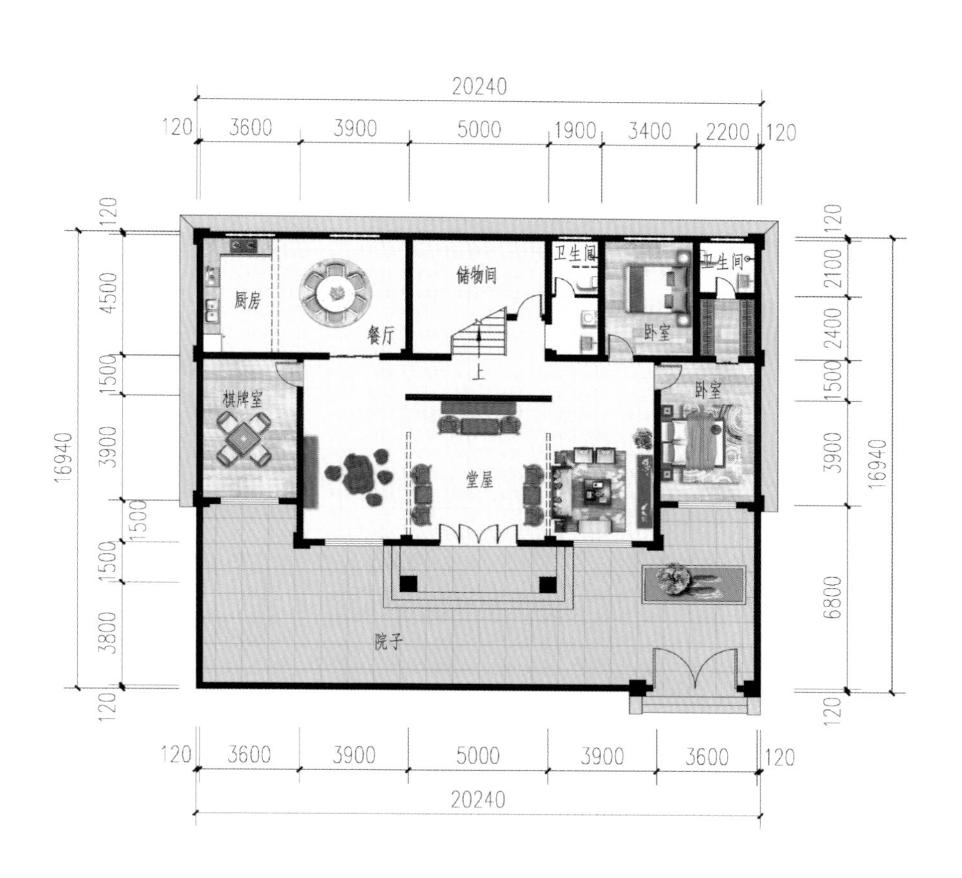

一层平面图

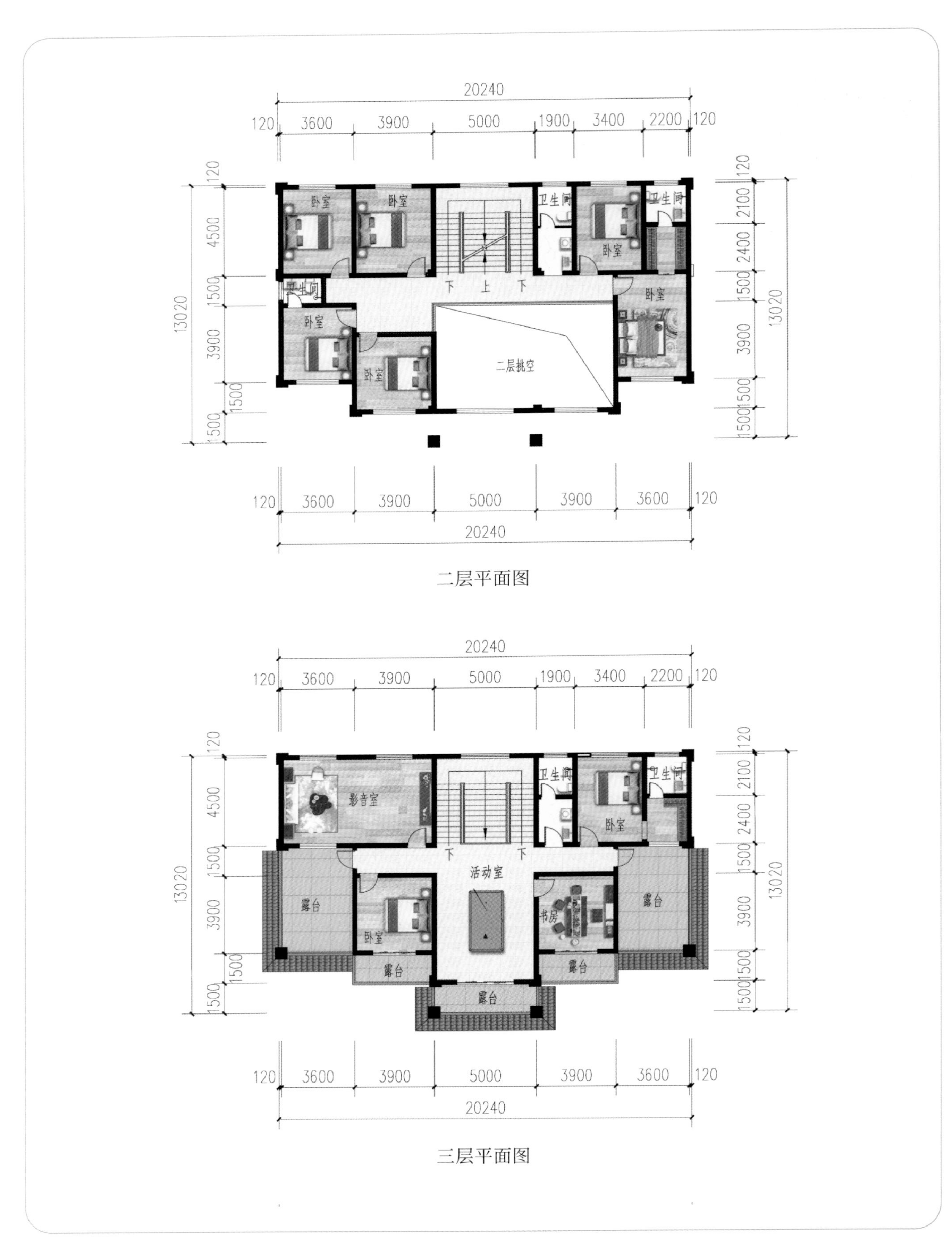
20240
120
3600
3900
5000
1900
3400
2200
120
卧室
卧室
卫生间
卫生间
卧室
卫生间
卧室
卧室
卧室
二层挑空
下
上
下
4500
1500
3900
1500
1500
13020
2100
2400
120
3600
3900
5000
3900
3600
影音室
活动室
露台
露台
露台
露台
露台
书房
卧室

二层平面图

三层平面图

案例 23

外观效果图

户型信息

【图纸编号】158

【建筑层数】3 层

【用地宽度】18.40 米

【用地长度】14.40 米

【用地面积】264.96 平方米

【建筑面积】663.73 平方米

扫码观看相关视频

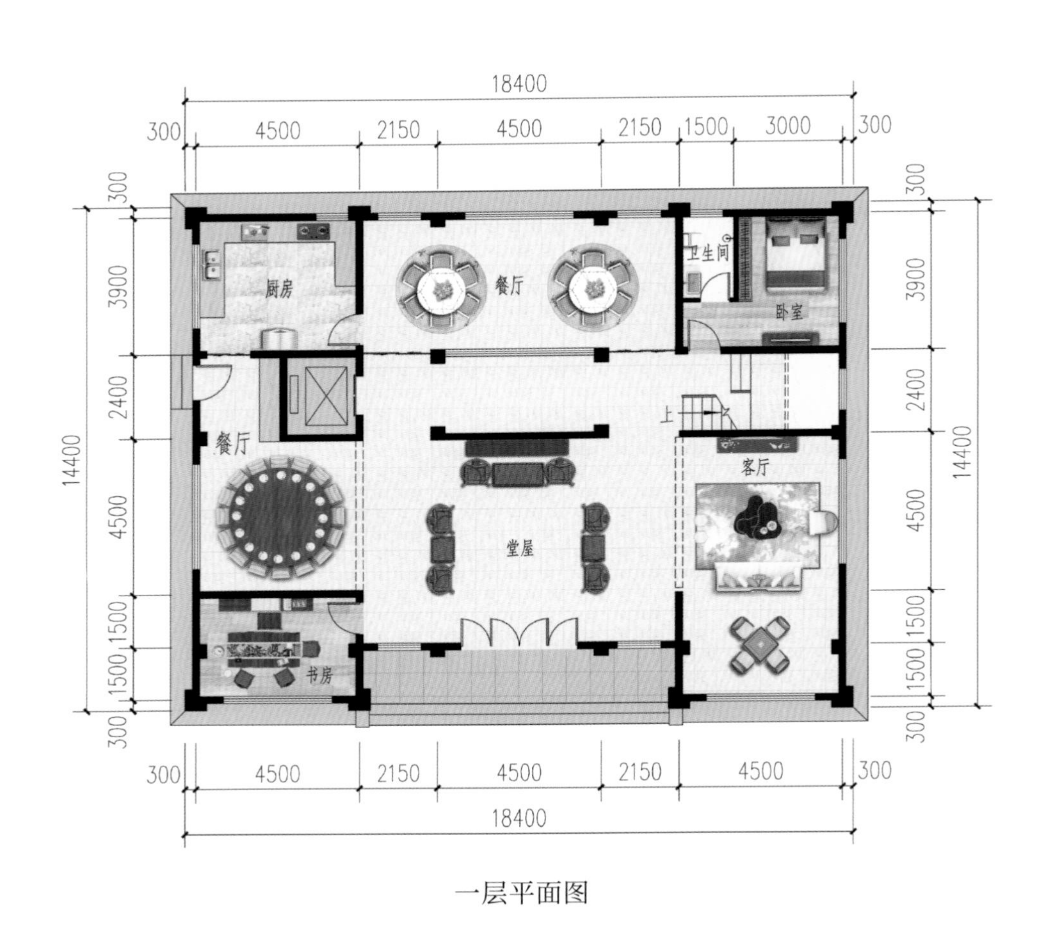

一层平面图

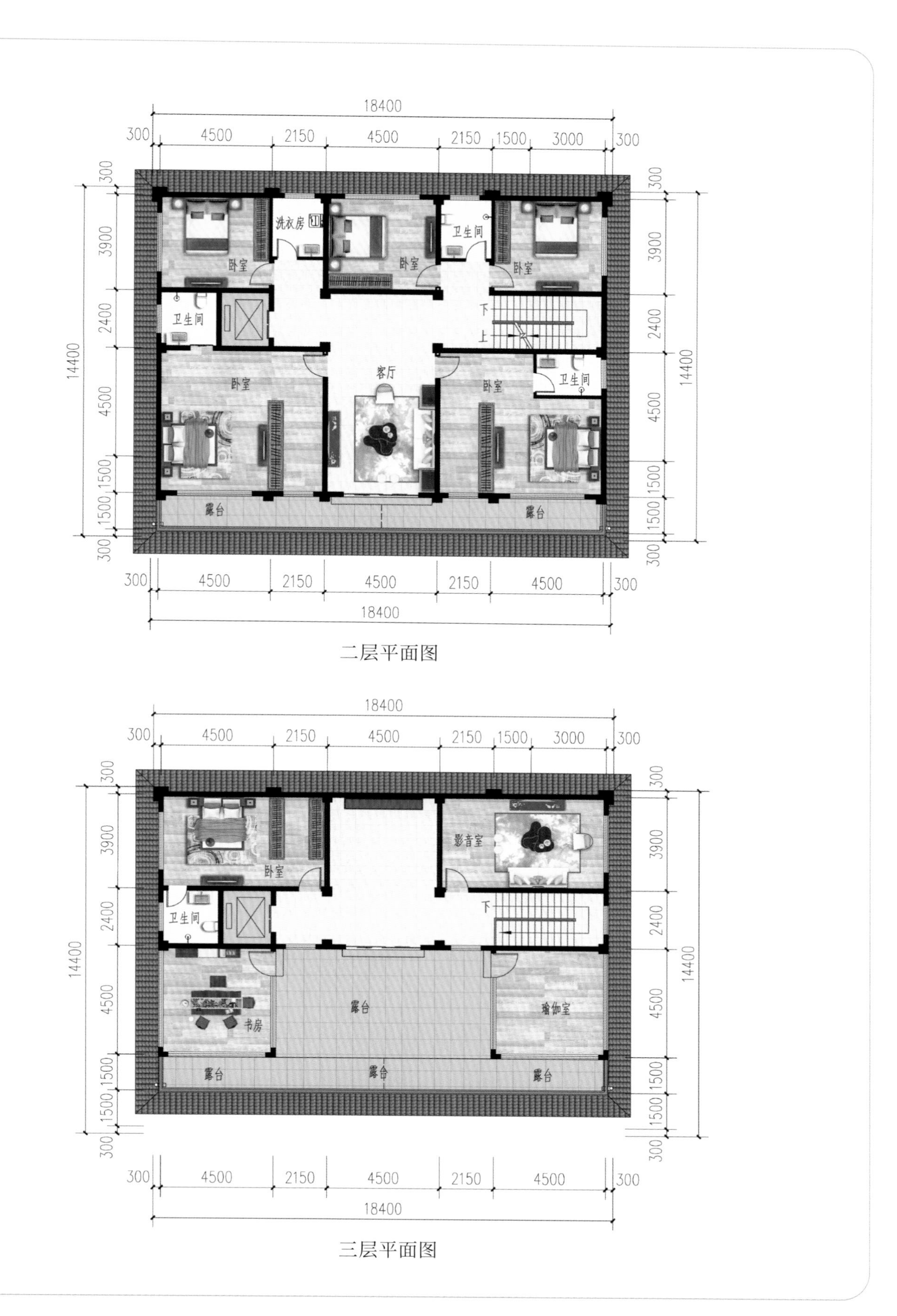
18400
300 4500 2150 4500 2150 1500 3000 300
洗衣房
卧室
卫生间
卧室
卧室
卫生间
下
上
客厅
卧室
卧室
卫生间
露台
露台
300 3900 2400 4500 1500 1500 300
14400
300 4500 2150 4500 2150 4500 300
18400
18400
300 4500 2150 4500 2150 1500 3000 300
卧室
影音室
卫生间
下
书房
露台
瑜伽室
露台
露台
露台
300 3900 2400 4500 1500 1500 300
14400
300 4500 2150 4500 2150 4500 300
18400

二层平面图

三层平面图

第二章

小型合院案例

案例01

外观效果图

户型信息

【图纸编号】236

【建筑层数】1 层

【用地宽度】17.24 米

【用地长度】27.84 米

【用地面积】479.96 平方米

【建筑面积】293.90 平方米

扫码观看相关视频

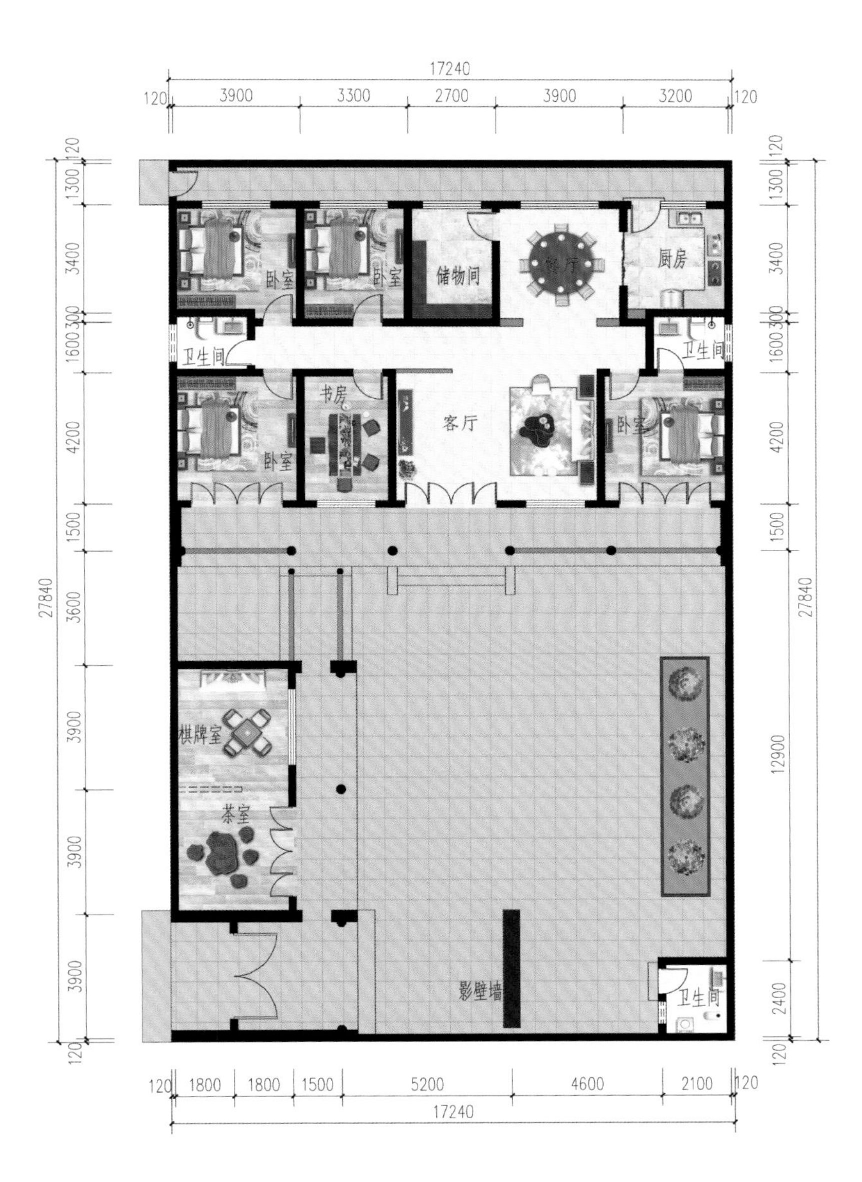

平面图

案例 02

外观效果图

户型信息

【图纸编号】177

【建筑层数】1 层

【用地宽度】13.80 米

【用地长度】22.30 米

【用地面积】307.74 平方米

【建筑面积】158.94 平方米

扫码观看相关视频

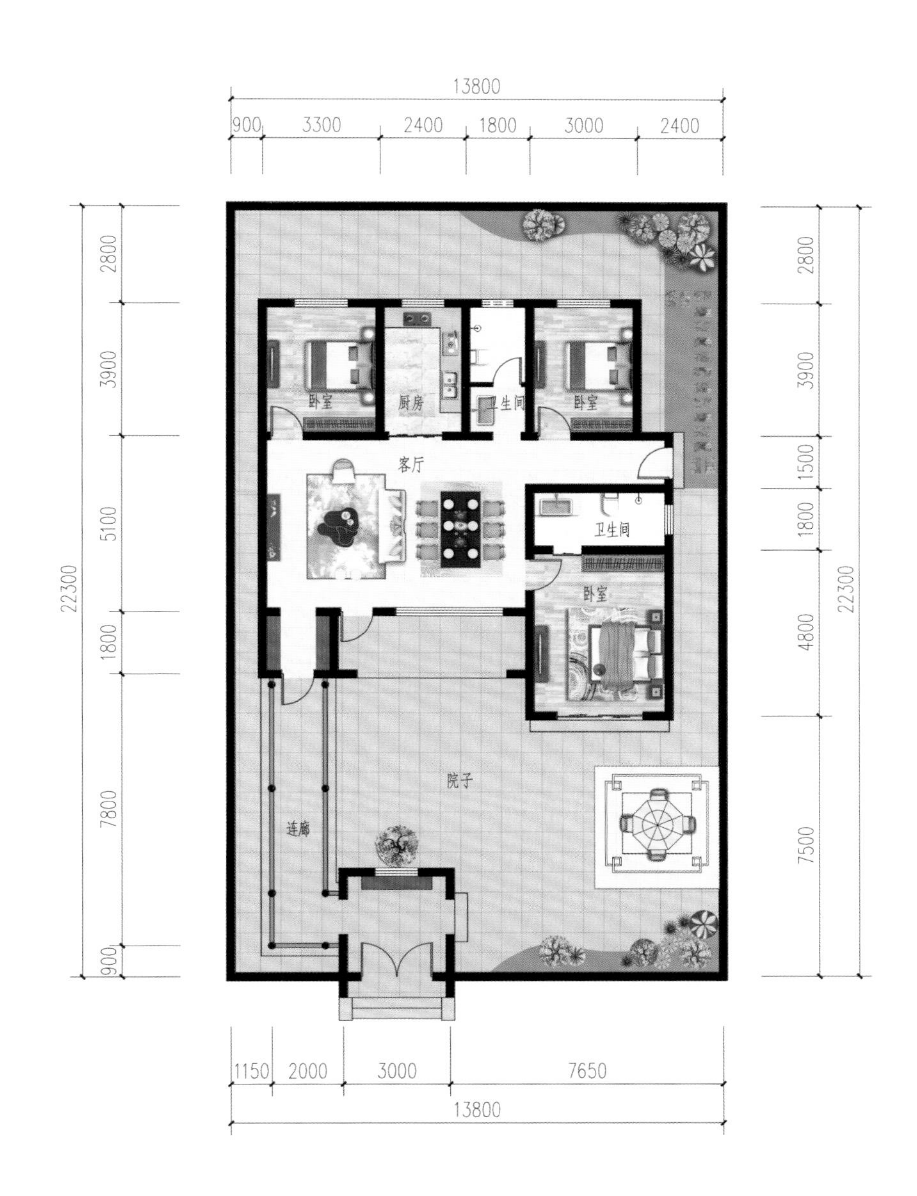

平面图

案例 03

外观效果图

户型信息

【图纸编号】071

【建筑层数】1 层

【用地宽度】20.24 米

【用地长度】24.24 米

【用地面积】490.62 平方米

【建筑面积】286.20 平方米

扫码观看相关视频

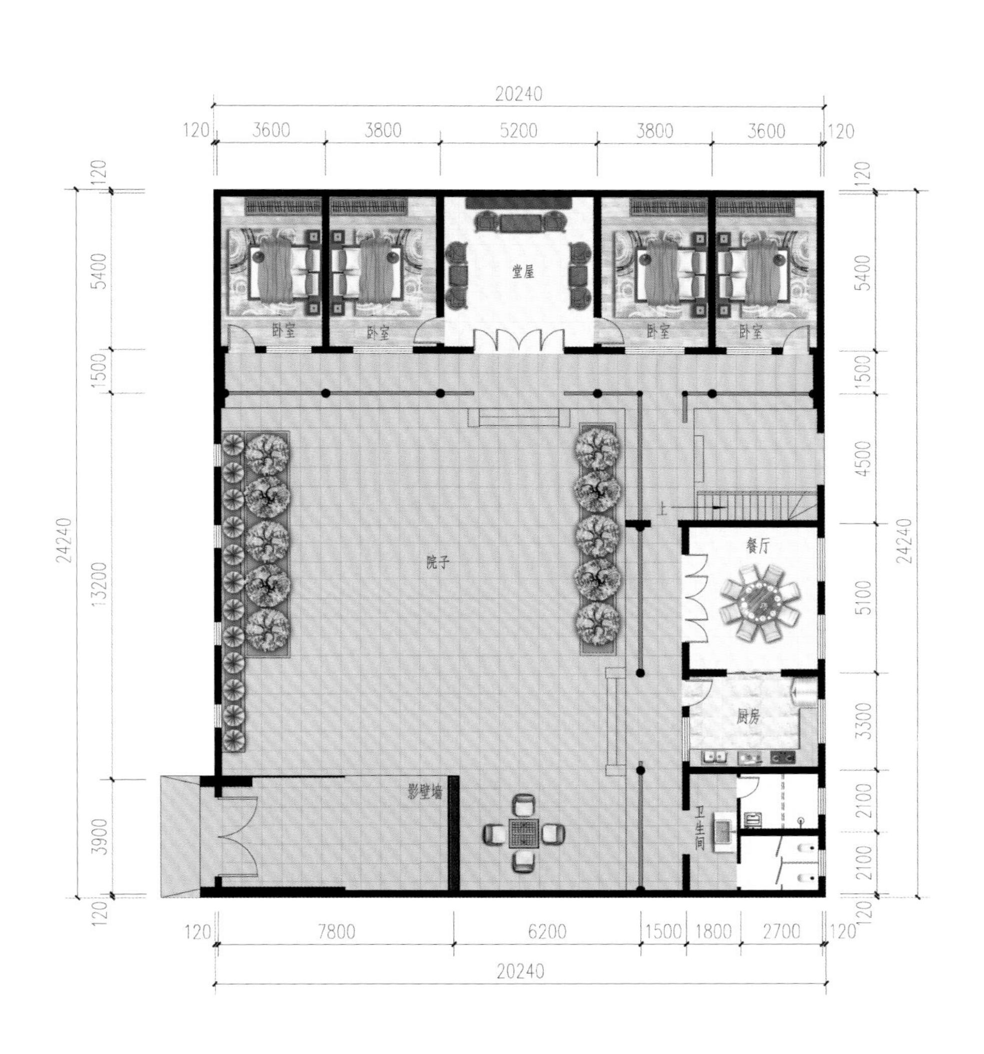

平面图

案例 04

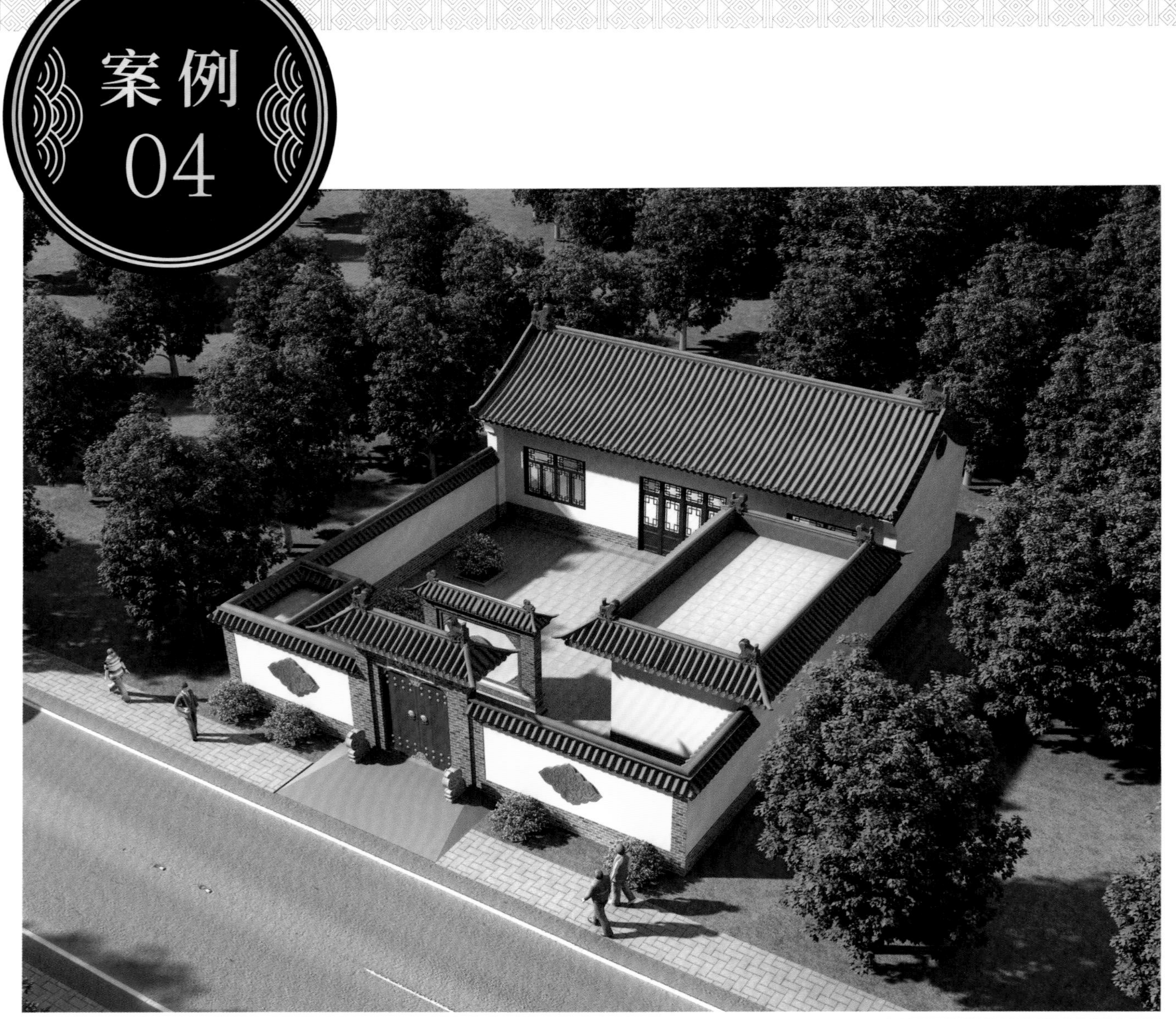

外观效果图

户型信息

【图纸编号】173

【建筑层数】1 层

【用地宽度】13.84 米

【用地长度】17.41 米

【用地面积】240.95 平方米

【建筑面积】113.59 平方米

扫码观看相关视频

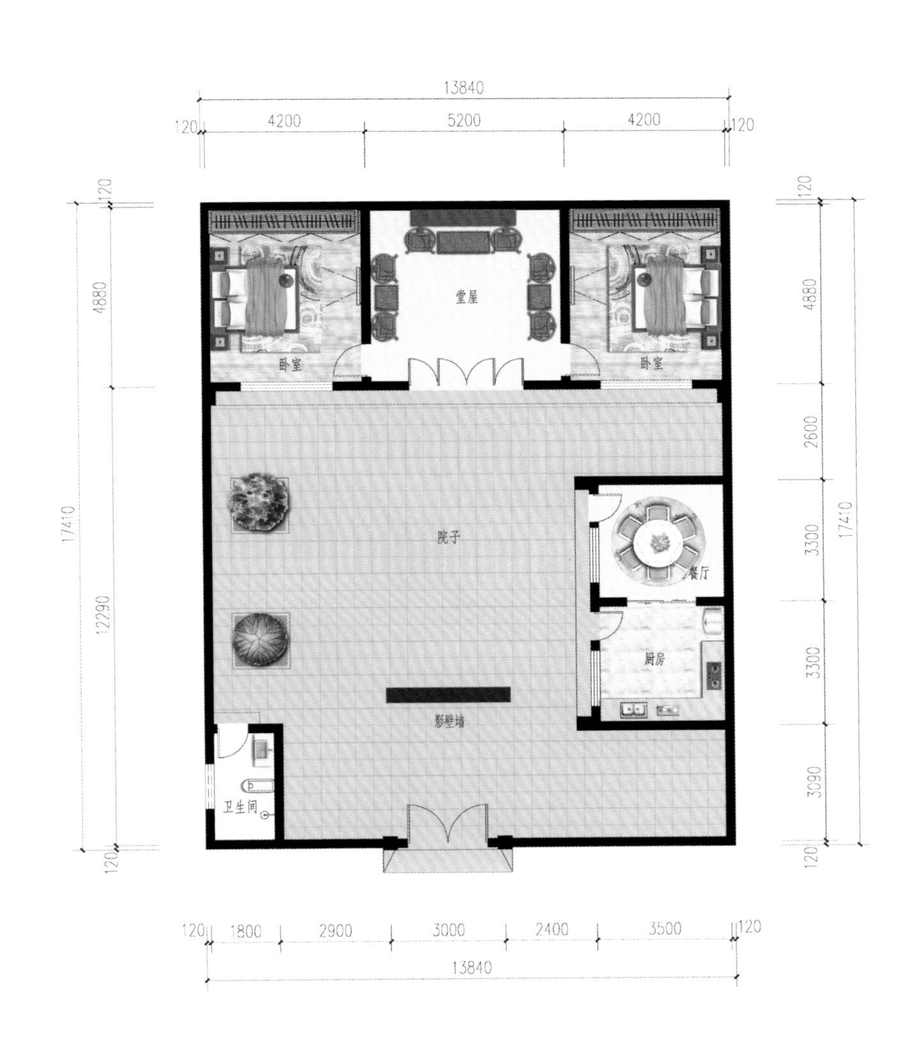

平面图

案例 05

外观效果图

户型信息

【图纸编号】085

【建筑层数】1 层

【用地宽度】11.69 米

【用地长度】20.74 米

【用地面积】242.45 平方米

【建筑面积】145.70 平方米

扫码观看相关视频

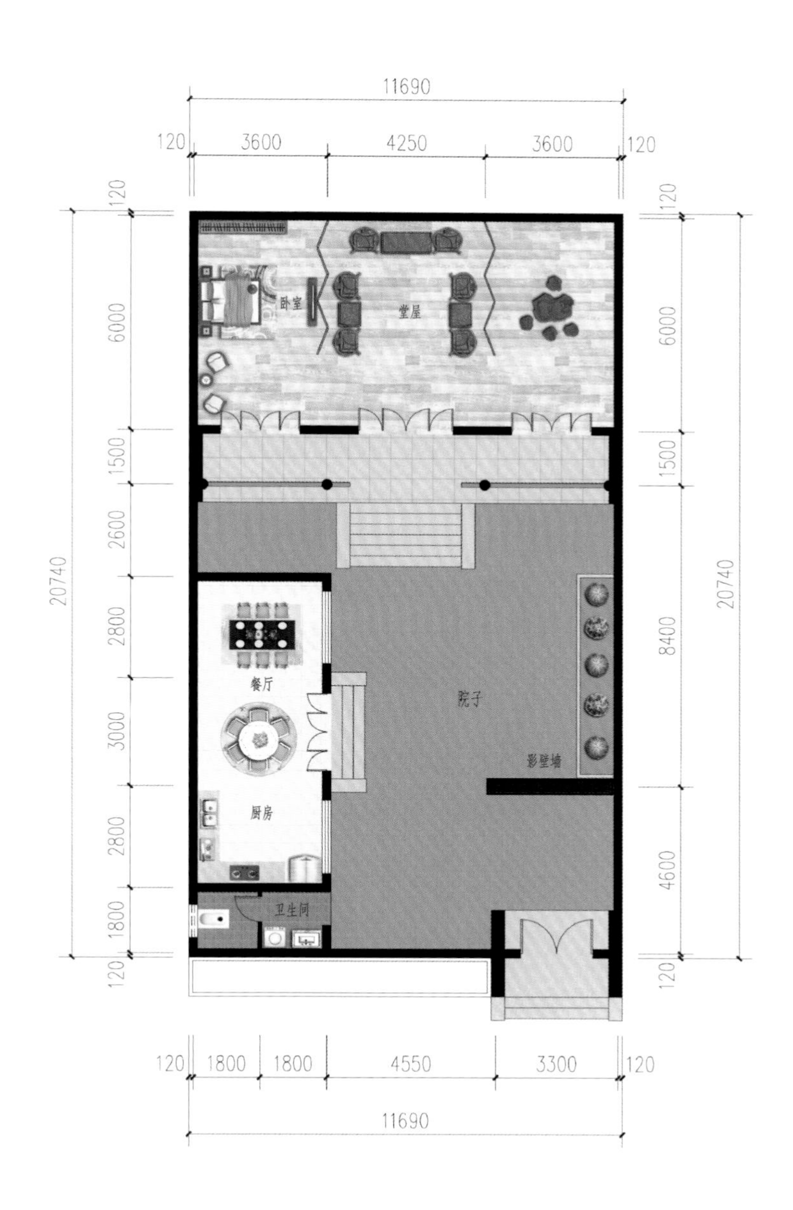

平面图

外观效果图

户型信息

【图纸编号】098

【建筑层数】1 层

【用地宽度】20.24 米

【用地长度】26.24 米

【用地面积】531.10 平方米

【建筑面积】259.28 平方米

扫码观看相关视频

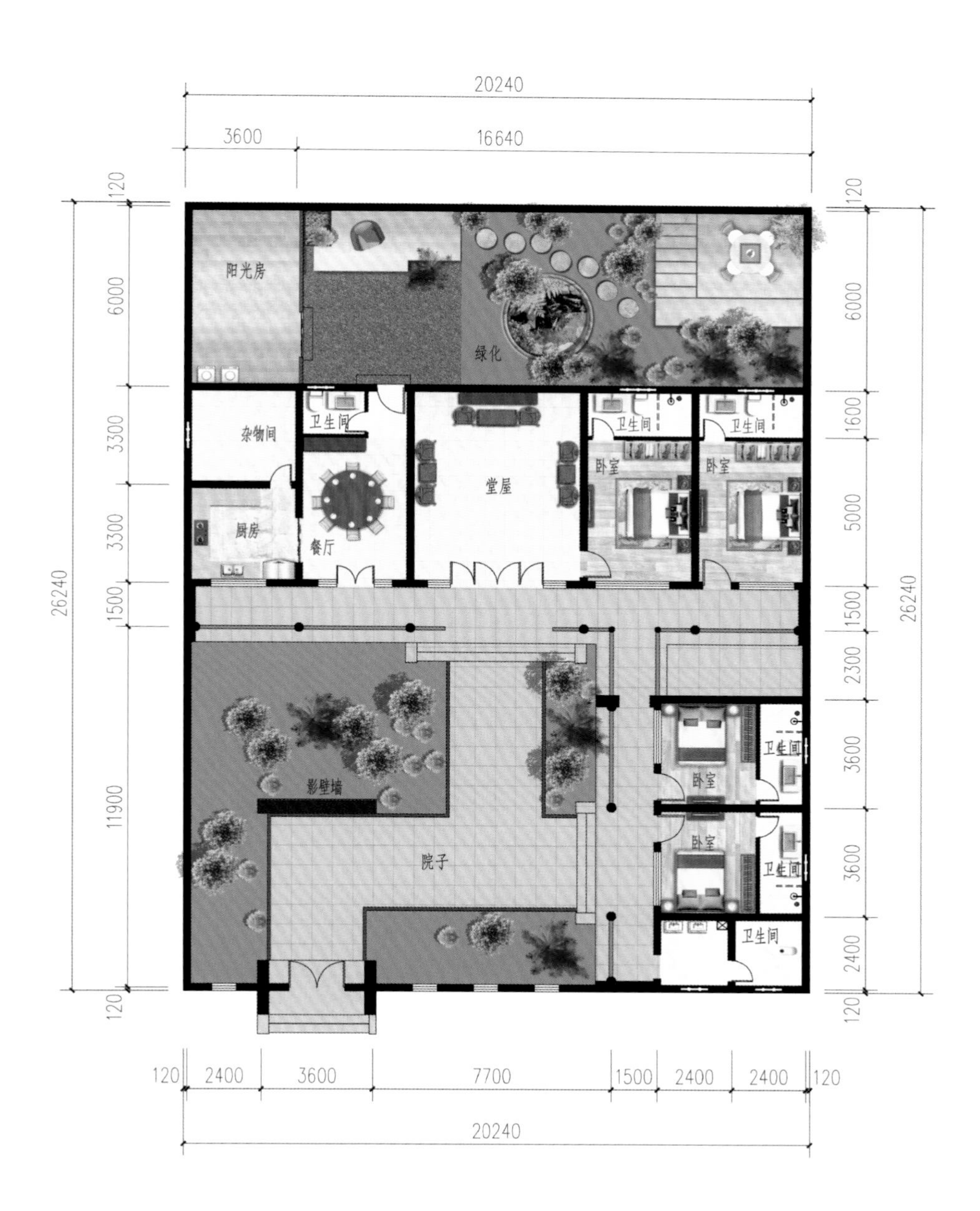

平面图

案例 07

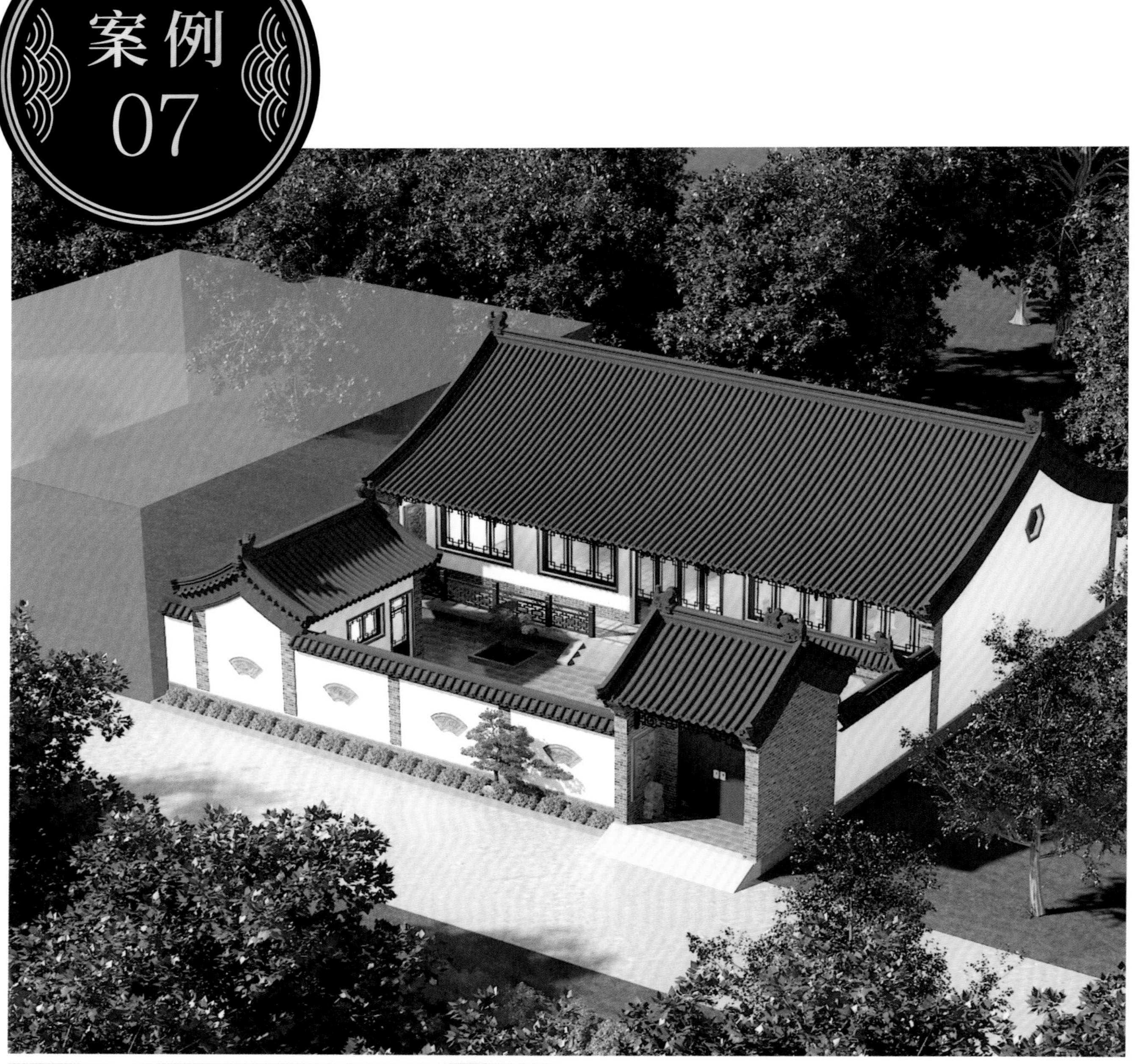

外观效果图

户型信息

【图纸编号】307

【建筑层数】1 层

【用地宽度】18.4 米

【用地长度】20.88 米

【用地面积】384.20 平方米

【建筑面积】253.32 平方米

扫码观看相关视频

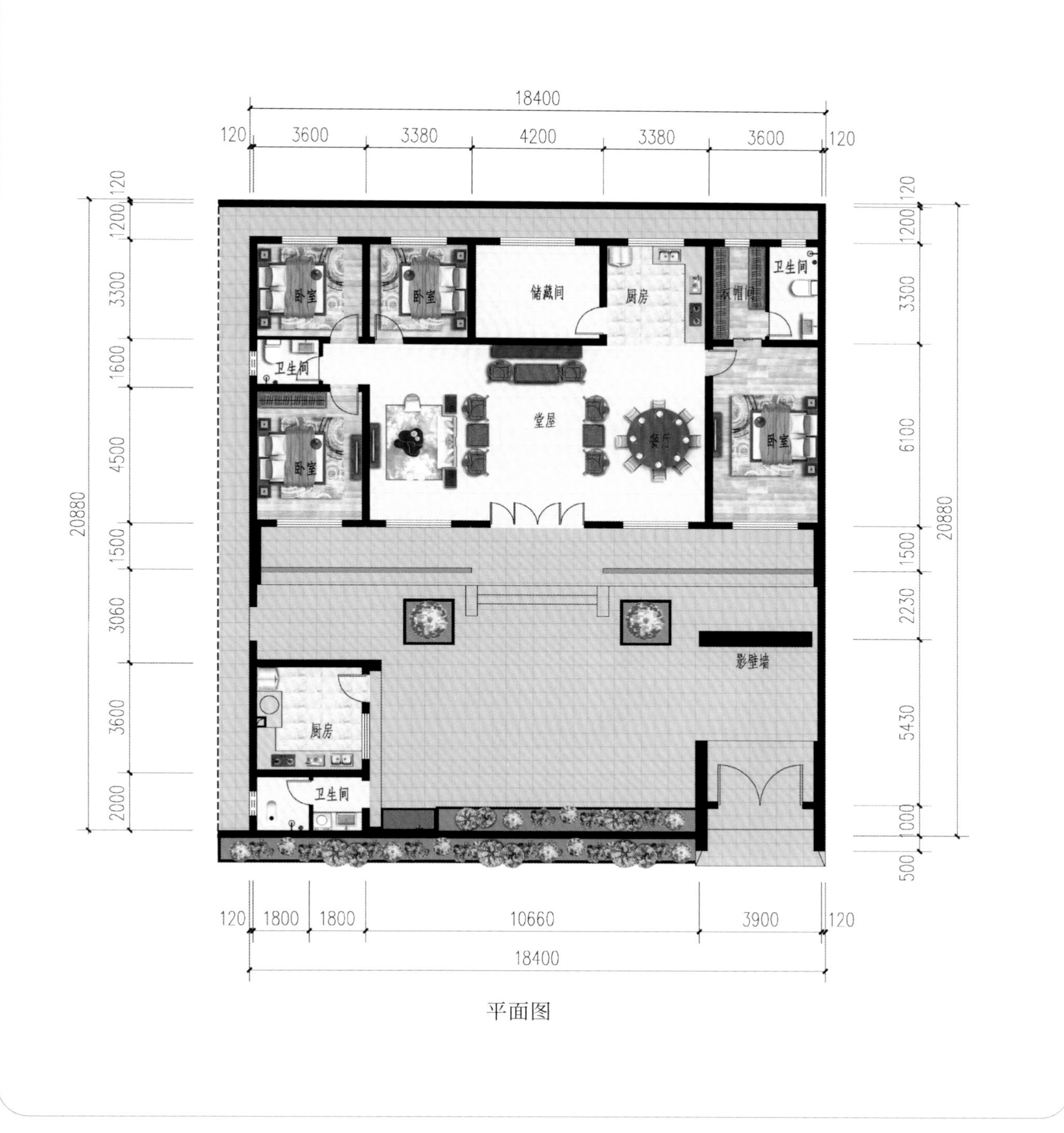

平面图

案例 08

外观效果图

户型信息

【图纸编号】297

【建筑层数】2 层

【用地宽度】16.82 米

【用地长度】15.44 米

【用地面积】259.70 平方米

【建筑面积】268.15 平方米

扫码观看相关视频

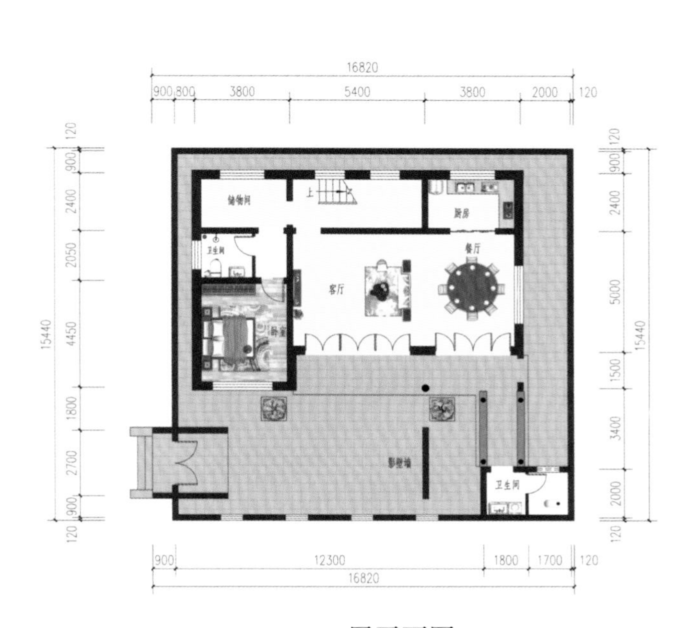

一层平面图

二层平面图

案例 09

外观效果图

户型信息

【图纸编号】255

【建筑层数】2 层

【用地宽度】18.9 米

【用地长度】34 米

【用地面积】642.60 平方米

【建筑面积】589.25 平方米

扫码观看相关视频

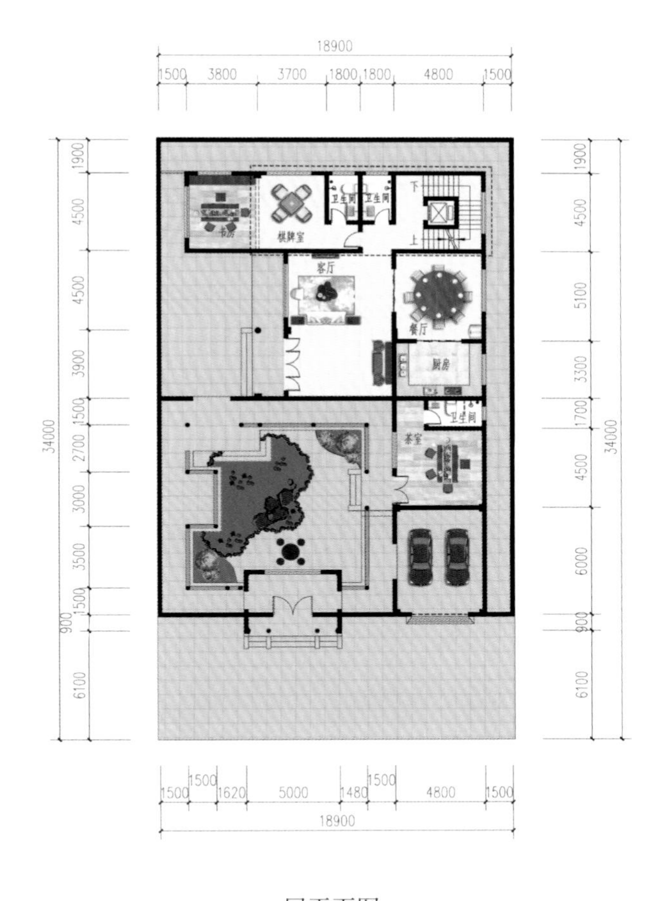

一层平面图

二层平面图

◆ 注：虚线下方为地下室。

案例 10

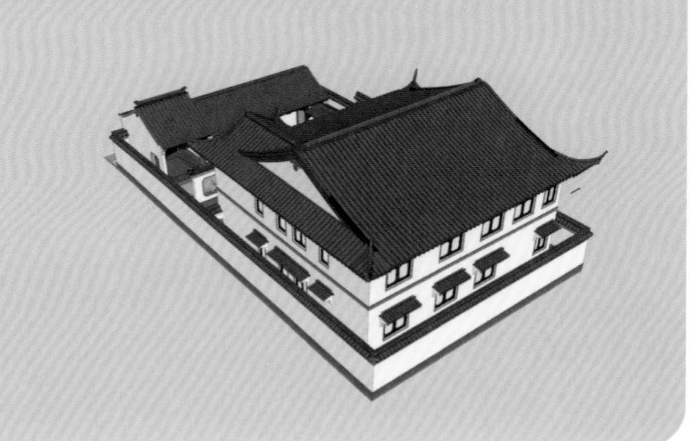

外观效果图

户型信息

【图纸编号】264

【建筑层数】2 层

【用地宽度】18.30 米

【用地长度】32.62 米

【用地面积】596.95 平方米

【建筑面积】589.63 平方米

扫码观看相关视频

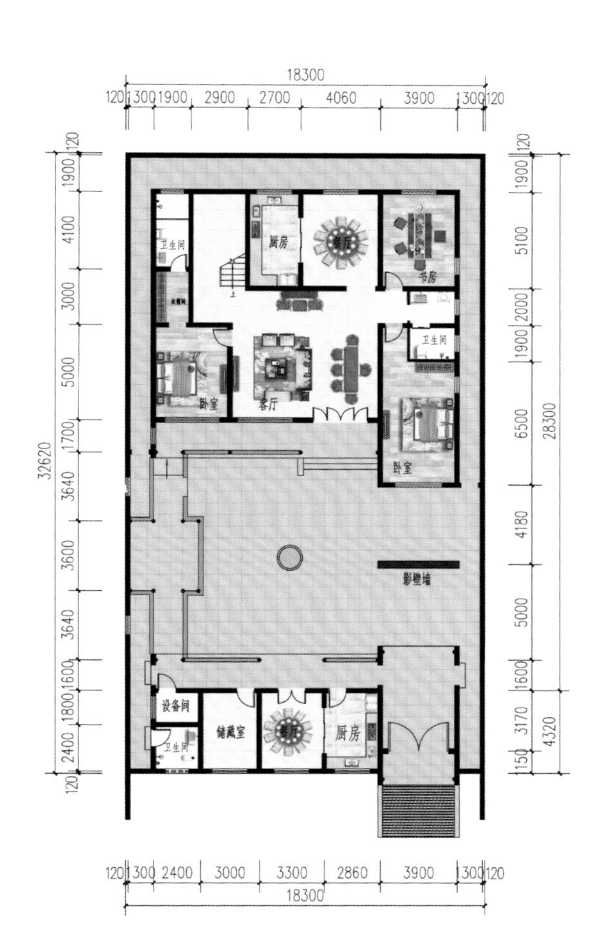

一层平面图

二层平面图

案例 11

外观效果图

户型信息

【图纸编号】199

【建筑层数】2 层

【用地宽度】16.24 米

【用地长度】14.84 米

【用地面积】241.00 平方米

【建筑面积】305.45 平方米

扫码观看相关视频

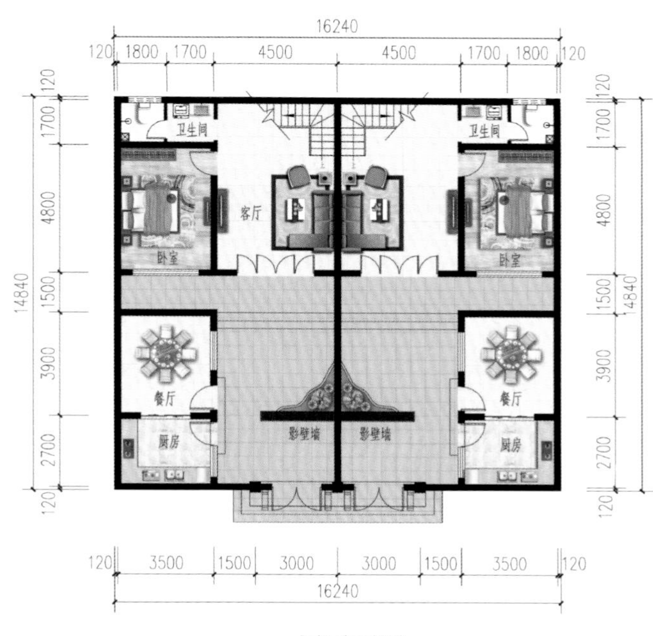

一层平面图

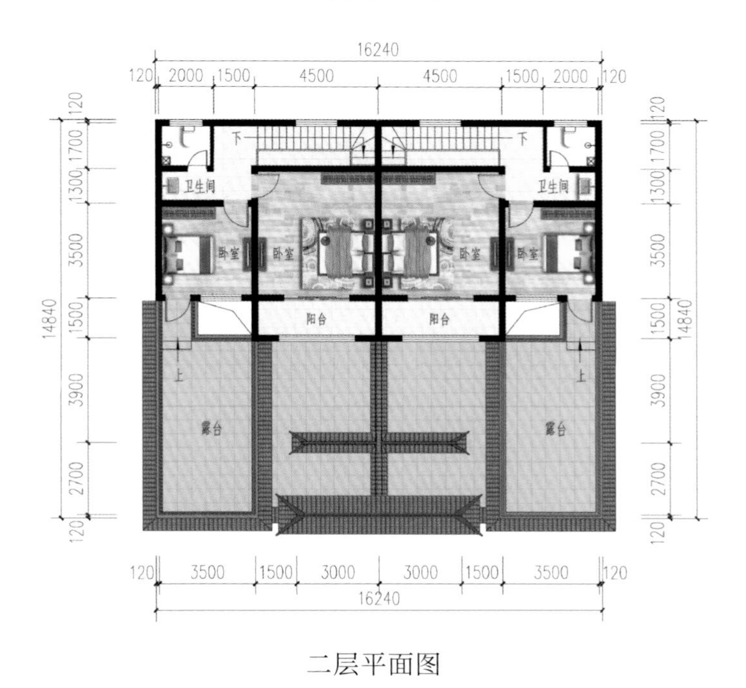

二层平面图

案例 12

外观效果图

户型信息

【图纸编号】212

【建筑层数】2 层

【用地宽度】13.00 米

【用地长度】17.24 米

【用地面积】224.12 平方米

【建筑面积】273.08 平方米

扫码观看相关视频

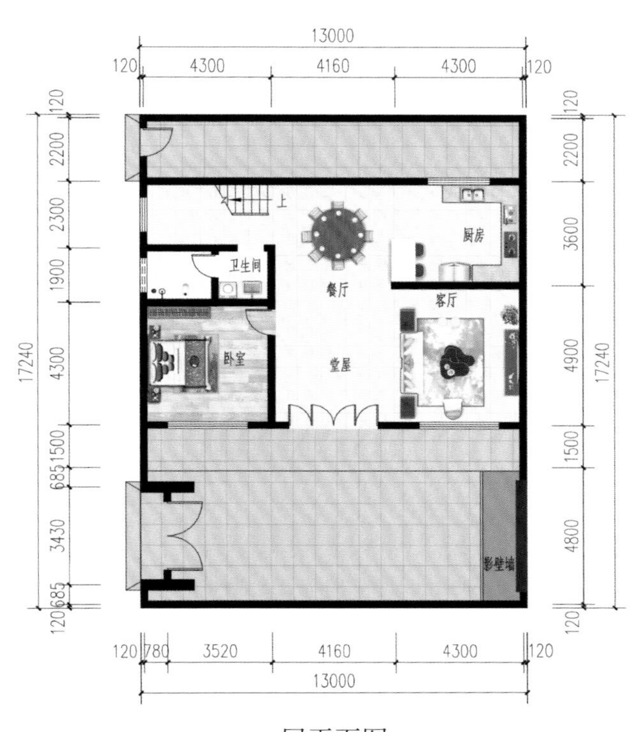

一层平面图

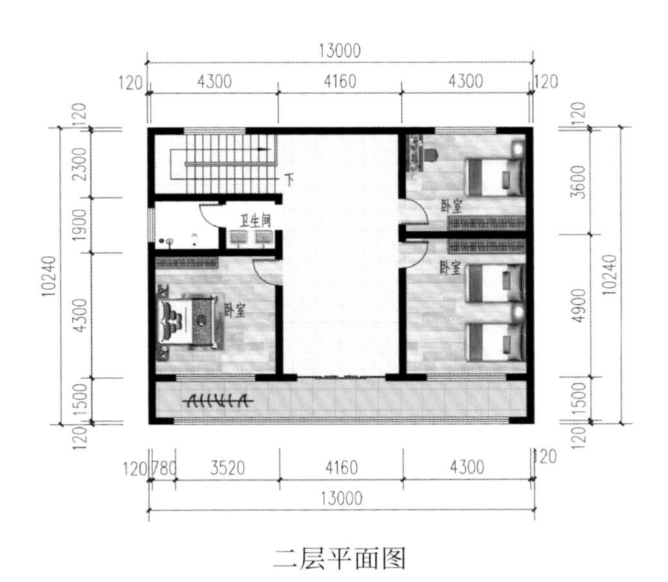

二层平面图

案例 13

外观效果图

户型信息

【图纸编号】294

【建筑层数】2 层

【用地宽度】9.22 米

【用地长度】33.35 米

【用地面积】307.49 平方米

【建筑面积】311.82 平方米

扫码观看相关视频

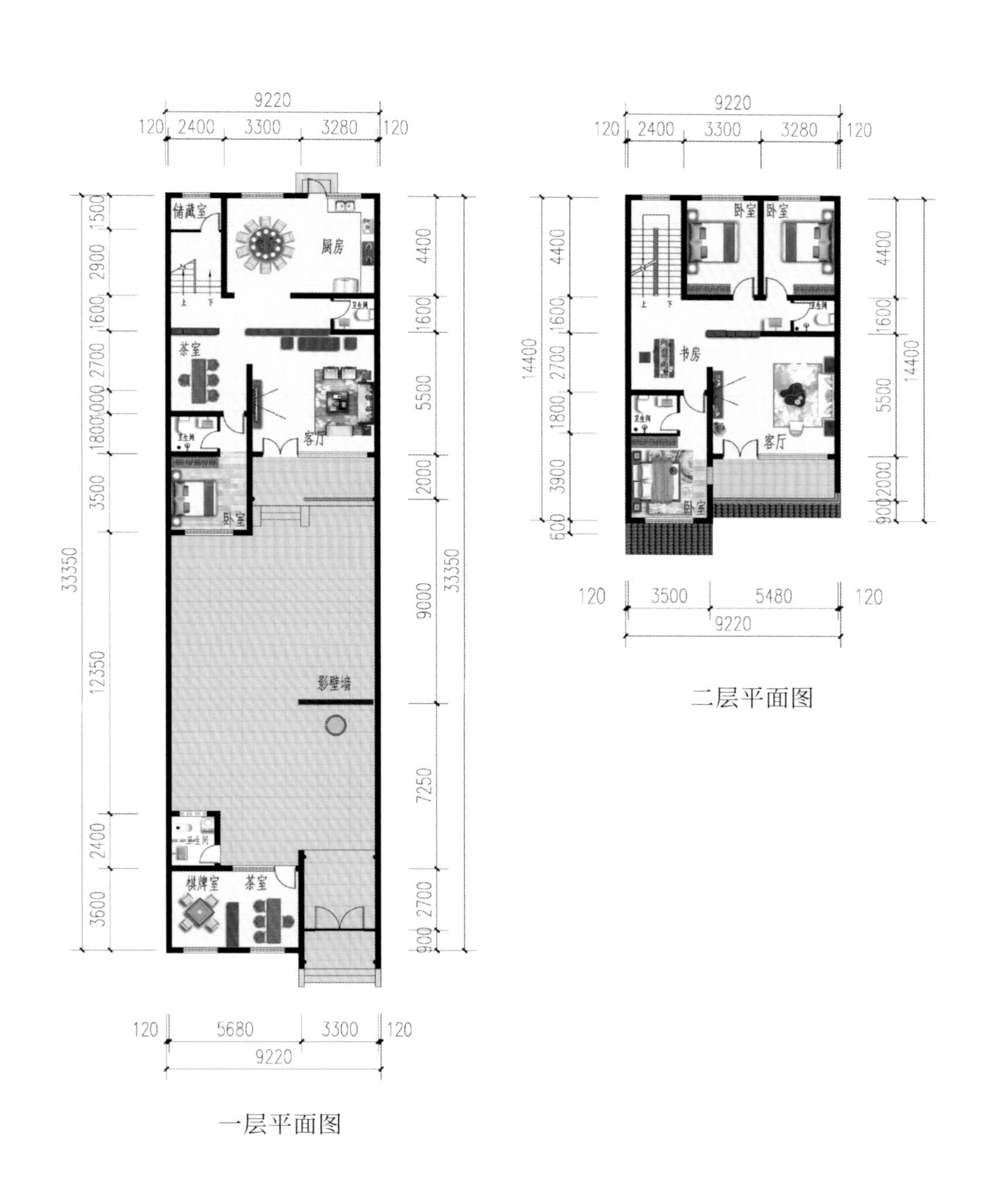

一层平面图

二层平面图

案例 14

外观效果图

户型信息

【图纸编号】286　　【用地长度】25.74 米

【建筑层数】2 层　　【用地面积】430.89 平方米

【用地宽度】16.74 米　　【建筑面积】322.89 平方米

扫码观看相关视频

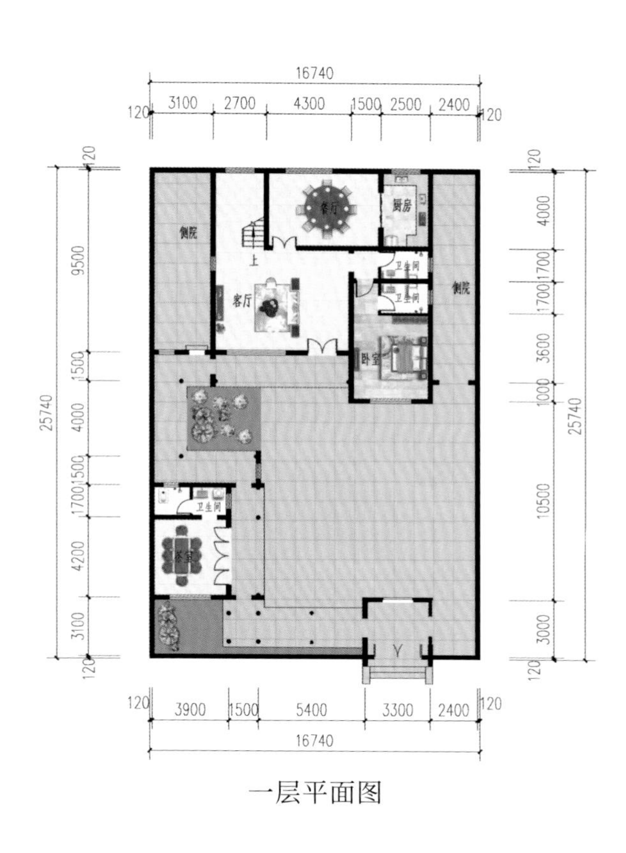

一层平面图

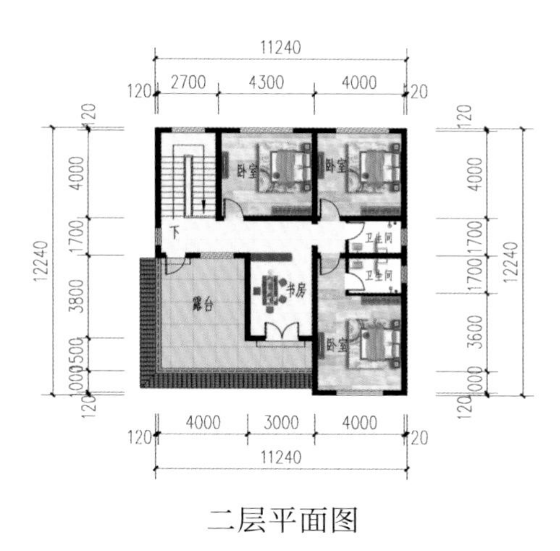

二层平面图

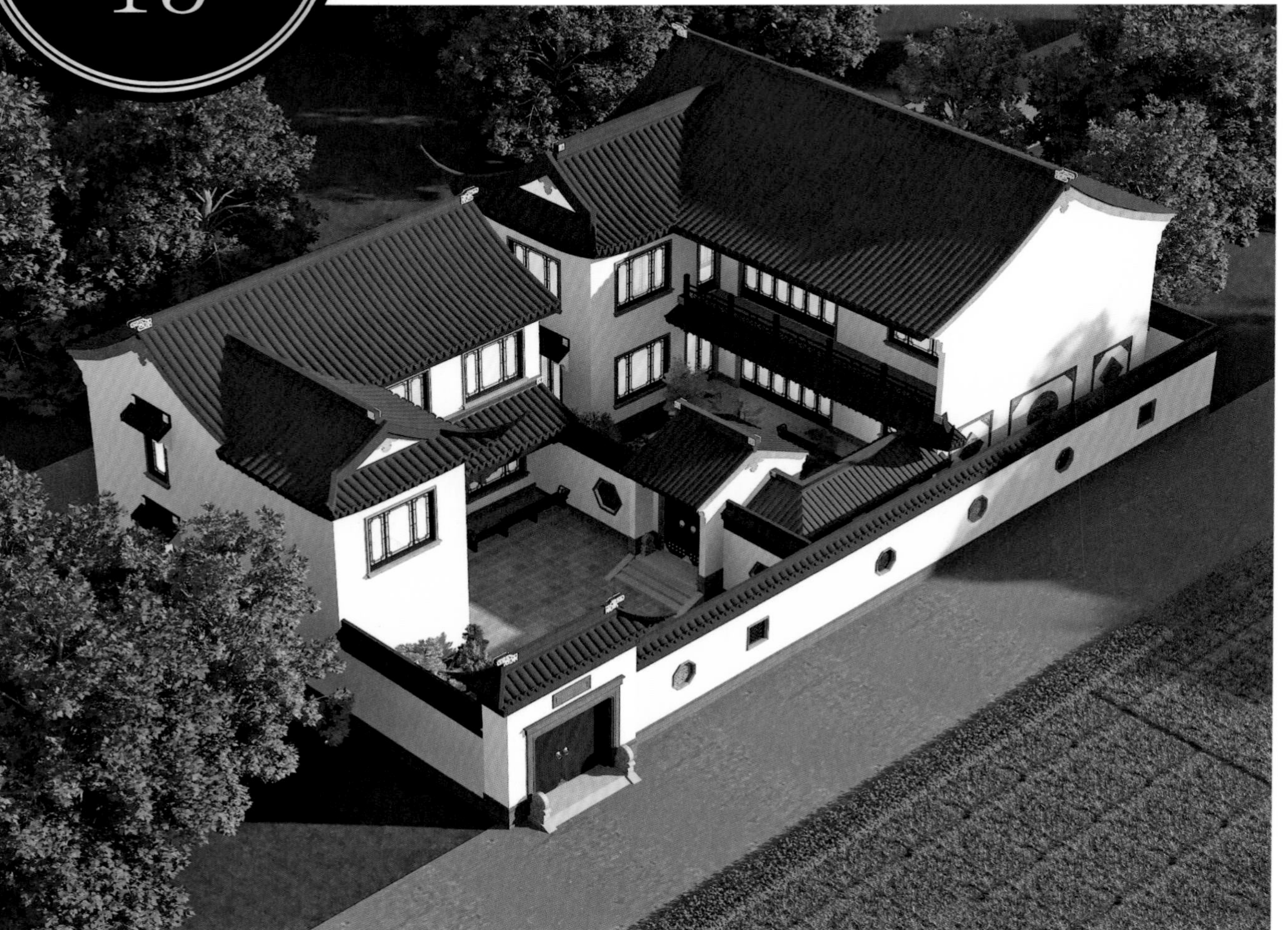

外观效果图

户型信息

【图纸编号】303

【建筑层数】2 层

【用地宽度】18 米

【用地长度】32 米

【用地面积】576 平方米

【建筑面积】647.66 平方米

扫码观看相关视频

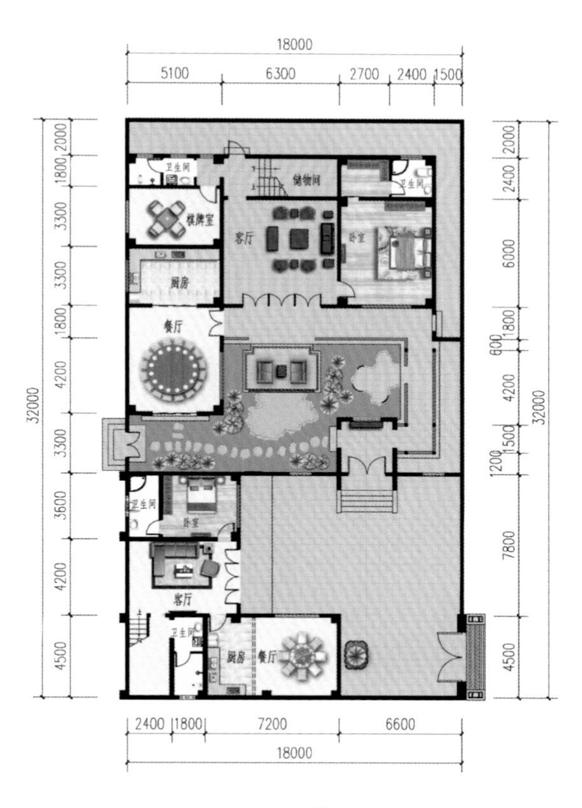

一层平面图

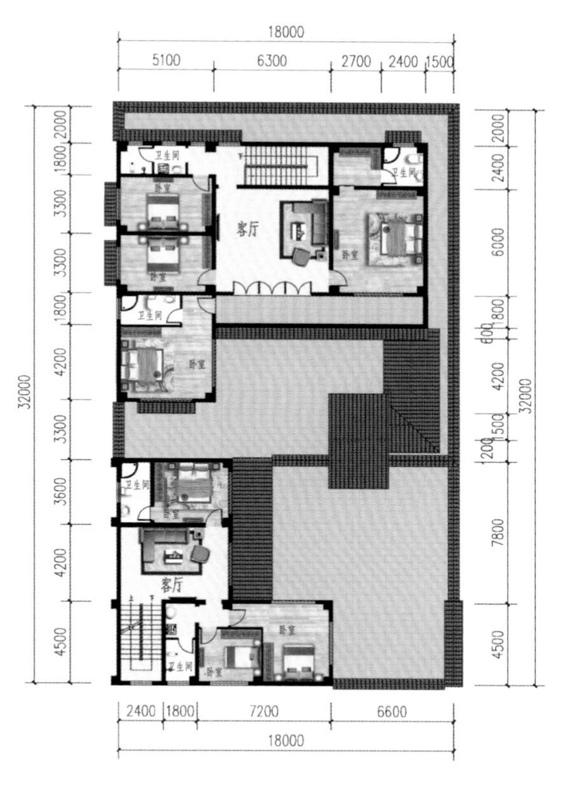

二层平面图

案例16

外观效果图

户型信息

【图纸编号】130
【建筑层数】2 层
【用地宽度】15.75 米
【用地长度】21.00 米
【用地面积】330.75 平方米
【建筑面积】238.88 平方米

扫码观看相关视频

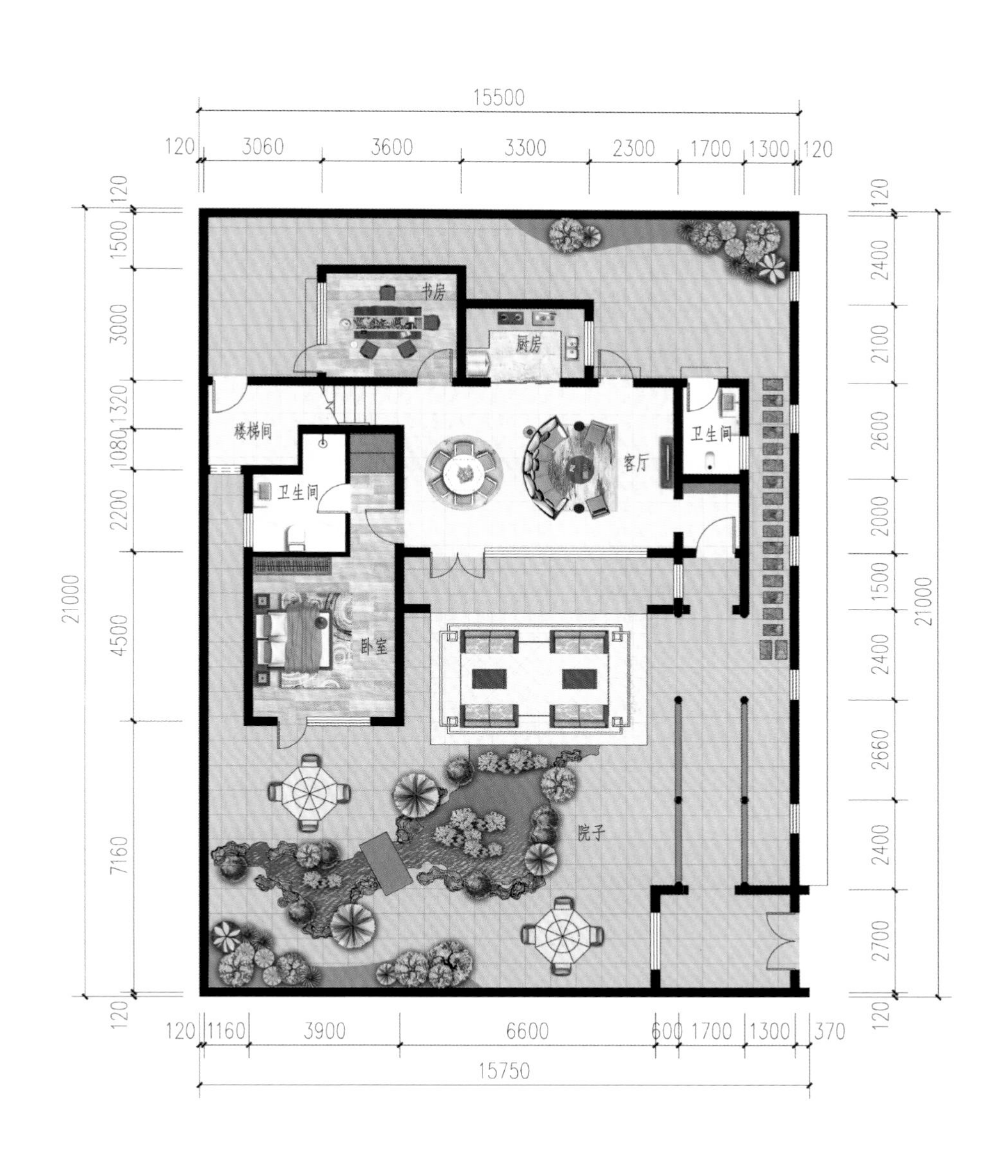

一层平面图

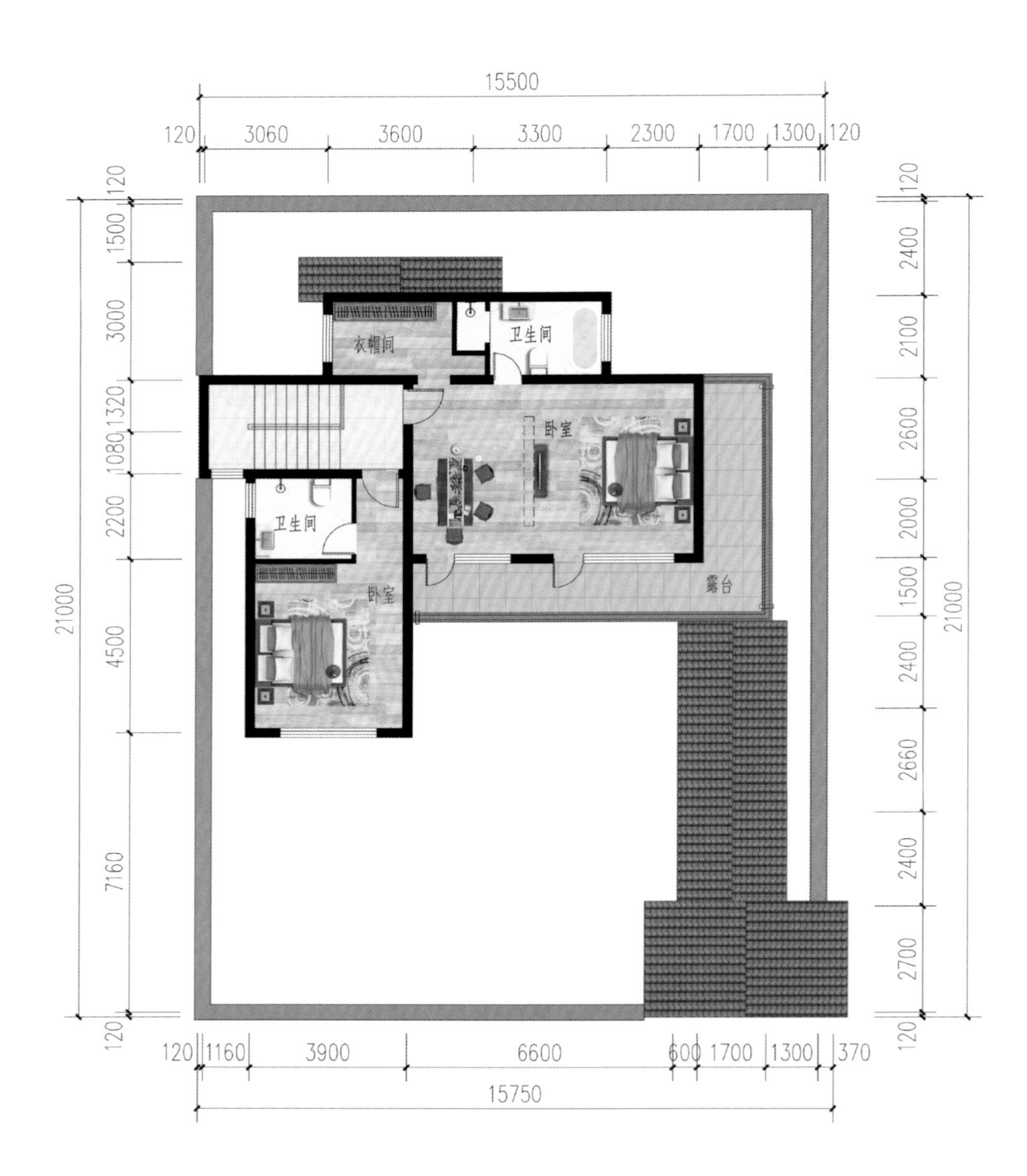
15500
120
3060
3600
3300
2300
1700
1300
120
衣帽间
卫生间
卧室
卫生间
卧室
露台
120
1500
3000
1320
1080
2200
4500
7160
120
21000
2400
2100
2600
2000
1500
2400
2660
2400
2700
21000
120
1160
3900
6600
600
1700
1300
370
15750

二层平面图

案例 17

外观效果图

户型信息

【图纸编号】143

【建筑层数】2 层

【用地宽度】15.24 米

【用地长度】28.44 米

【用地面积】433.43 平方米

【建筑面积】510.90 平方米

扫码观看相关视频

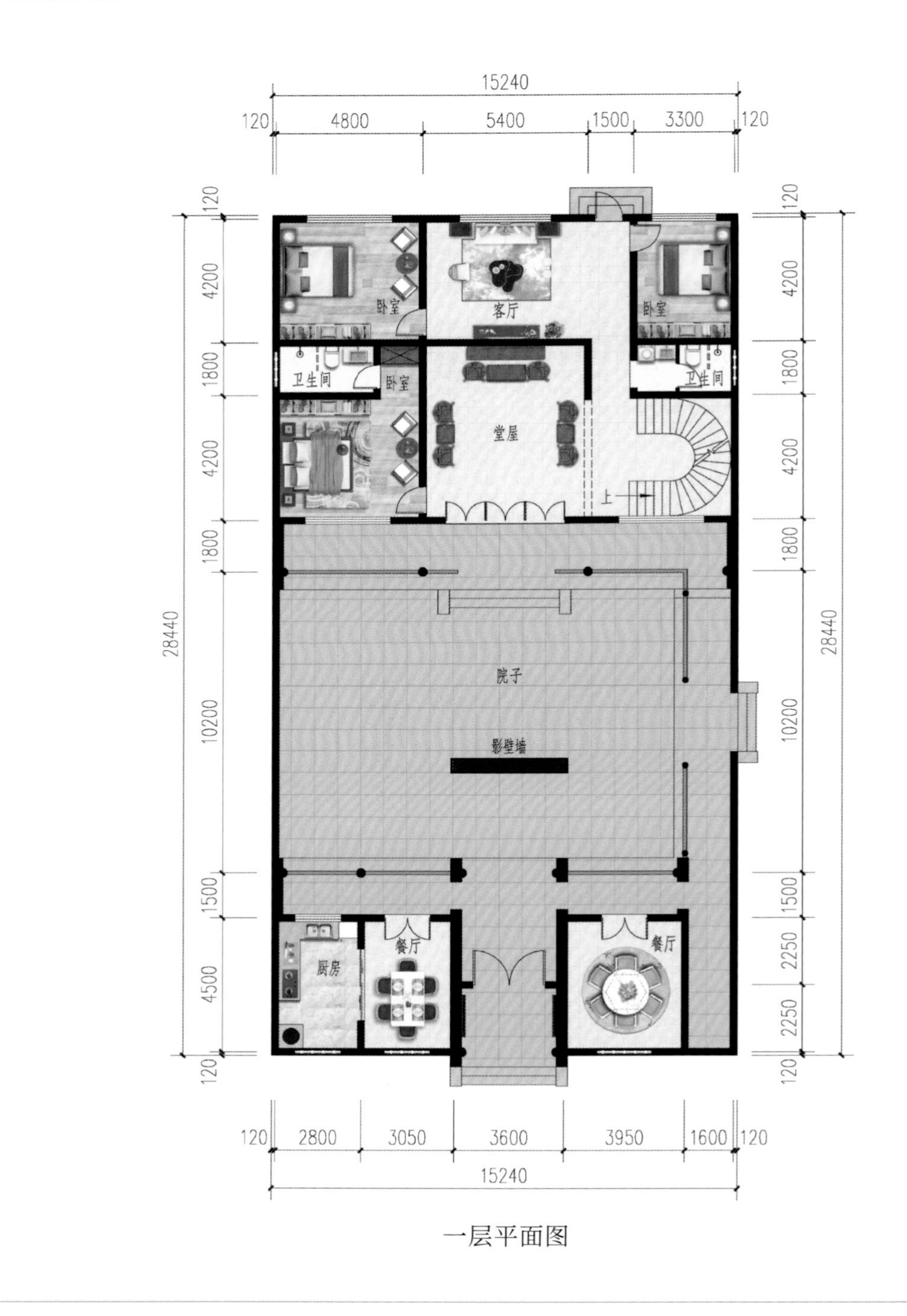

一层平面图

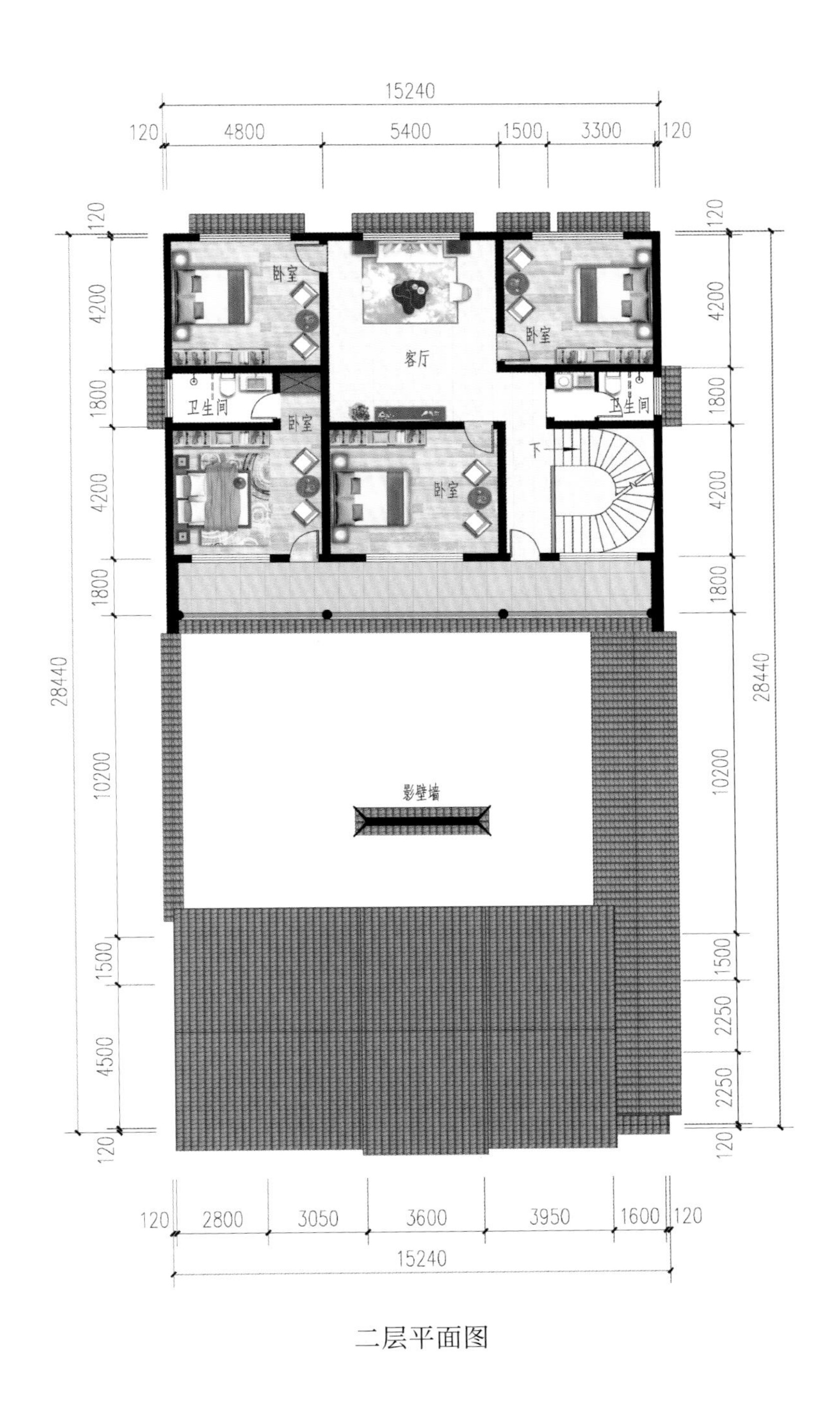
15240
120
4800
5400
1500
3300
120
卧室
客厅
卧室
卫生间
卫生间
卧室
卧室
下
影壁墙
4200
1800
4200
1800
28440
10200
1500
4500
2250
2250
120
2800
3050
3600
3950
1600
15240

二层平面图

案例 18

外观效果图

户型信息

【图纸编号】146

【建筑层数】2 层

【用地宽度】24.24 米

【用地长度】21.62 米

【用地面积】524.07 平方米

【建筑面积】416.54 平方米

扫码观看相关视频

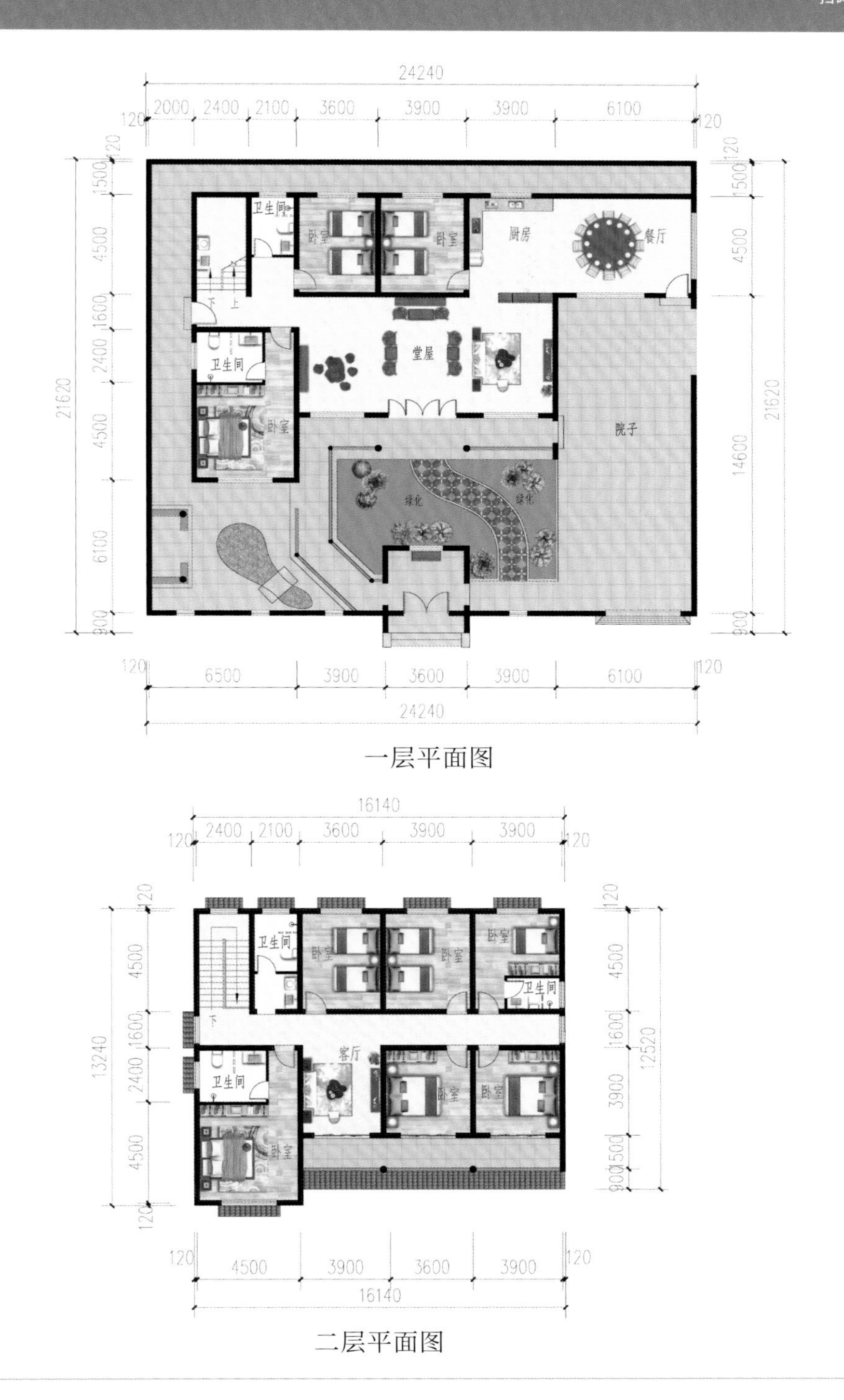

一层平面图

二层平面图

案例19

外观效果图

户型信息

【图纸编号】151

【建筑层数】2层

【用地宽度】17.34米

【用地长度】12.64米

【用地面积】219.18平方米

【建筑面积】414.16平方米

扫码观看相关视频

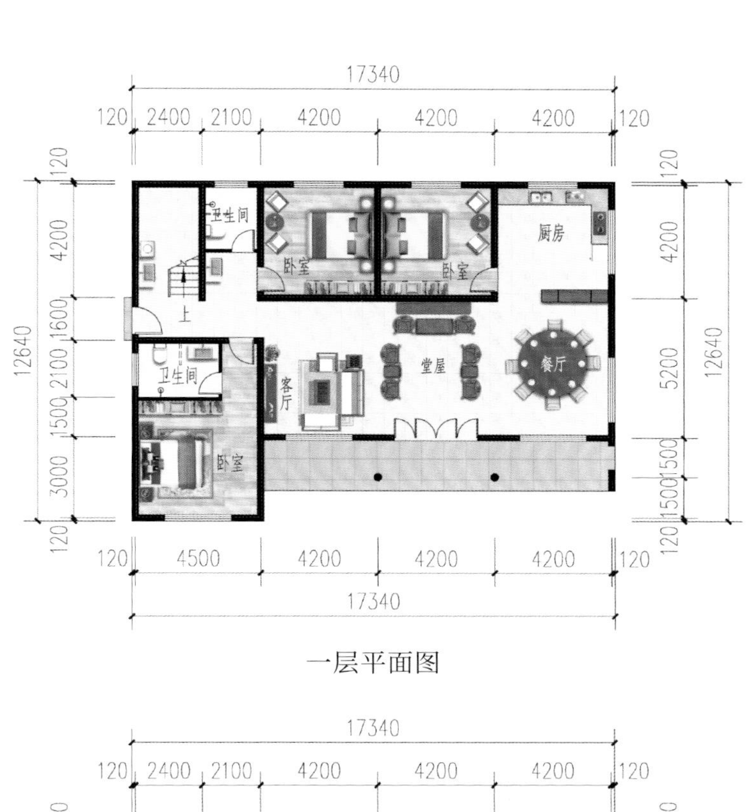

一层平面图

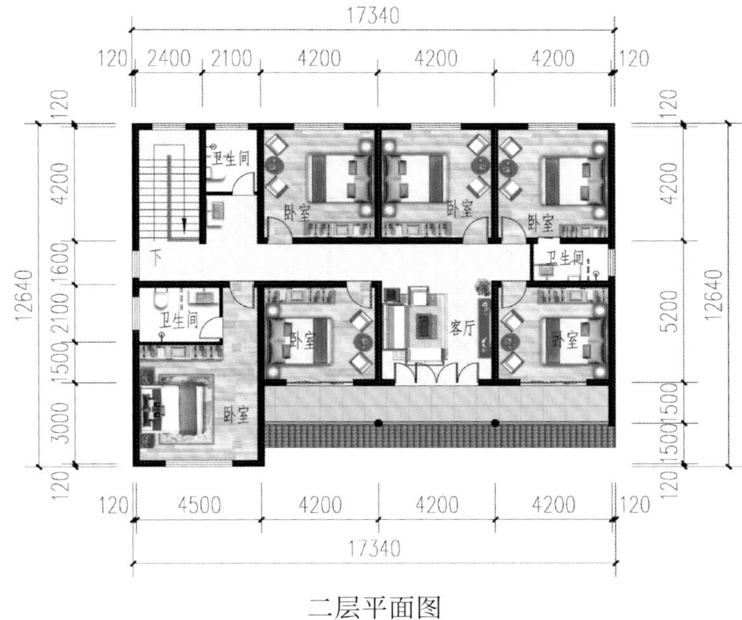

二层平面图

案例20

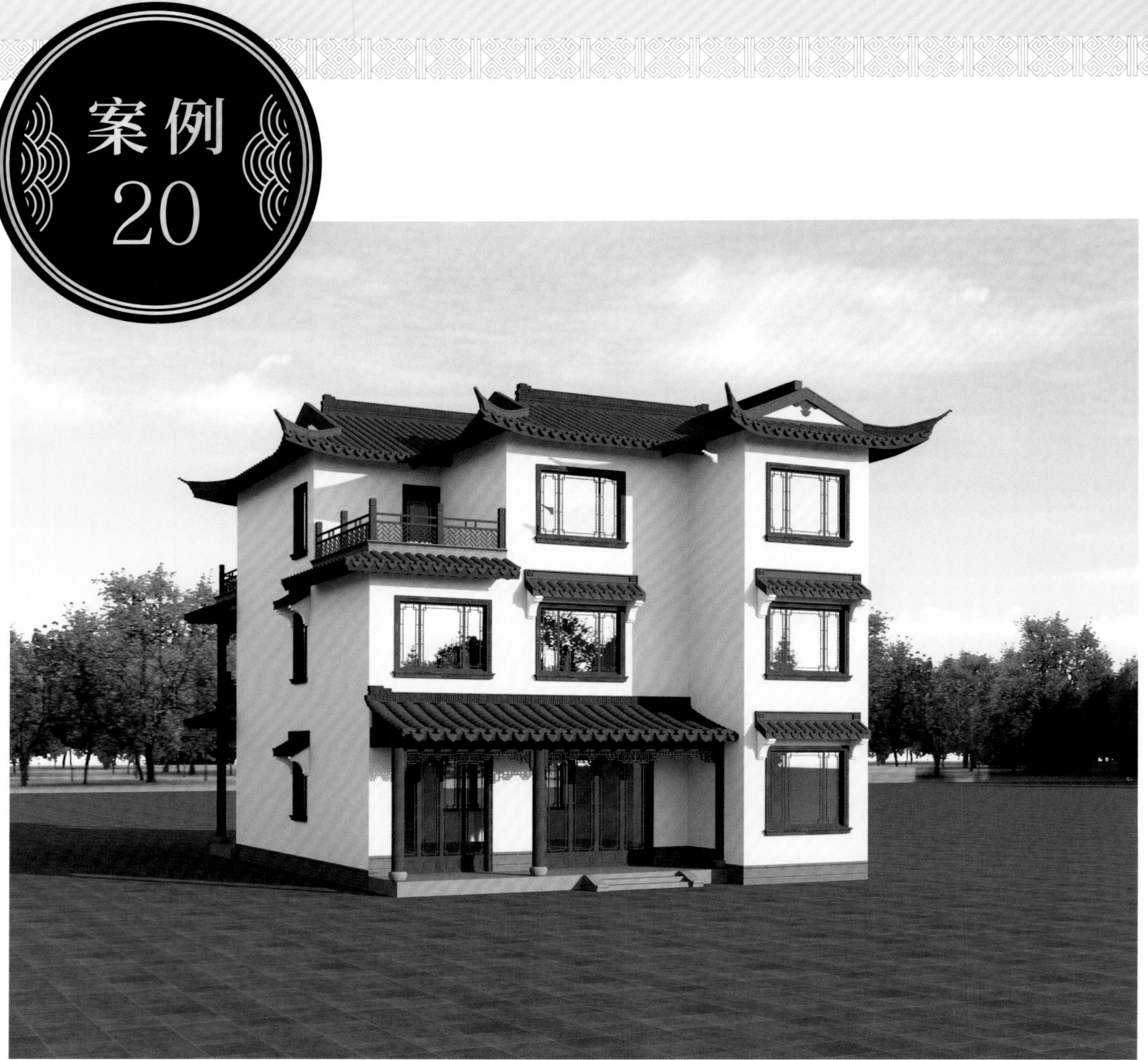

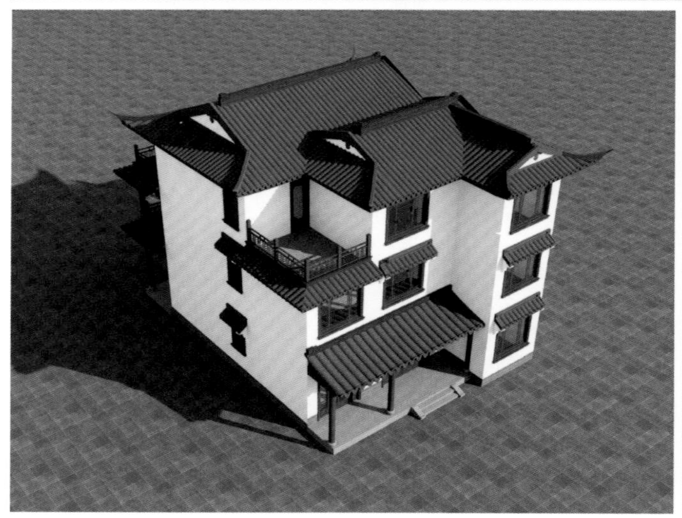

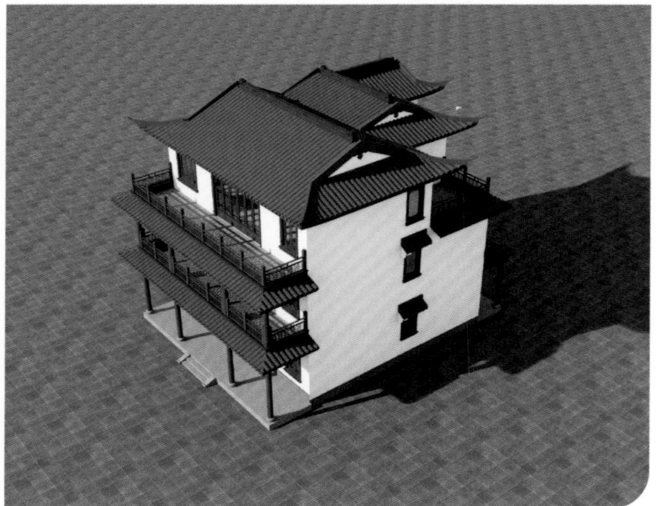

外观效果图

户型信息

【图纸编号】243

【建筑层数】3 层

【用地宽度】13.12 米

【用地长度】17.97 米

【用地面积】235.77 平方米

【建筑面积】598.35 平方米

扫码观看相关视频

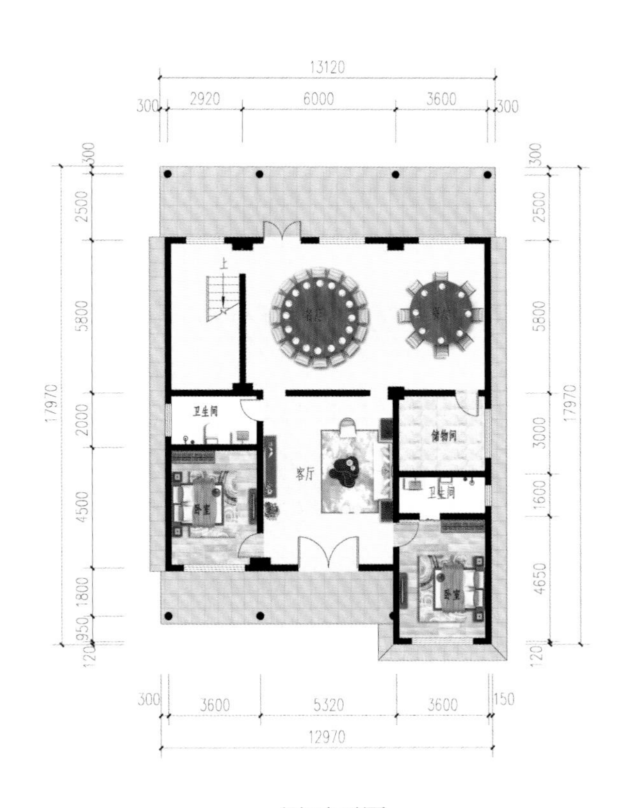

一层平面图

二层平面图

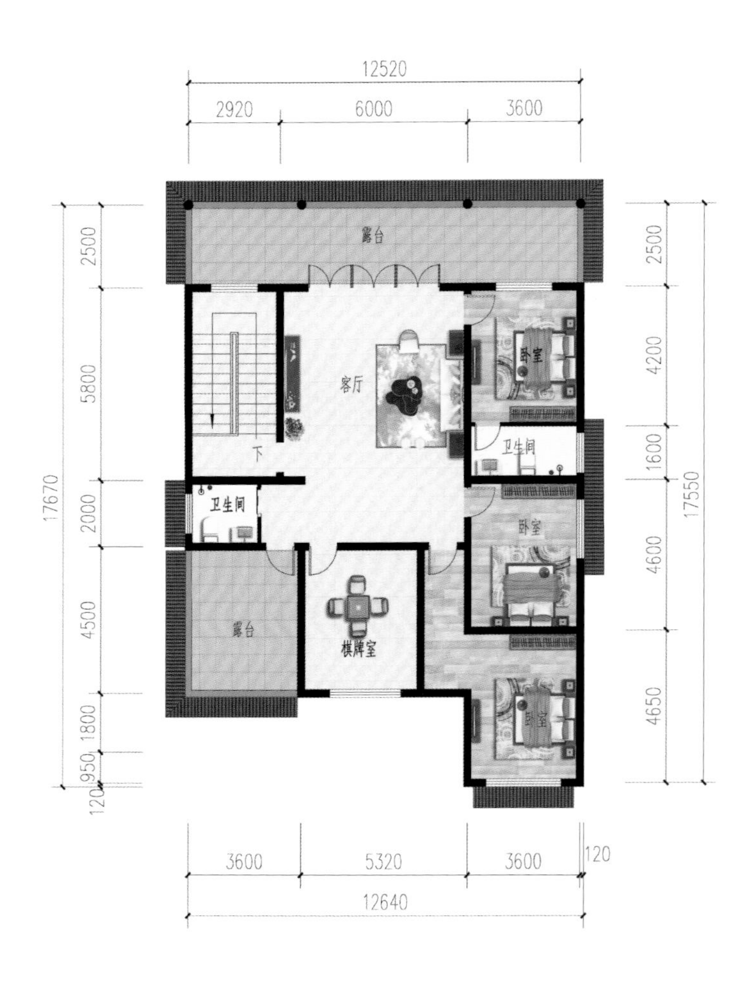
12520
2920
6000
3600
露台
客厅
卧室
卫生间
下
卫生间
卧室
露台
棋牌室
卧室
2500
5800
2000
4500
1800
950
120
17670
2500
4200
1600
4600
4650
17550
3600
5320
3600
120
12640

三层平面图

案例 21

外观效果图

户型信息

【图纸编号】211
【建筑层数】3 层
【用地宽度】10.31 米
【用地长度】37.42 米
【用地面积】385.80 平方米
【建筑面积】405.74 平方米

扫码观看相关视频

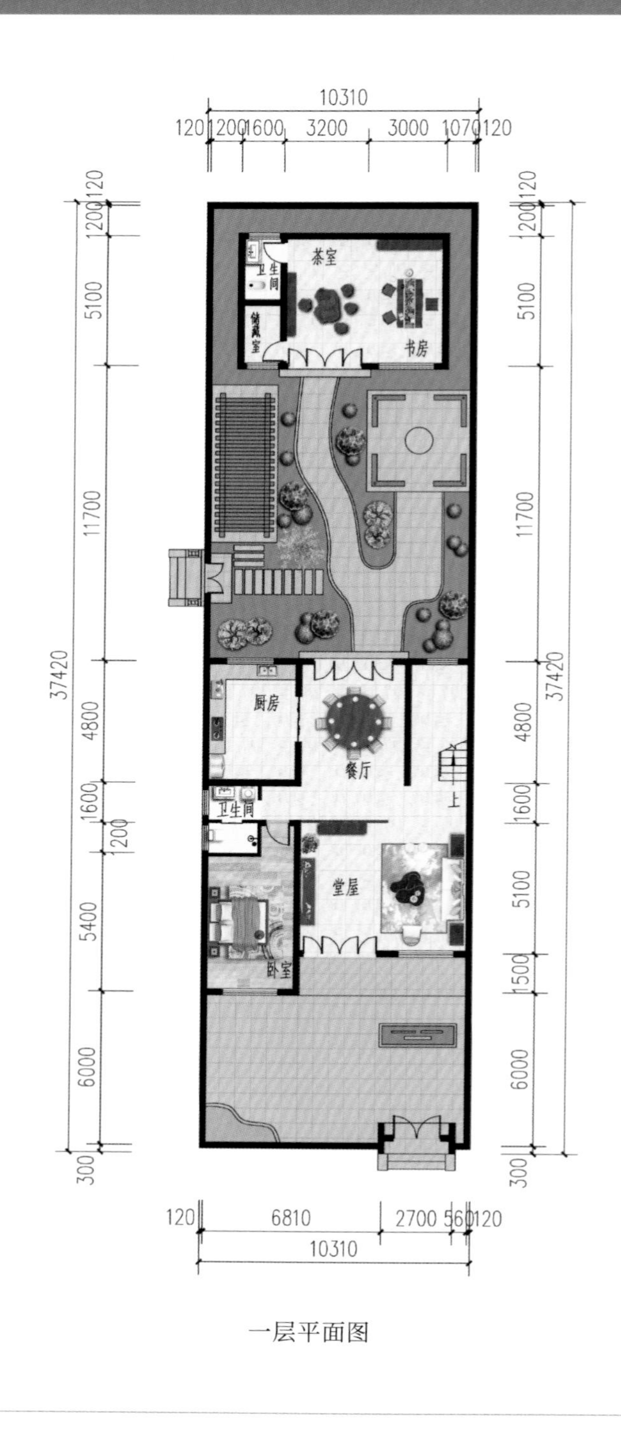

一层平面图

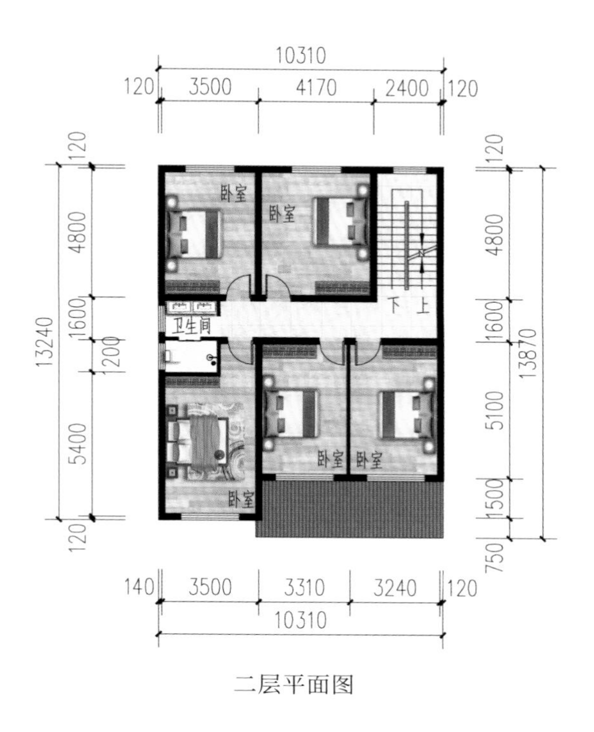
10310
120
3500
4170
2400
120
卧室
卧室
下
上
卫生间
卧室
卧室
卧室
13240
4800
1600
1200
5400
13870
5100
1500
750
140
3310
3240

二层平面图

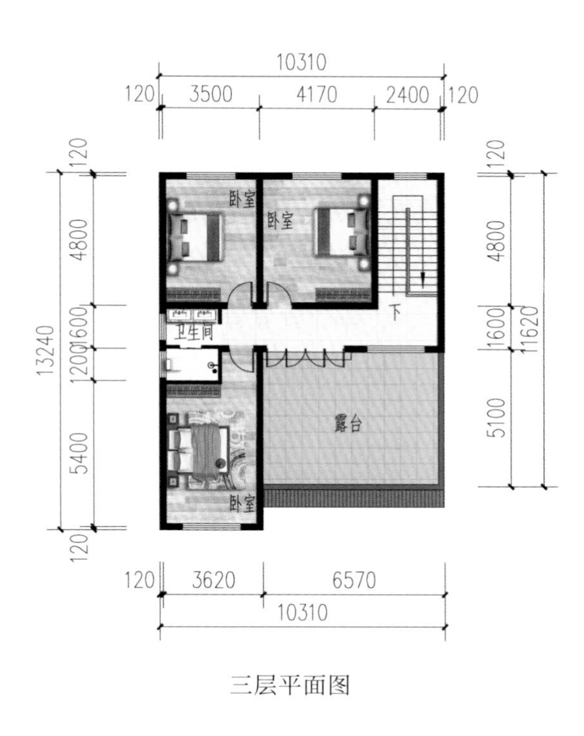
10310
120
3500
4170
2400
卧室
卧室
下
卫生间
露台
卧室
13240
4800
1600
1200
5400
1620
5100
3620
6570

三层平面图

案例22

外观效果图

户型信息

【图纸编号】228

【建筑层数】3 层

【用地宽度】22.24 米

【用地长度】26.24 米

【用地面积】583.58 平方米

【建筑面积】853.20 平方米

扫码观看相关视频

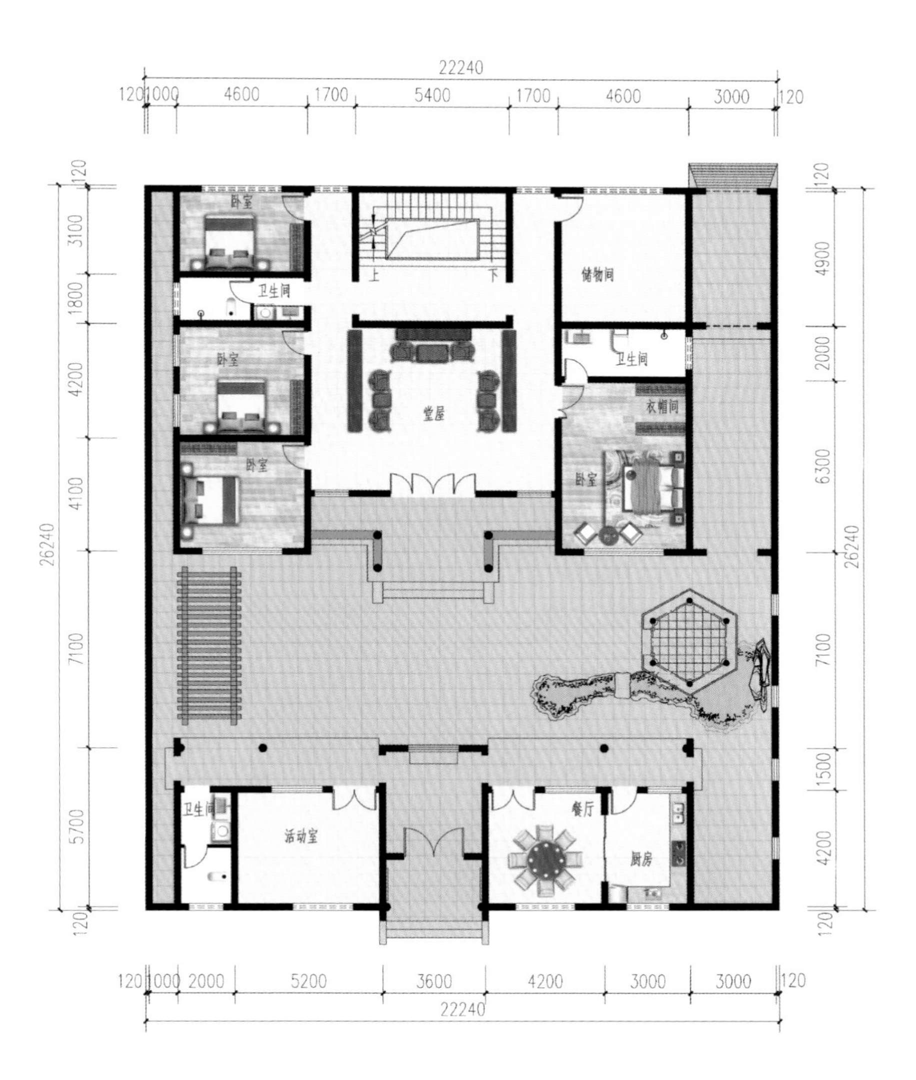

一层平面图

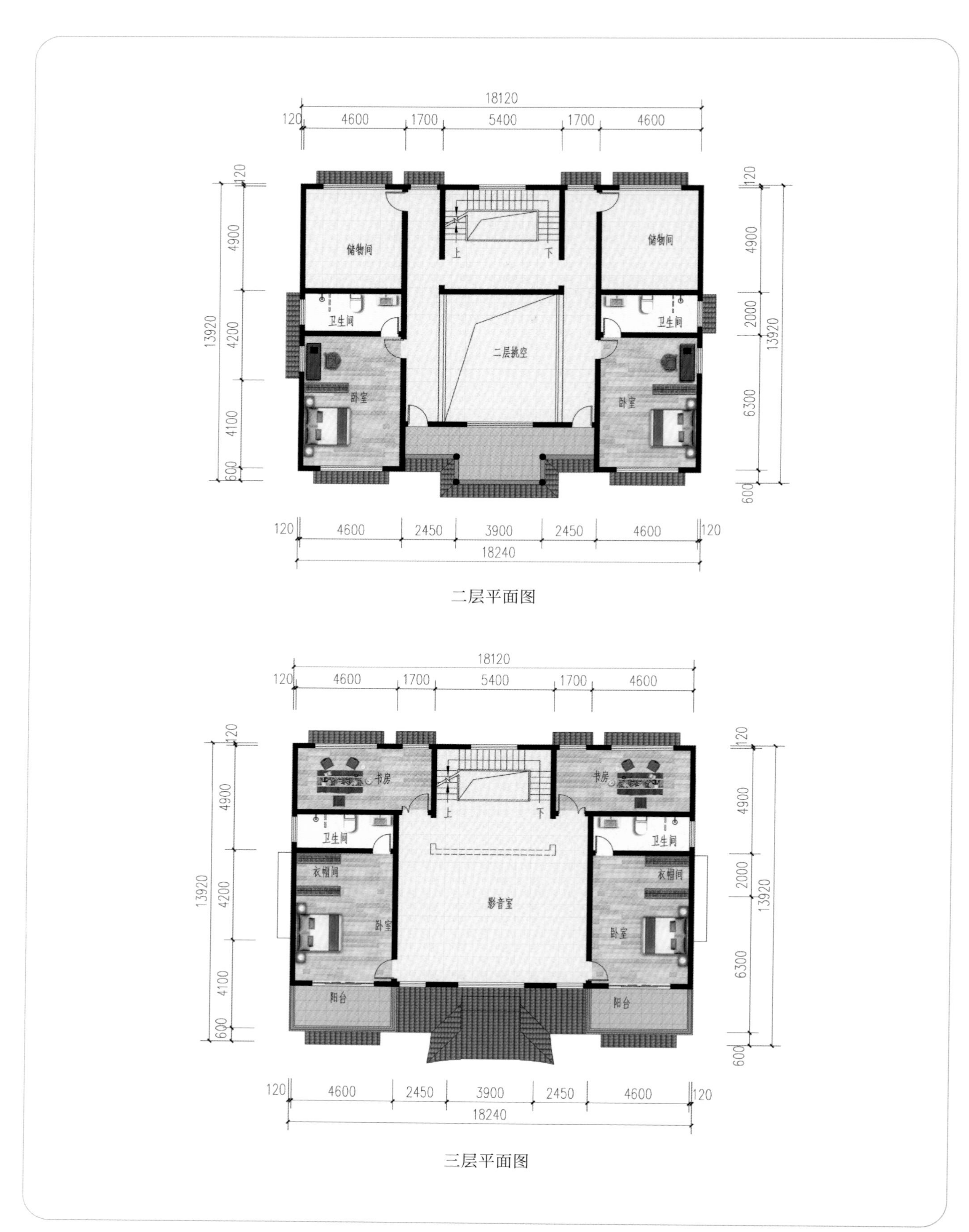
18120
120
4600
1700
5400
1700
4600
储物间
储物间
卫生间
卫生间
二层挑空
卧室
卧室
上
下
13920
4900
4200
4100
600
2000
6300
2450
3900
18240
二层平面图

18120
120
4600
1700
5400
1700
4600
书房
书房
卫生间
卫生间
衣帽间
衣帽间
影音室
卧室
卧室
阳台
阳台
上
下
13920
4900
4200
4100
600
2000
6300
2450
3900
18240
三层平面图

案例 23

外观效果图

户型信息

【图纸编号】099

【建筑层数】3 层

【用地宽度】11.44 米

【用地长度】10.84 米

【用地面积】124.01 平方米

【建筑面积】294.03 平方米

扫码观看相关视频

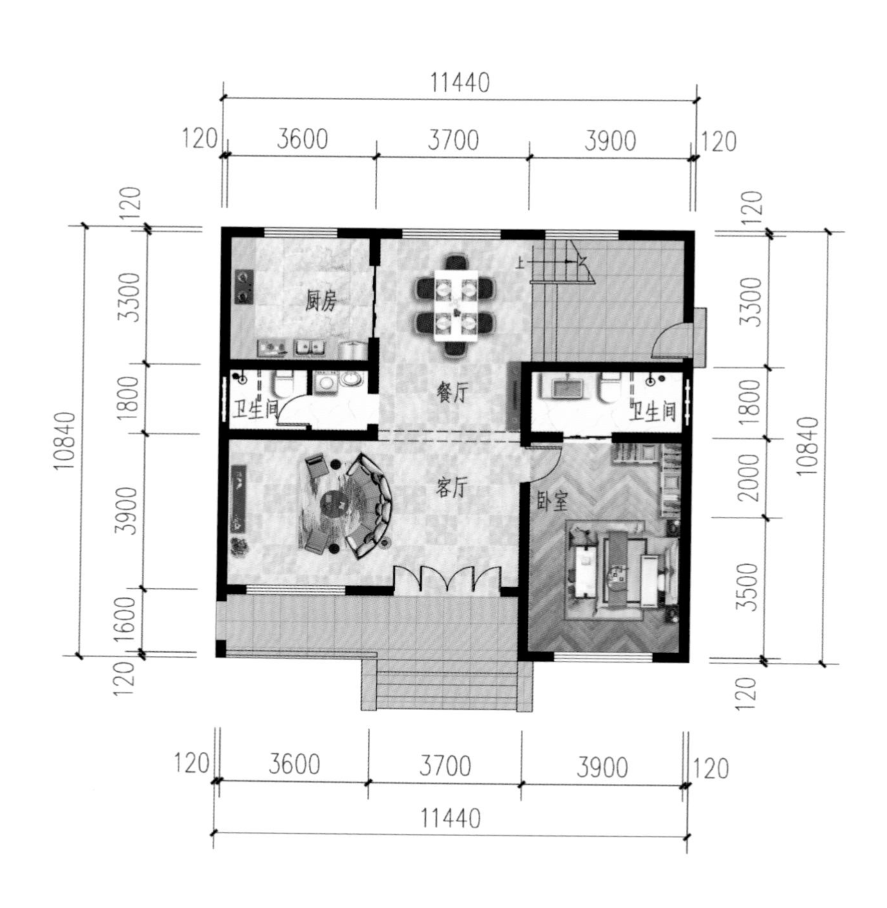

一层平面图

11440
120
3600
3700
3900
120
10840
3300
1800
3900
1600
2000
3500
卧室
卫生间
衣帽间
书房
露台
上
下

二层平面图

11440
120
3600
3700
3900
120
10840
3300
1800
3900
1600
2000
3500
衣帽间
卫生间
卧室
书房
露台

三层平面图

外观效果图

外观效果图

户型信息

【图纸编号】123　　【用地长度】36.84 米

【建筑层数】3 层　　【用地面积】893.00 平方米

【用地宽度】24.24 米　　【建筑面积】732.13 平方米

扫码观看相关视频

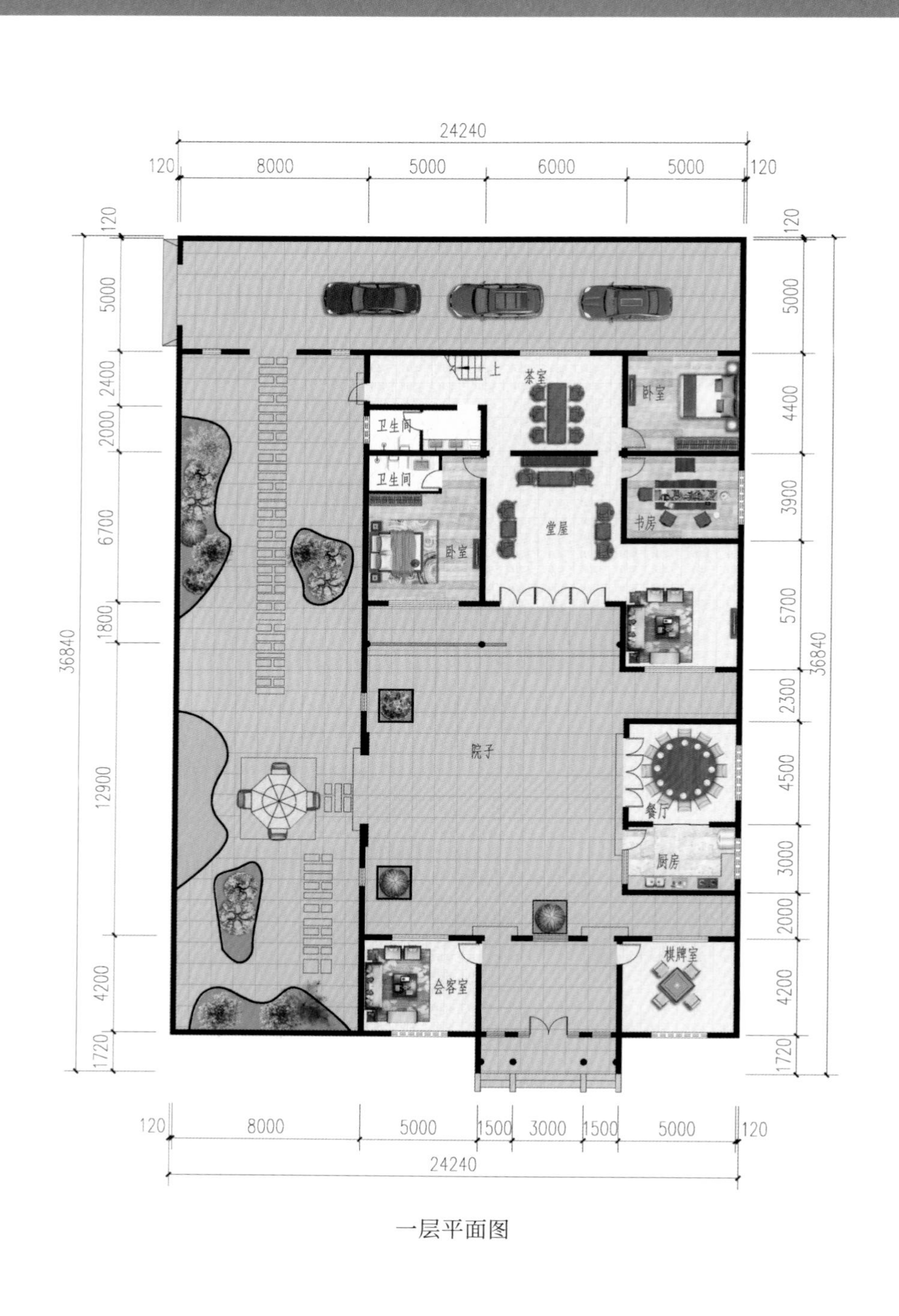

一层平面图

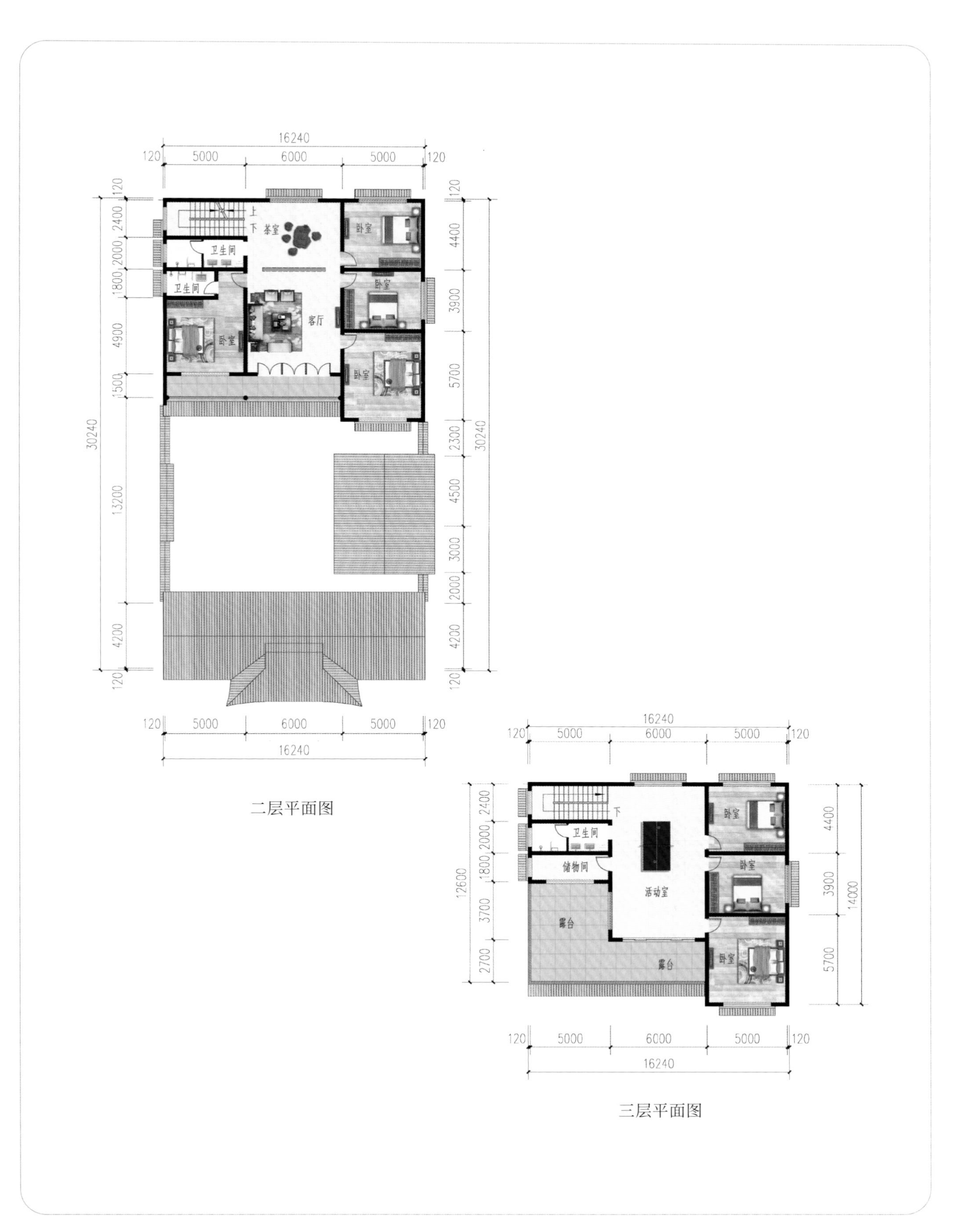
16240
120
5000
6000
5000
120
茶室
卫生间
卫生间
卧室
卧室
卧室
卧室
客厅
上
下
30240
活动室
储物间
露台
露台
14000
12600
二层平面图

三层平面图

第三章

三合院案例

案例 01

外观效果图

院内效果图

户型信息

【图纸编号】204

【建筑层数】1 层

【用地宽度】23.00 米

【用地长度】22.71 米

【用地面积】522.33 平方米

【建筑面积】232.80 平方米

扫码观看相关视频

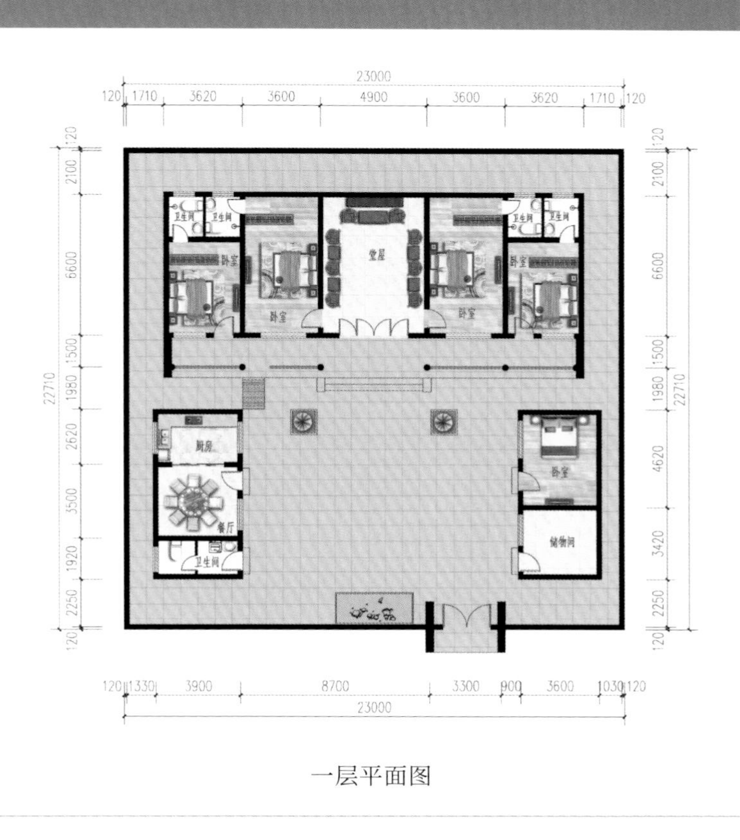

一层平面图

案例 02

外观效果图

户型信息

【图纸编号】235

【建筑层数】1层

【用地宽度】21.24 米

【用地长度】29.64 米

【用地面积】629.55 平方米

【建筑面积】378.99 平方米

扫码观看相关视频

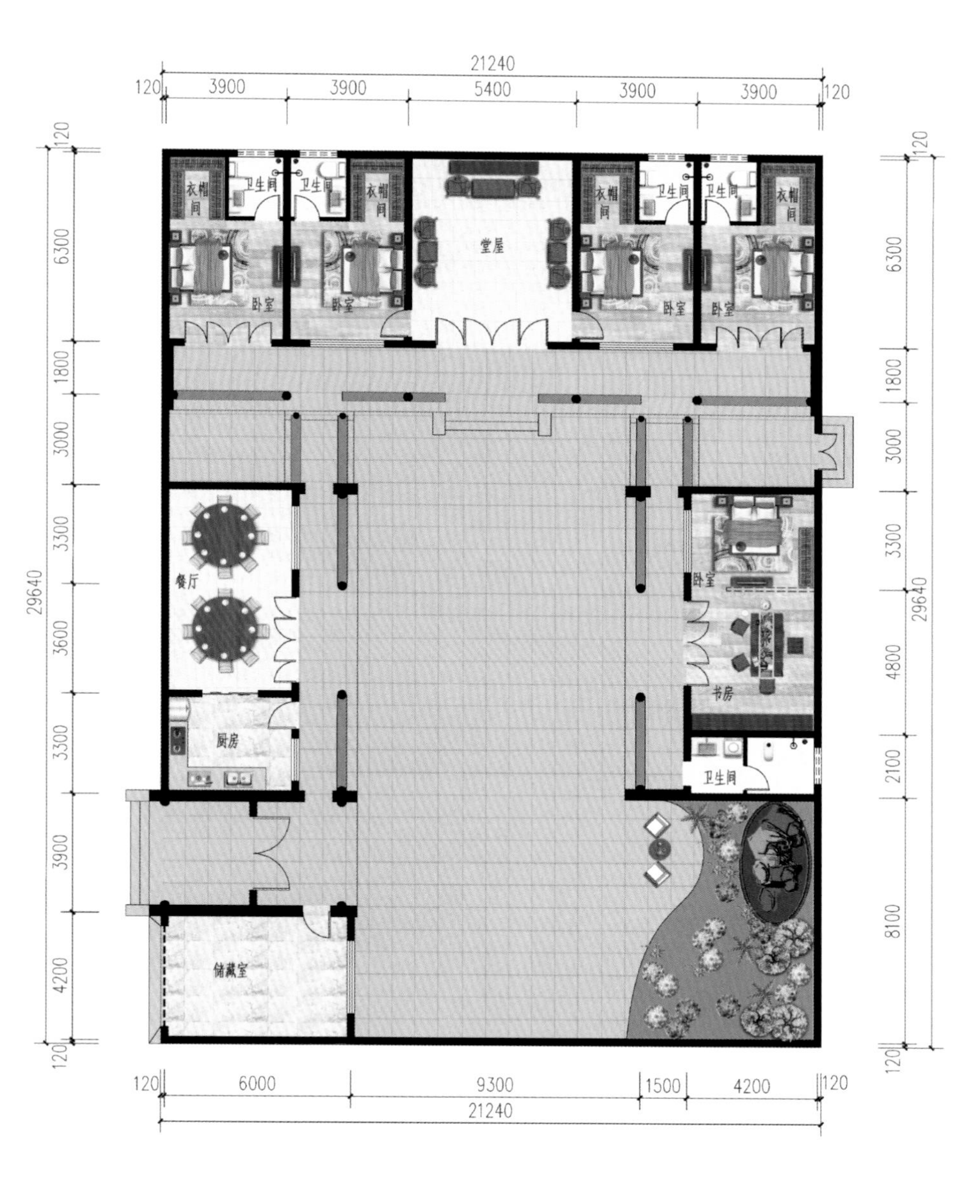

一层平面图

案例03

外观效果图

户型信息

【图纸编号】295

【建筑层数】1 层

【用地宽度】20 米

【用地长度】28 米

【用地面积】560 平方米

【建筑面积】440.61 平方米

扫码观看相关视频

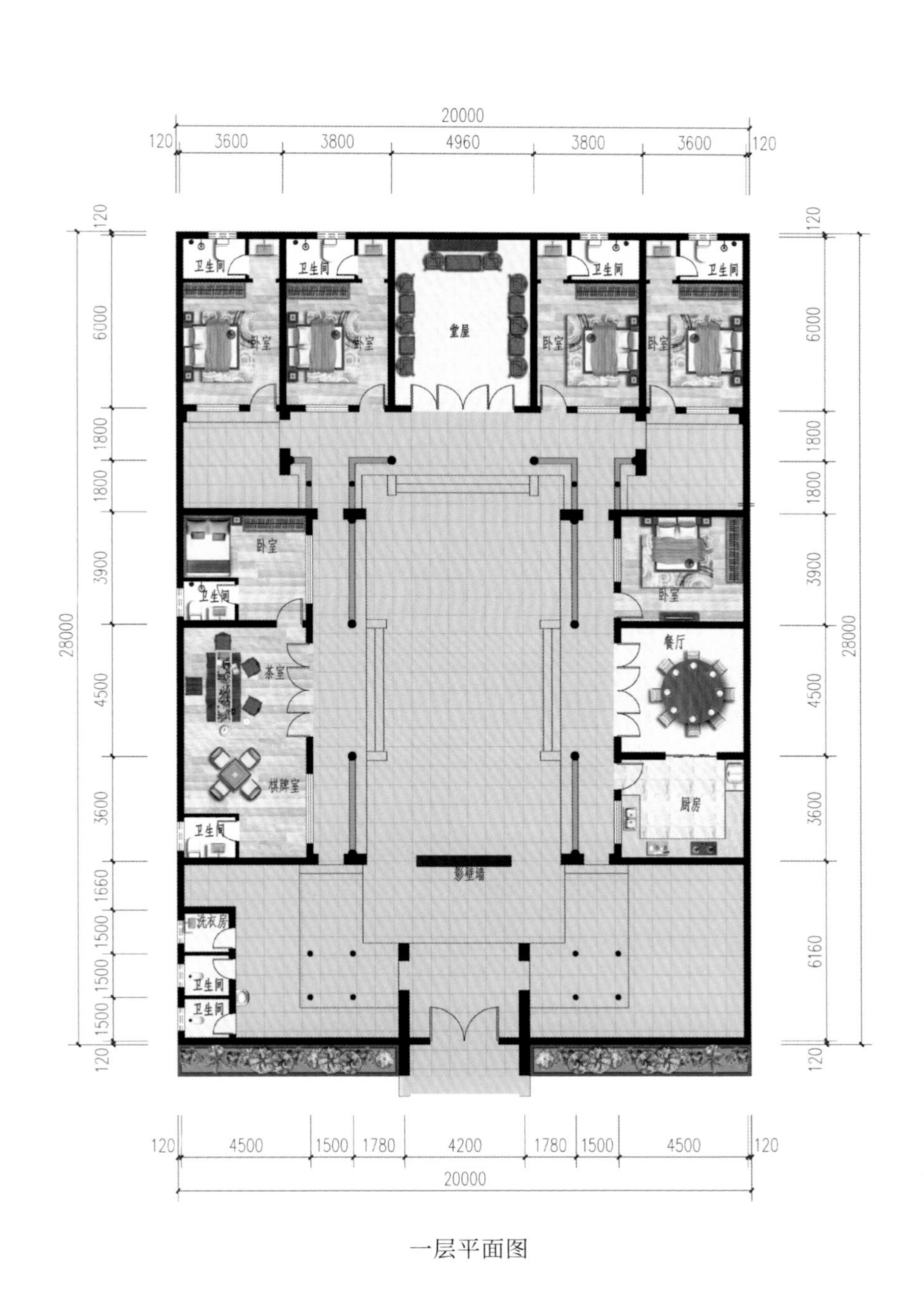

一层平面图

案例 04

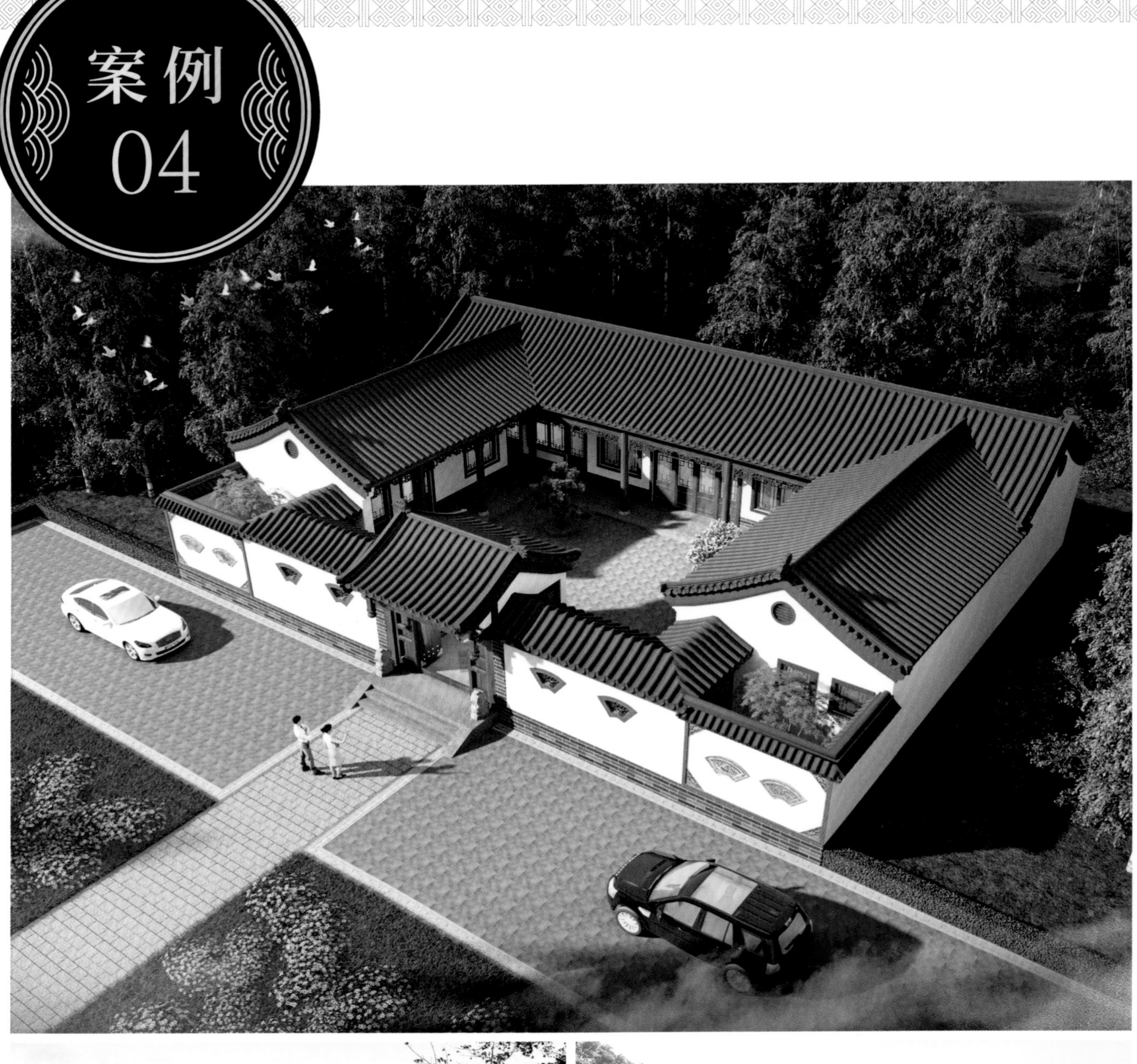

外观效果图

户型信息

【图纸编号】095

【建筑层数】1 层

【用地宽度】23.64 米

【用地长度】18.24 米

【用地面积】431.19 平方米

【建筑面积】309.98 平方米

扫码观看相关视频

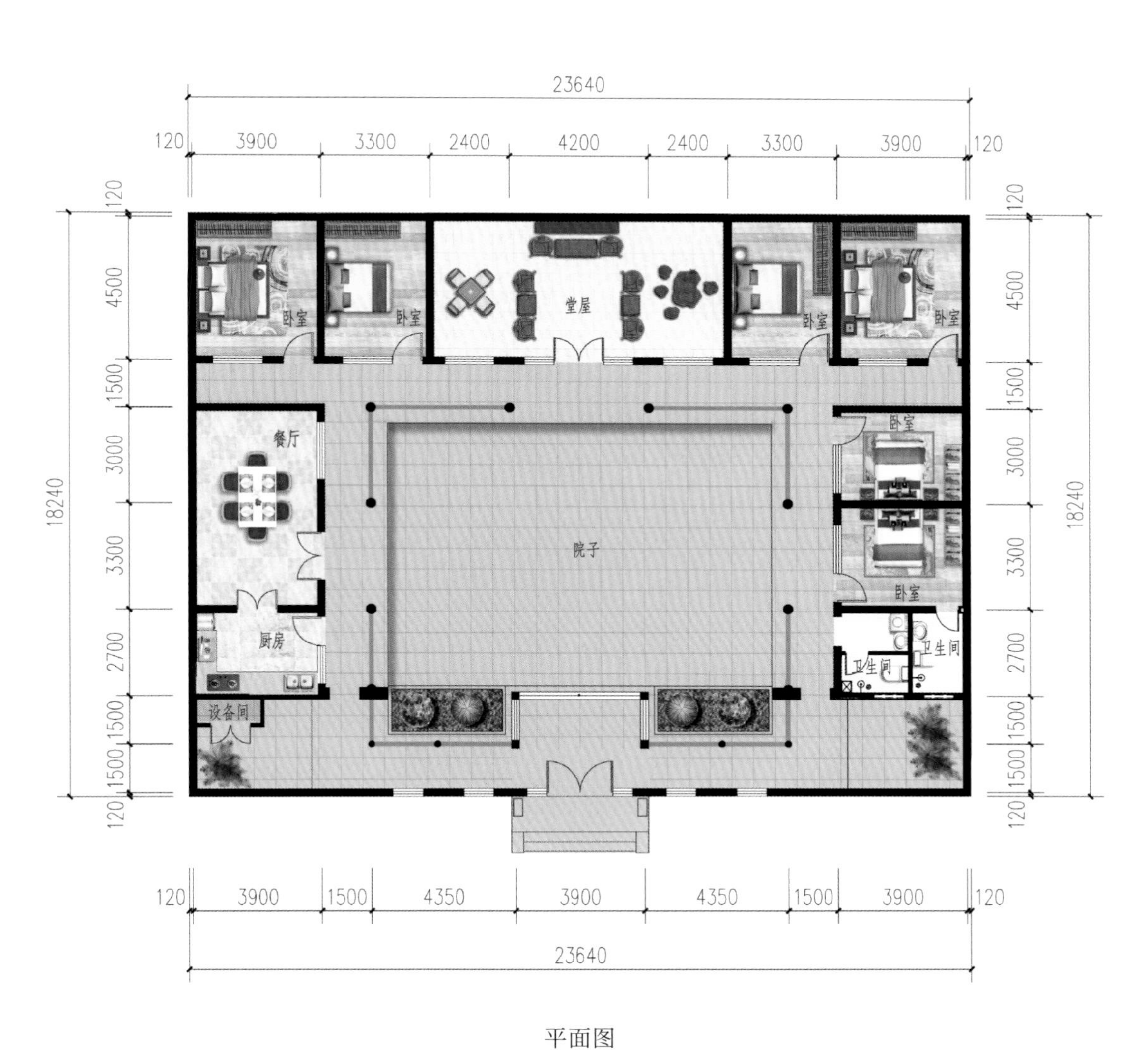

平面图

案例05

外观效果图

户型信息

【图纸编号】112

【建筑层数】1 层

【用地宽度】29.00 米

【用地长度】31.00 米

【用地面积】899.00 平方米

【建筑面积】446.58 平方米

扫码观看相关视频

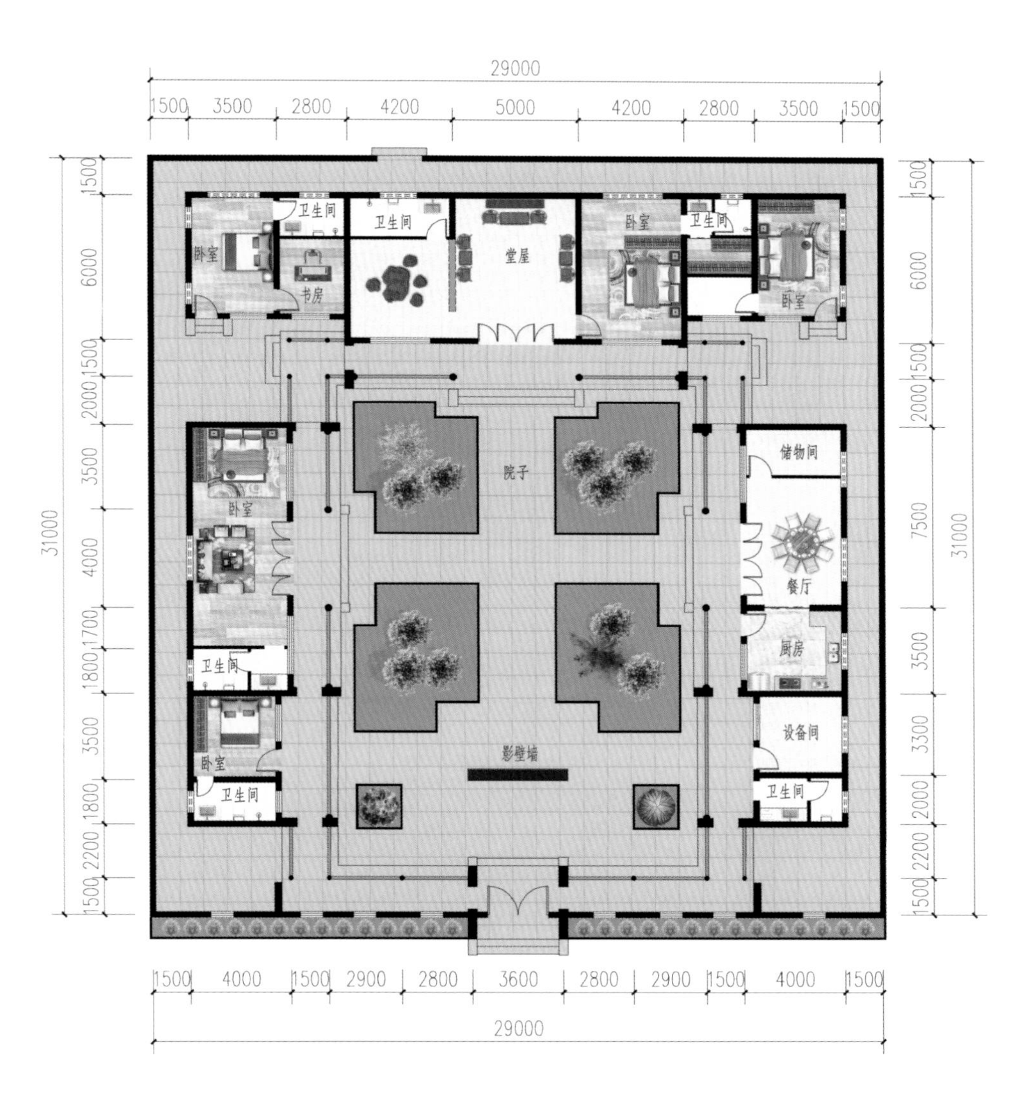

平面图

案例 06

外观效果图

户型信息

【图纸编号】114　　【用地长度】18.24 米

【建筑层数】1 层　　【用地面积】332.70 平方米

【用地宽度】18.24 米　　【建筑面积】262.84 平方米

扫码观看相关视频

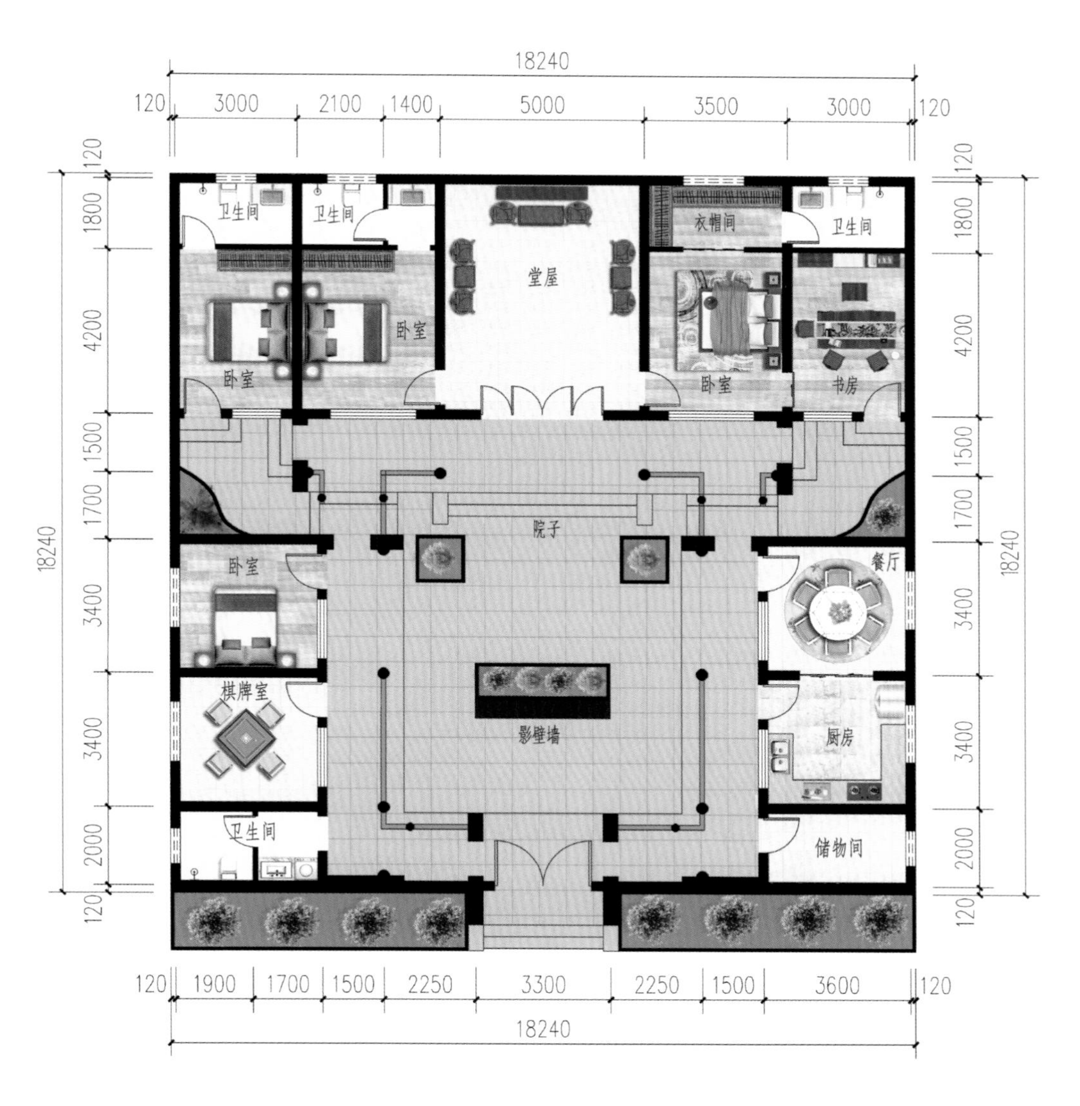

平面图

案例07

外观效果图

户型信息

【图纸编号】120

【建筑层数】1 层

【用地宽度】29.94 米

【用地长度】20.24 米

【用地面积】605.99 平方米

【建筑面积】482.22 平方米

扫码观看相关视频

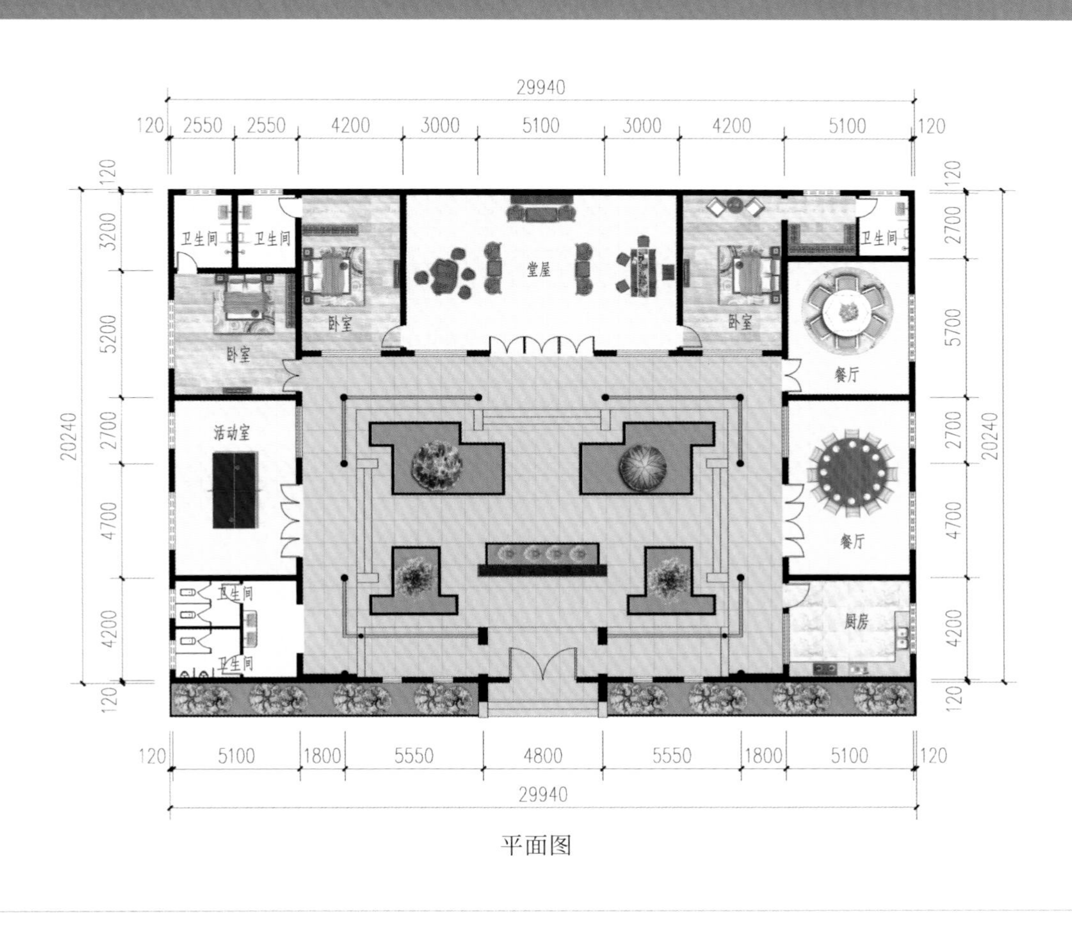

平面图

案例 08

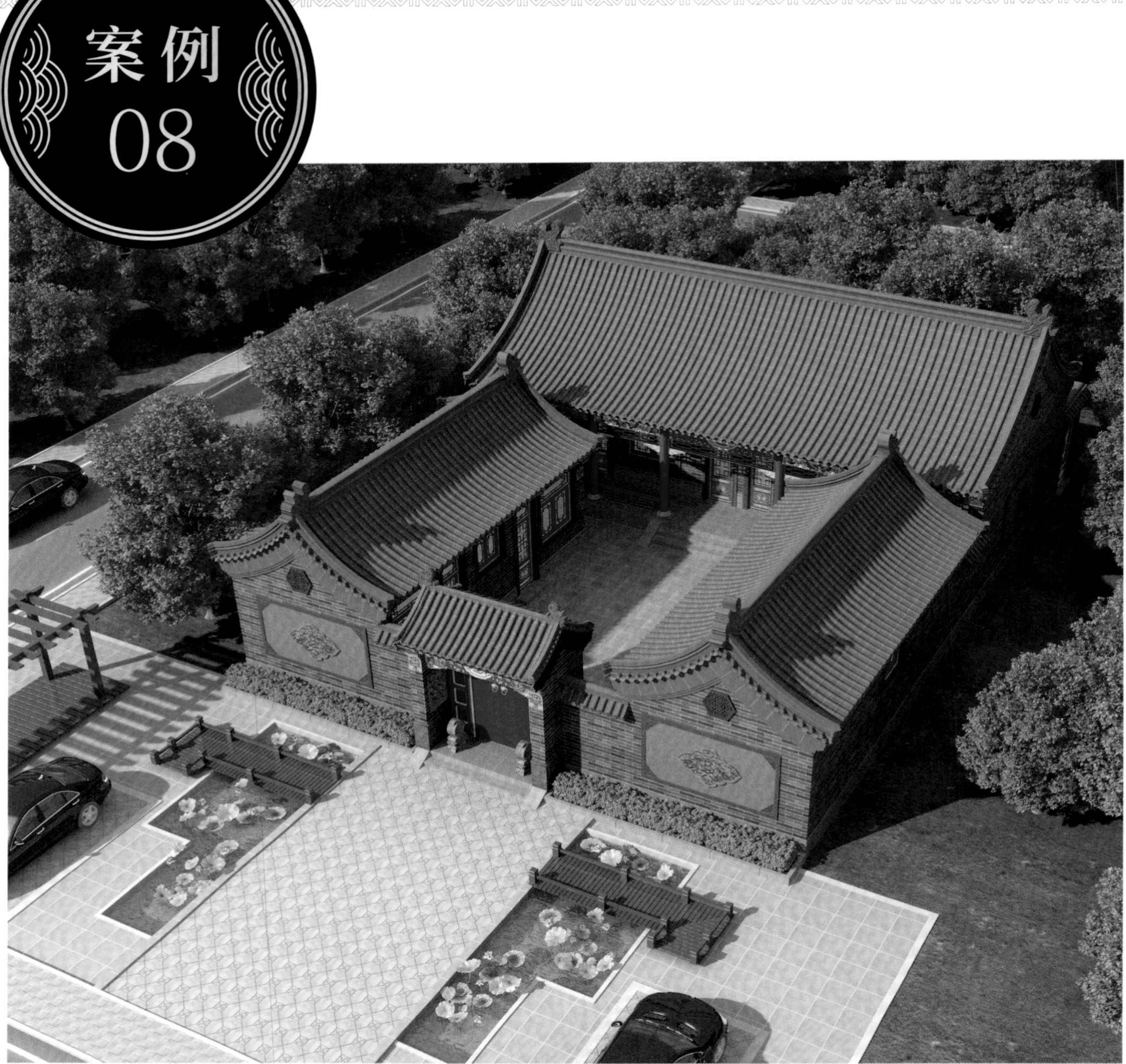

外观效果图

户型信息

【图纸编号】135

【建筑层数】1 层

【用地宽度】15.56 米

【用地长度】21.60 米

【用地面积】336.10 平方米

【建筑面积】219.19 平方米

扫码观看相关视频

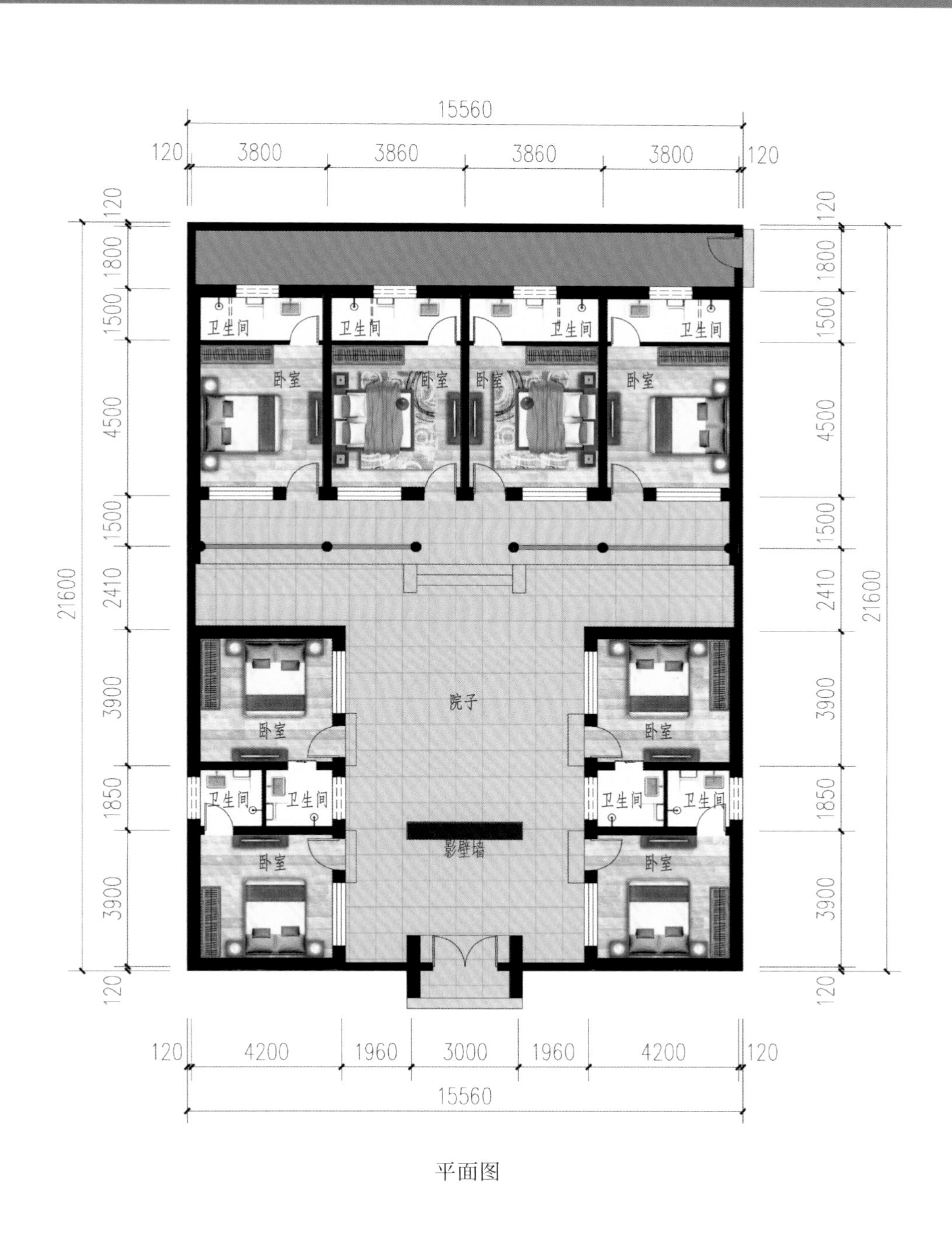

平面图

外观效果图

户型信息

【图纸编号】154

【建筑层数】1 层

【用地宽度】16.74 米

【用地长度】18.24 米

【用地面积】305.34 平方米

【建筑面积】217.56 平方米

扫码观看相关视频

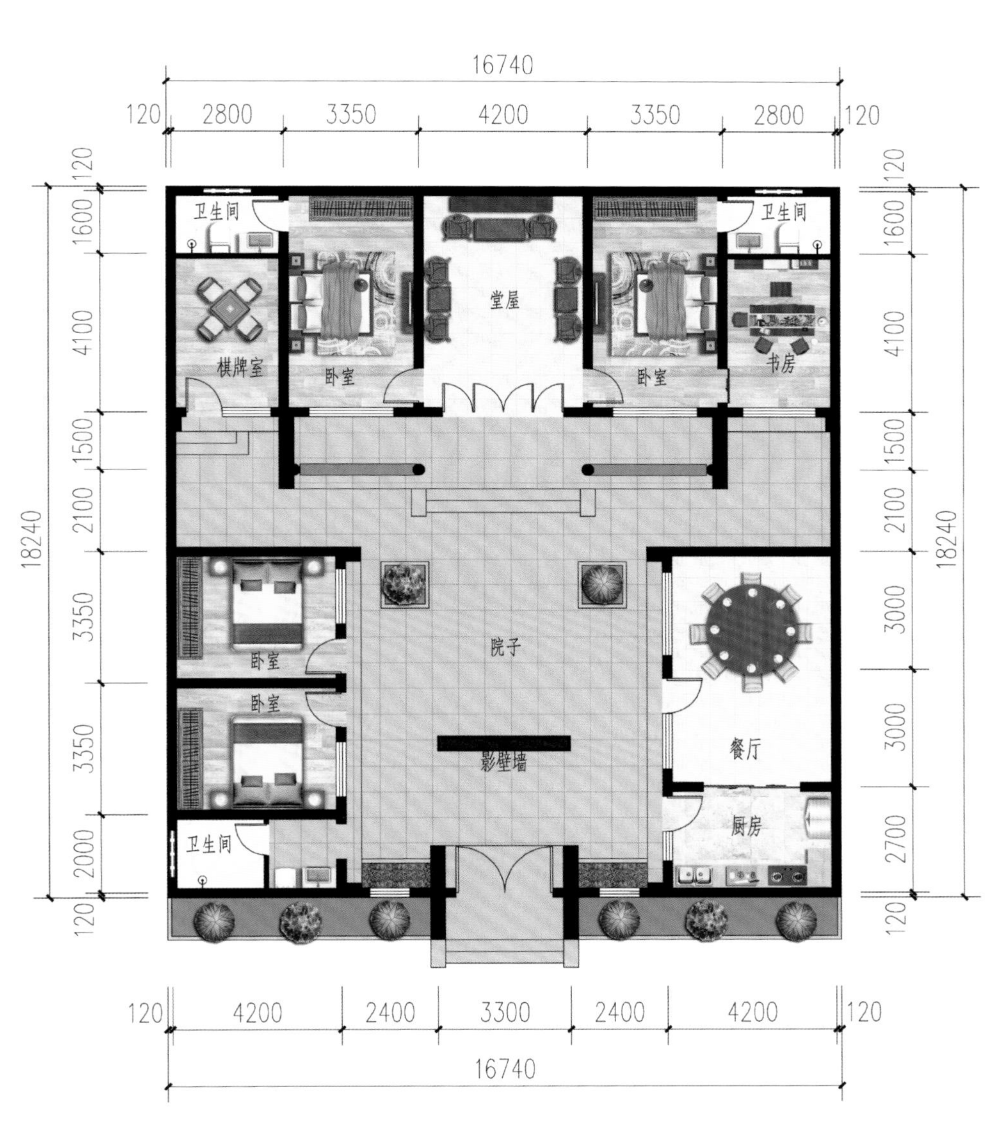

平面图

案例10

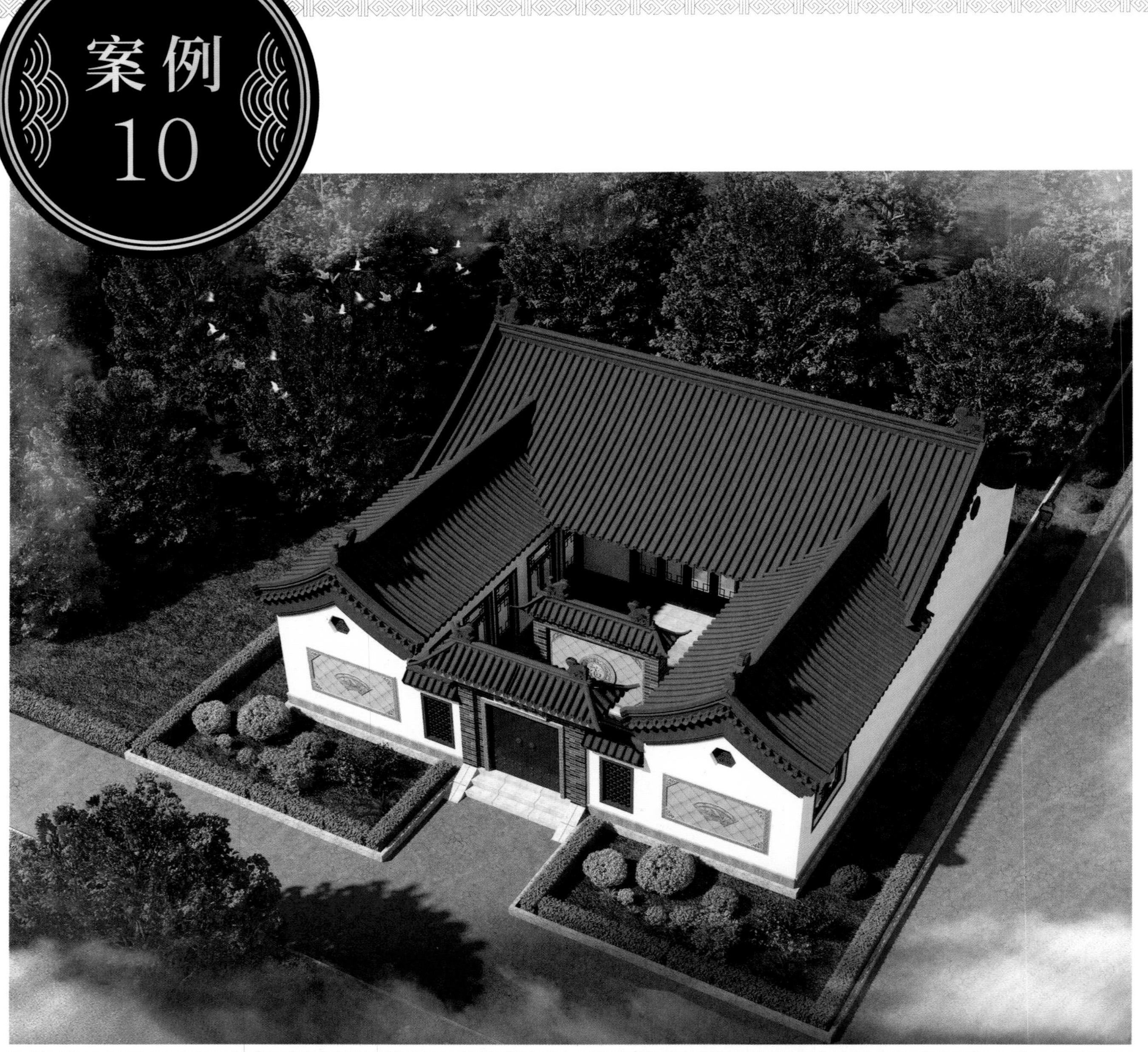

外观效果图

户型信息

【图纸编号】155

【建筑层数】1层

【用地宽度】14.04米

【用地长度】14.82米

【用地面积】208.07平方米

【建筑面积】152.89平方米

扫码观看相关视频

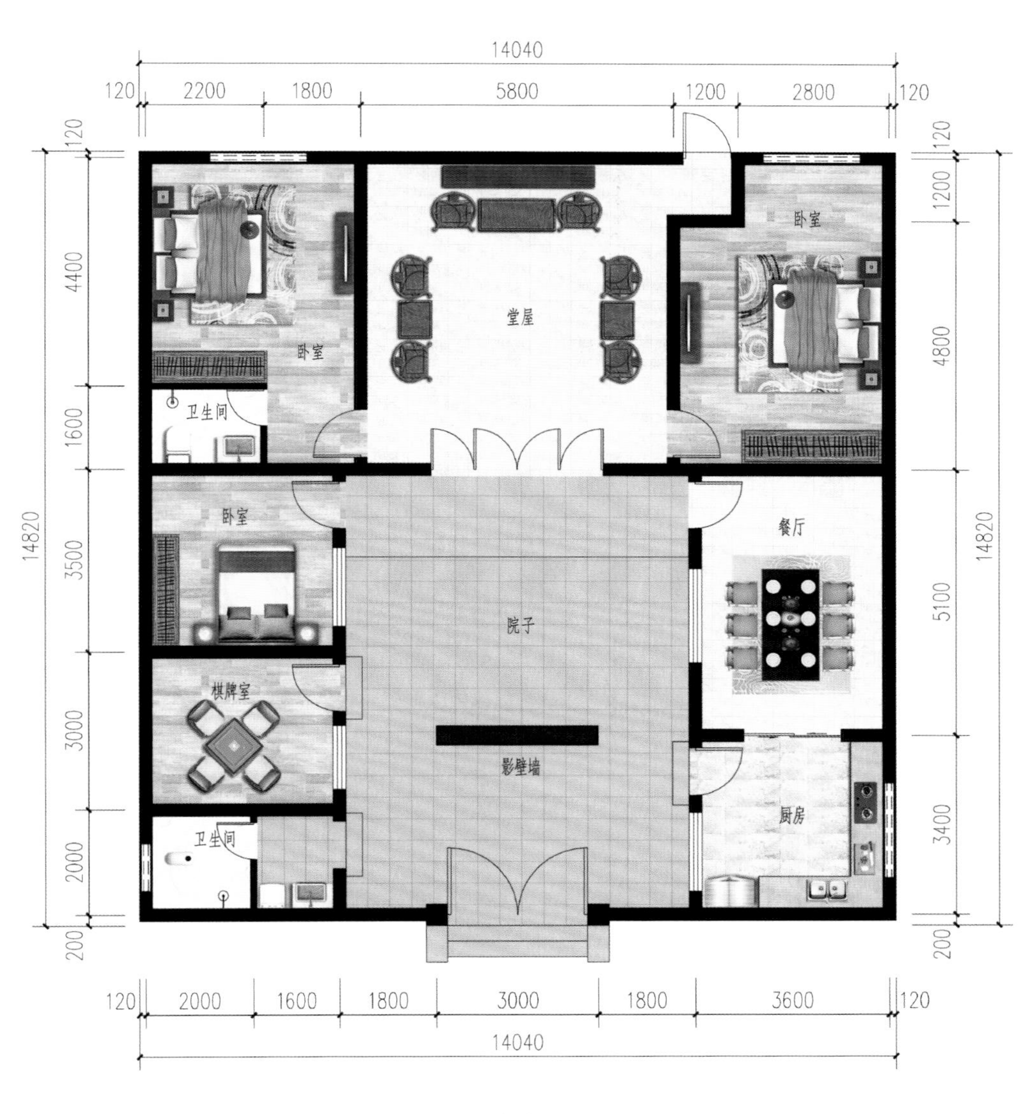

平面图

案例 11

外观效果图

户型信息

【图纸编号】156

【建筑层数】1 层

【用地宽度】12.24 米

【用地长度】20.24 米

【用地面积】247.74 平方米

【建筑面积】181.66 平方米

扫码观看相关视频

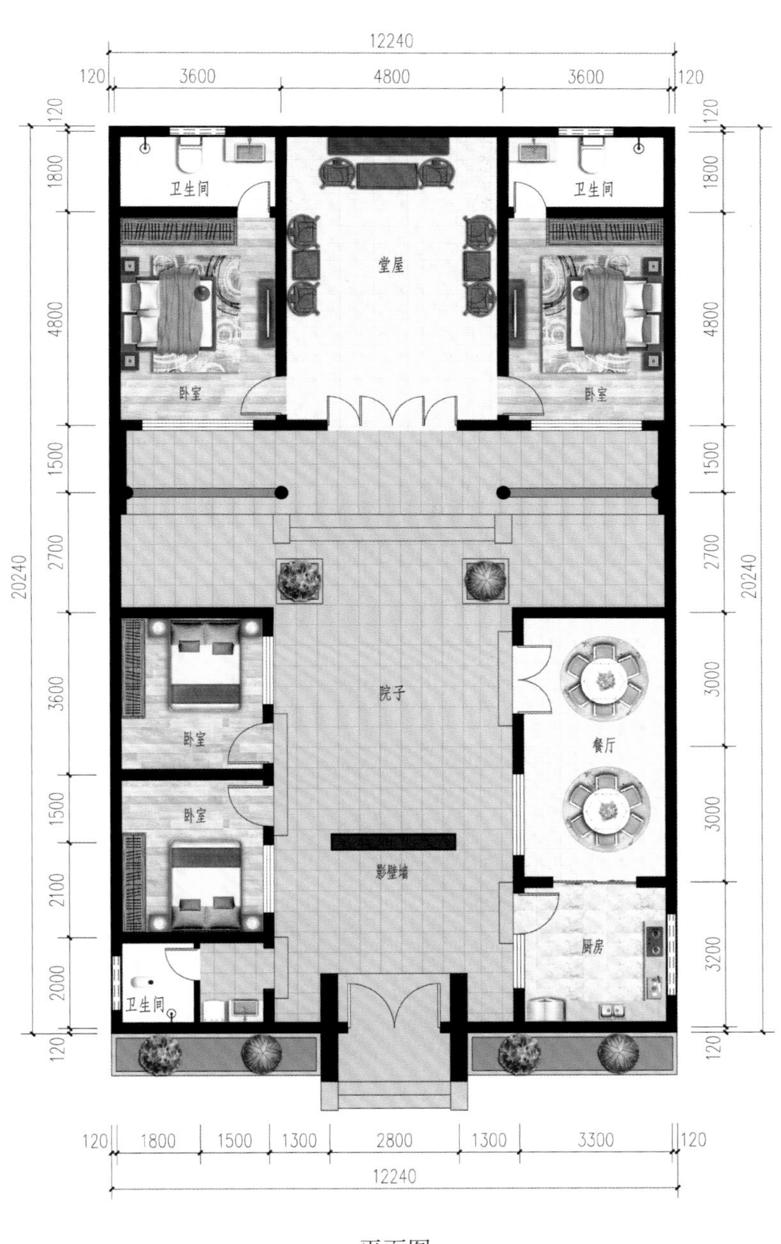

平面图

案例 12

外观效果图

户型信息

【图纸编号】165

【建筑层数】1 层

【用地宽度】18.60 米

【用地长度】13.50 米

【用地面积】251.10 平方米

【建筑面积】201.67 平方米

扫码观看相关视频

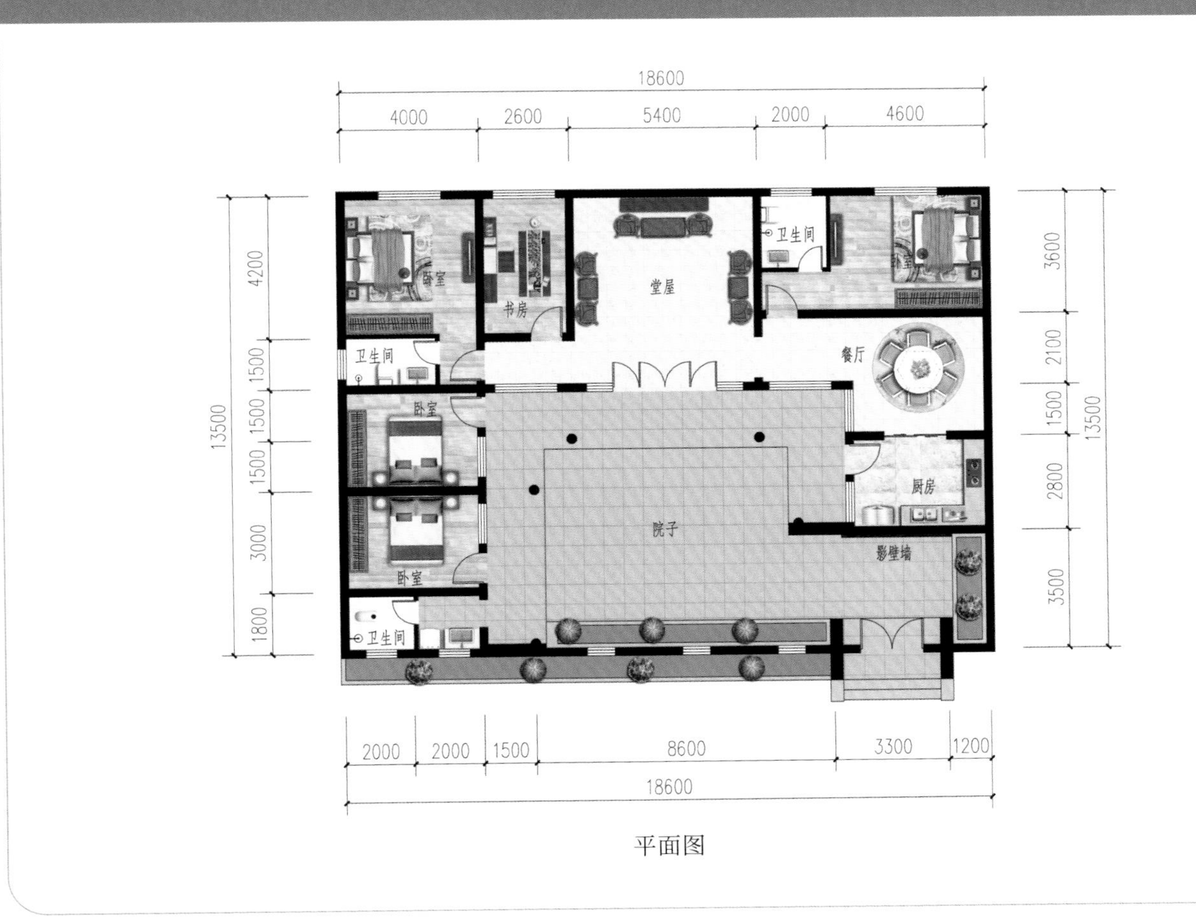

平面图

案例 13

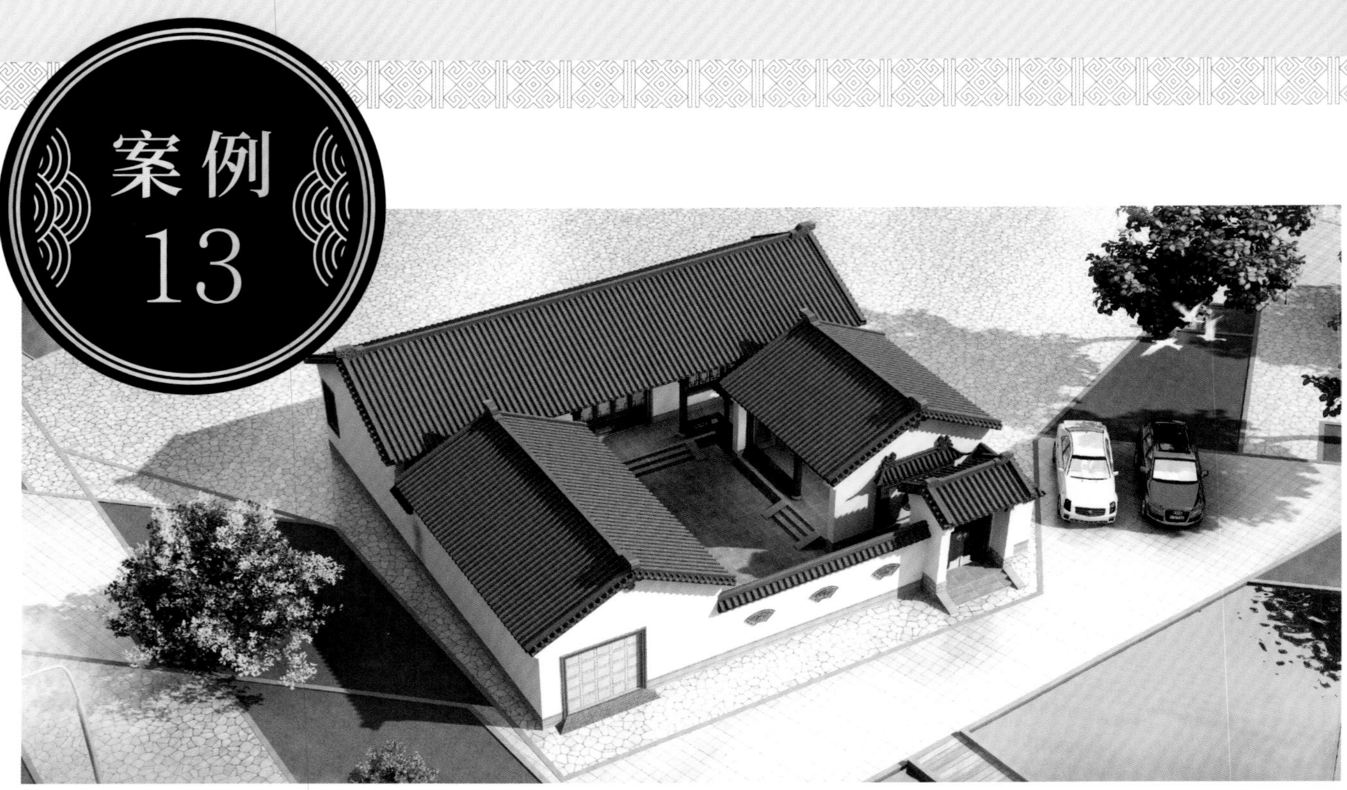

外观效果图

户型信息

【图纸编号】167

【建筑层数】1 层

【用地宽度】18.90 米

【用地长度】18.90 米

【用地面积】357.21 平方米

【建筑面积】268.22 平方米

扫码观看相关视频

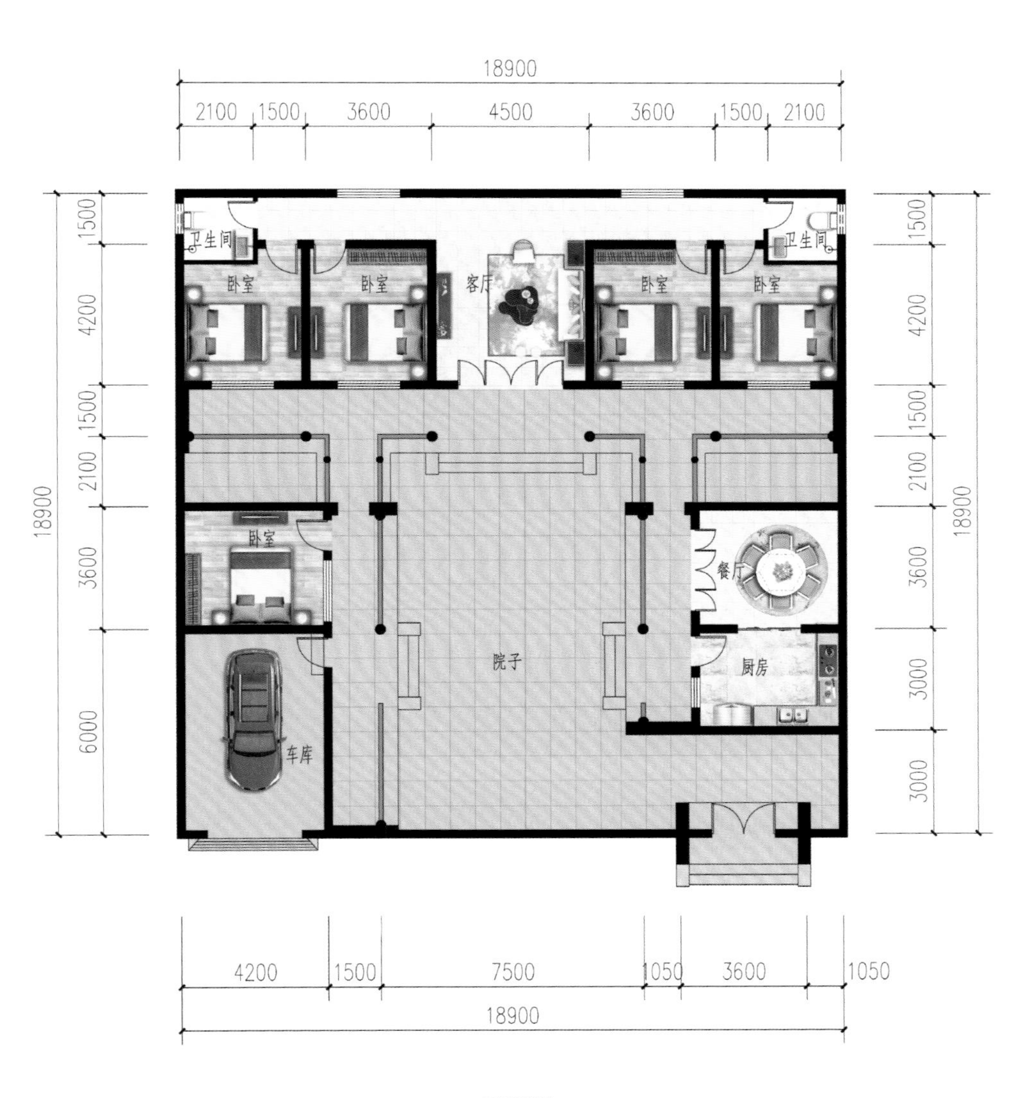

平面图

案例 14

外观效果图

户型信息

【图纸编号】306　　【用地长度】25 米

【建筑层数】1 层　　【用地面积】575 平方米

【用地宽度】23 米　　【建筑面积】367.85 平方米

扫码观看相关视频

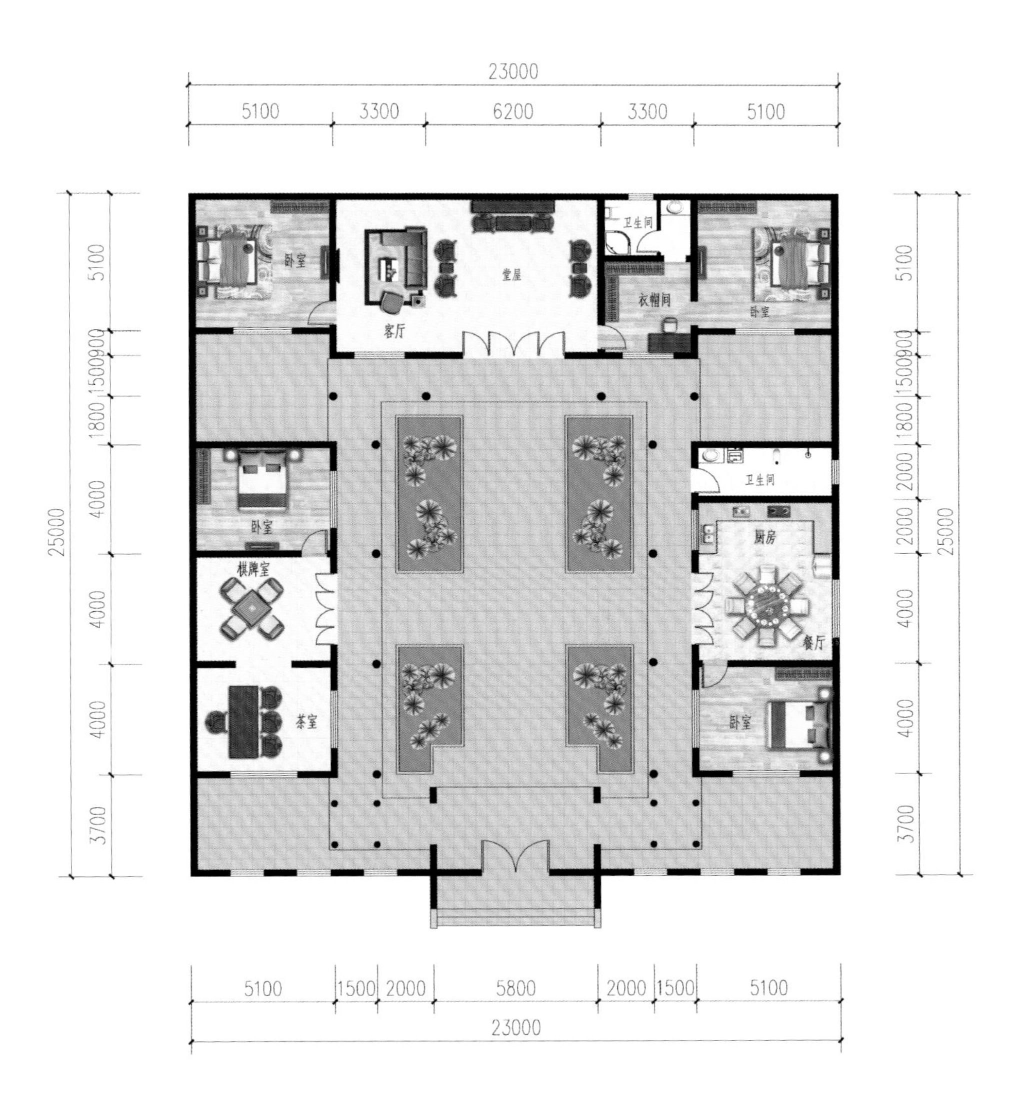

平面图

案例 15

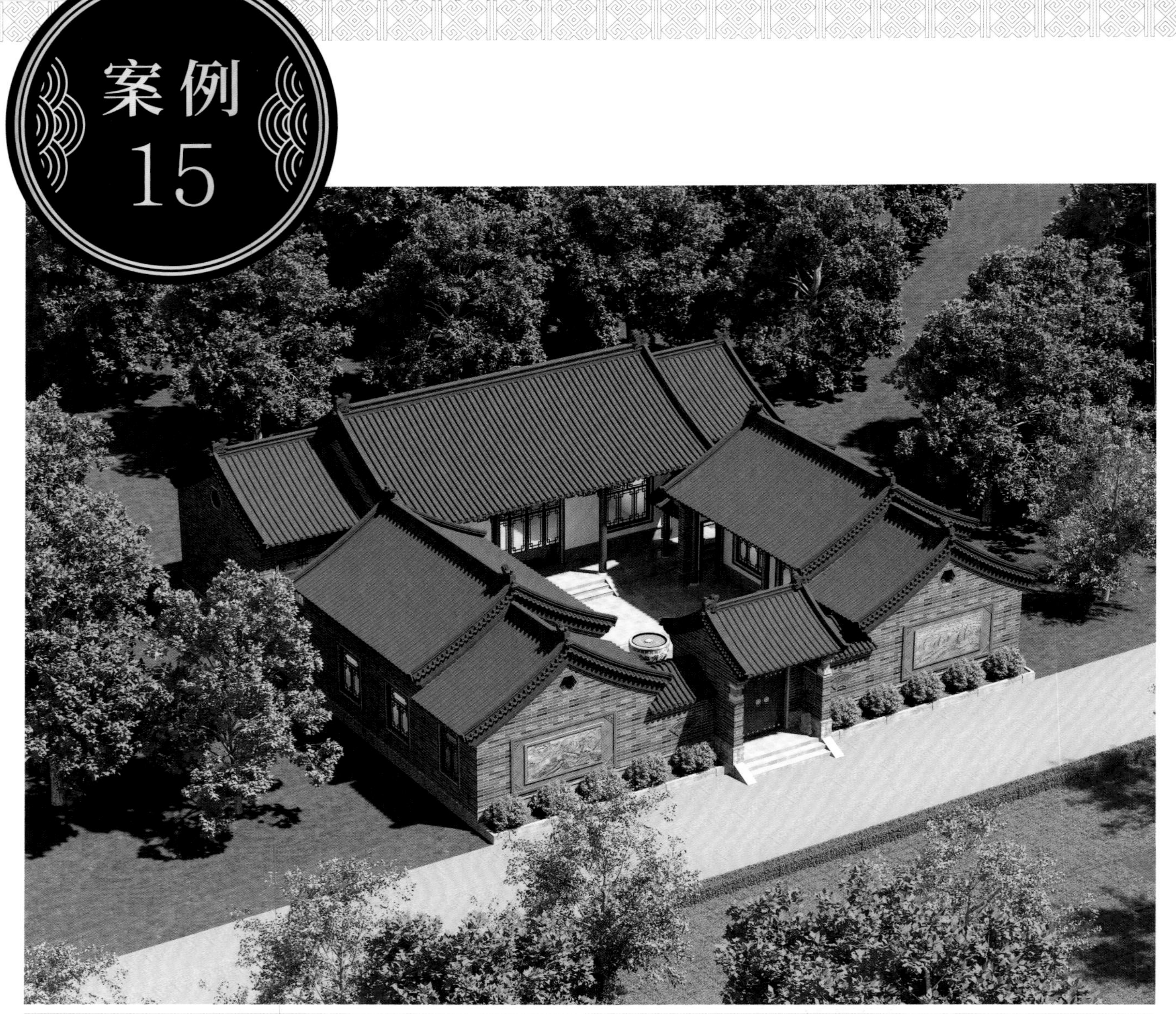

外观效果图

户型信息

【图纸编号】241

【建筑层数】1 层

【用地宽度】22.24 米

【用地长度】21.74 米

【用地面积】483.50 平方米

【建筑面积】326.04 平方米

扫码观看相关视频

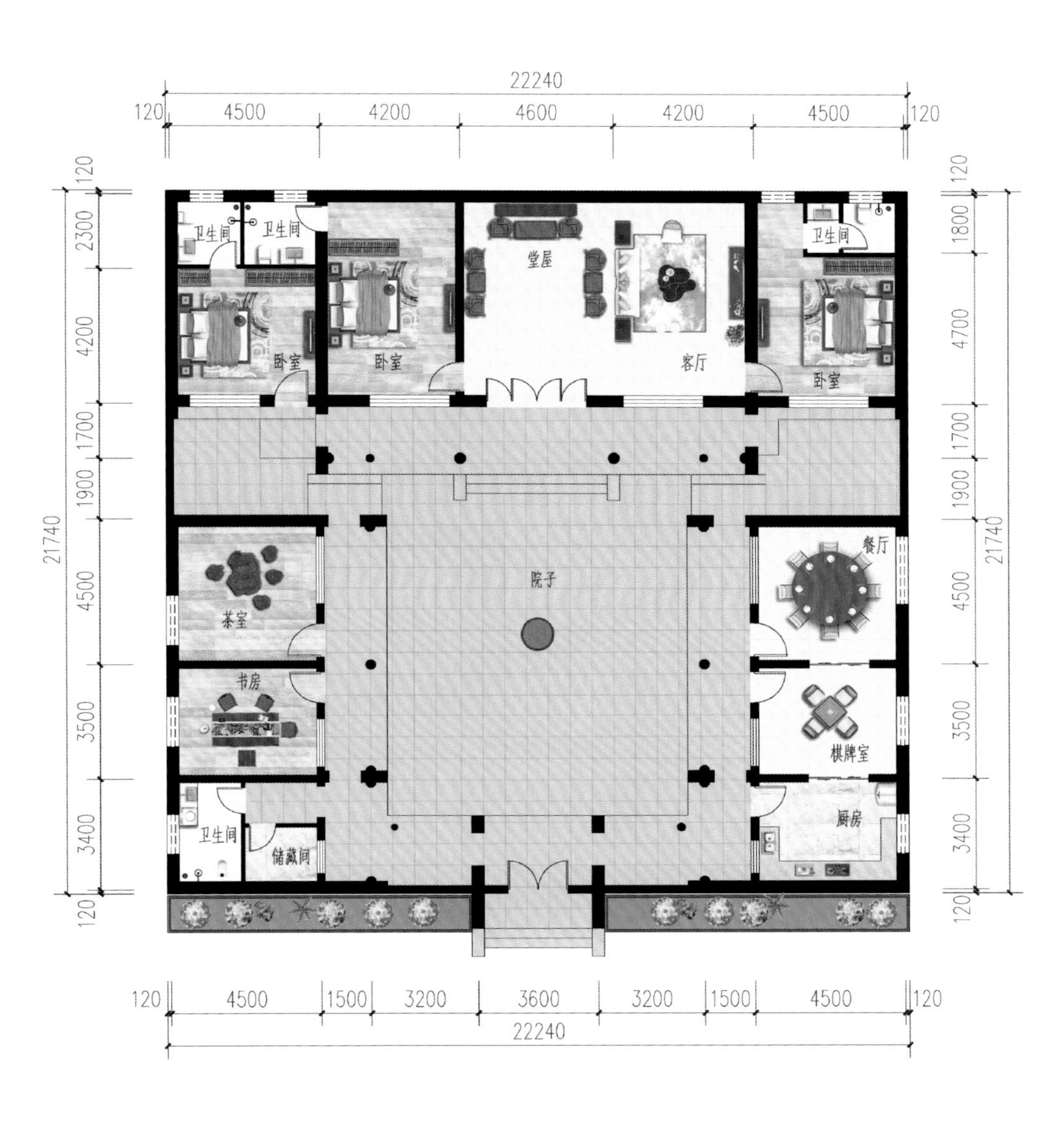

一层平面图

案例 16

外观效果图

户型信息

【图纸编号】305

【建筑层数】1 层

【用地宽度】23 米

【用地长度】31.2 米

【用地面积】717.6 平方米

【建筑面积】460.42 平方米

扫码观看相关视频

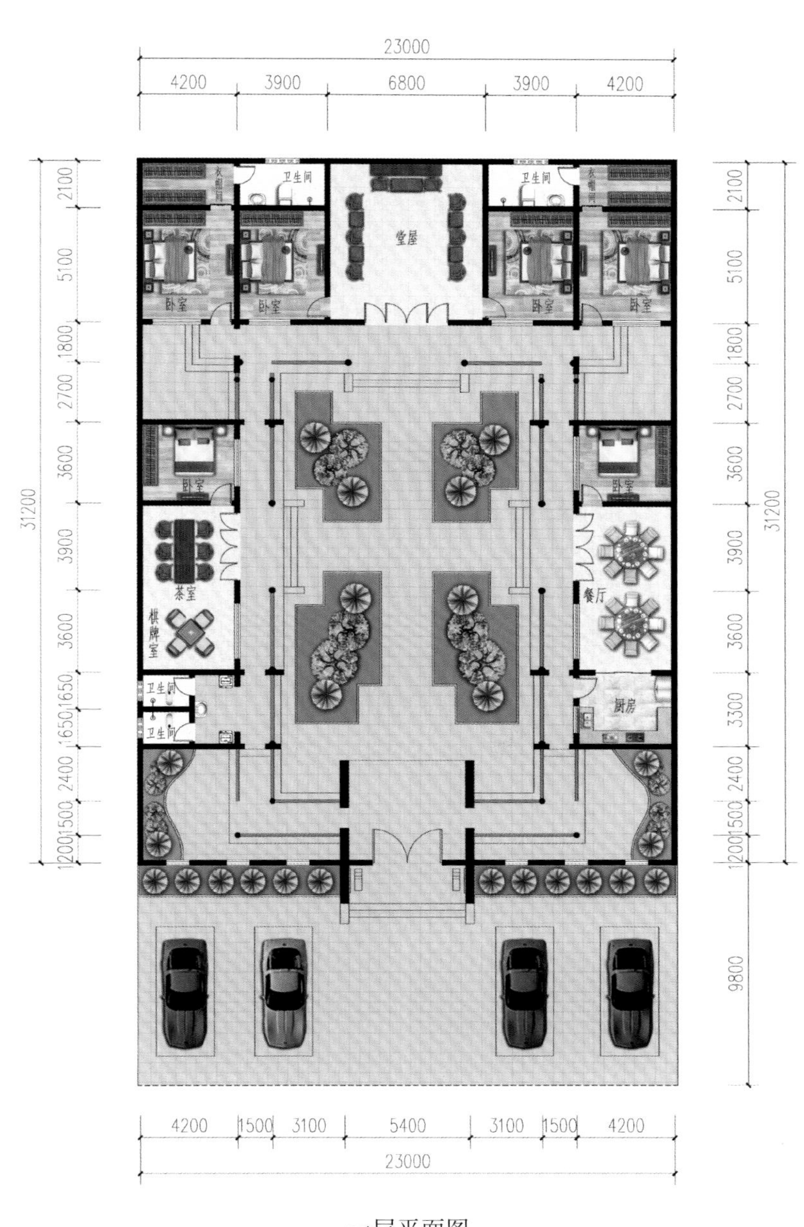

一层平面图

案例 17

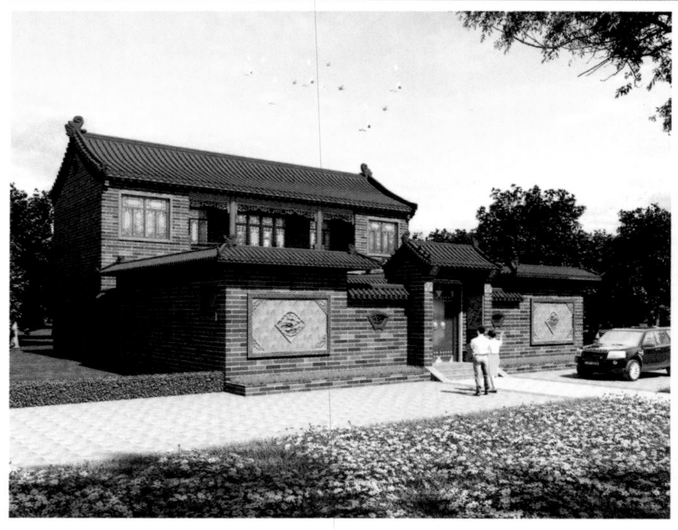

外观效果图

户型信息

【图纸编号】079

【建筑层数】2 层

【用地宽度】16.60 米

【用地长度】17.76 米

【用地面积】294.82 平方米

【建筑面积】343.39 平方米

扫码观看相关视频

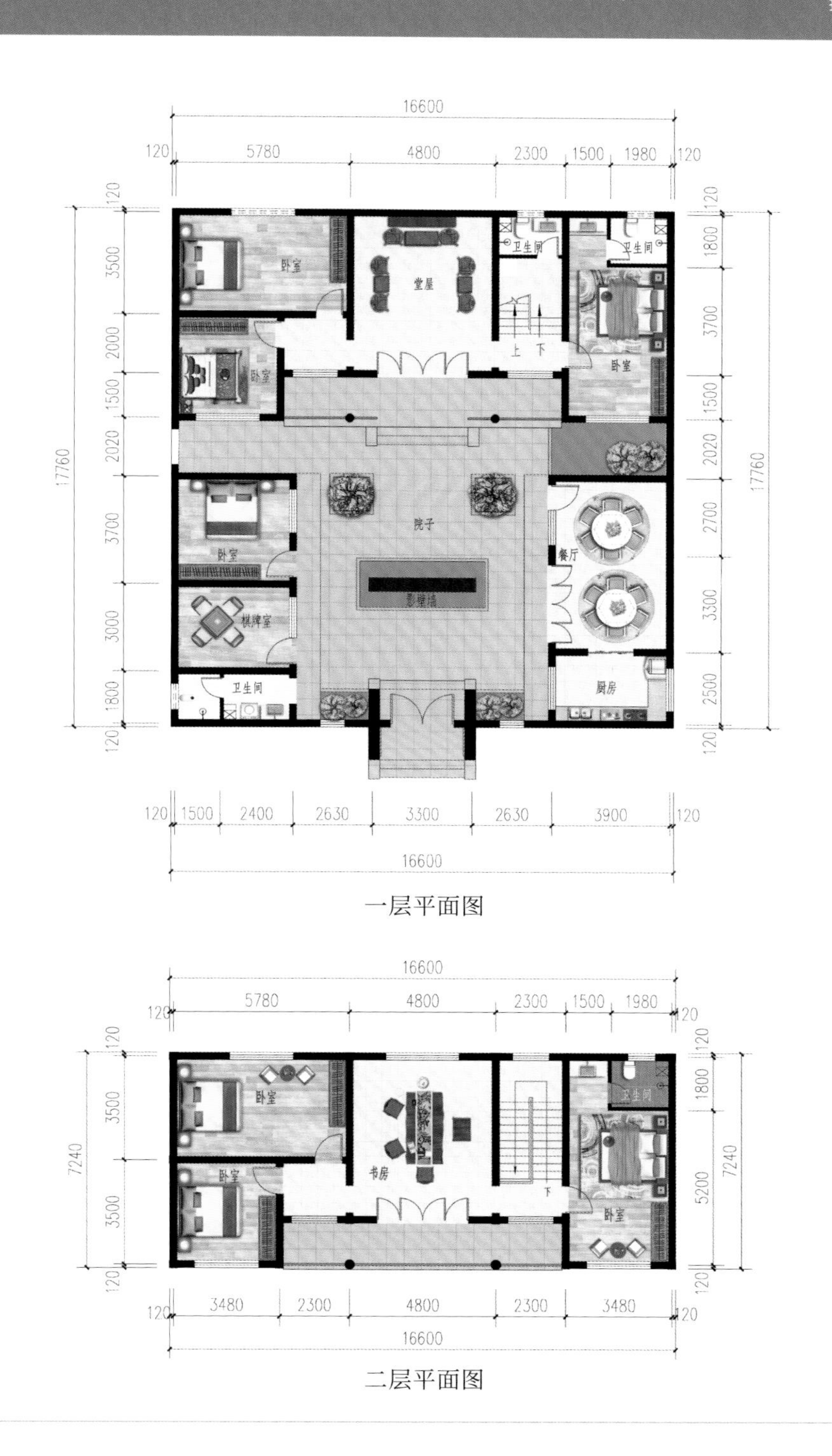

一层平面图

二层平面图

案例 18

外观效果图

户型信息

【图纸编号】066

【建筑层数】2层

【用地宽度】16.24米

【用地长度】18.00米

【用地面积】292.32平方米

【建筑面积】351.07平方米

扫码观看相关视频

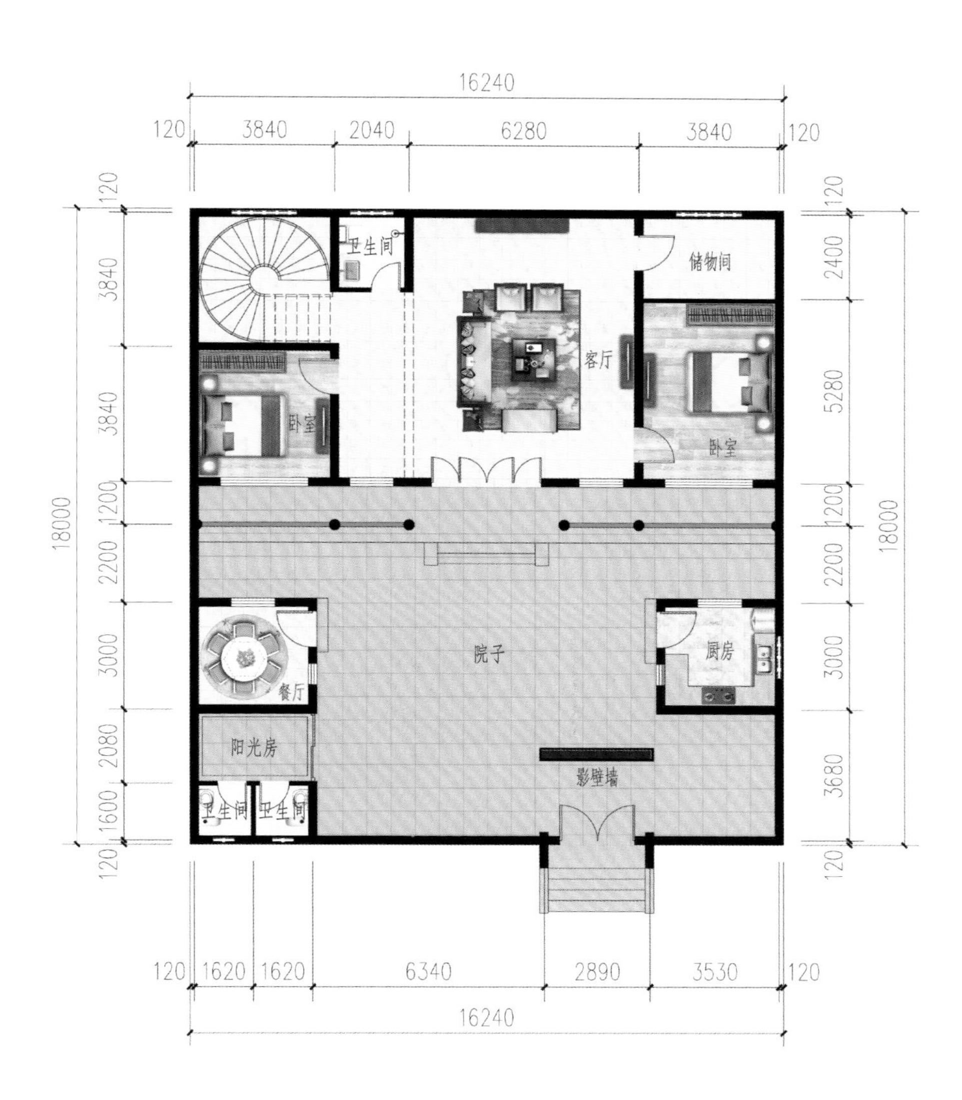

一层平面图

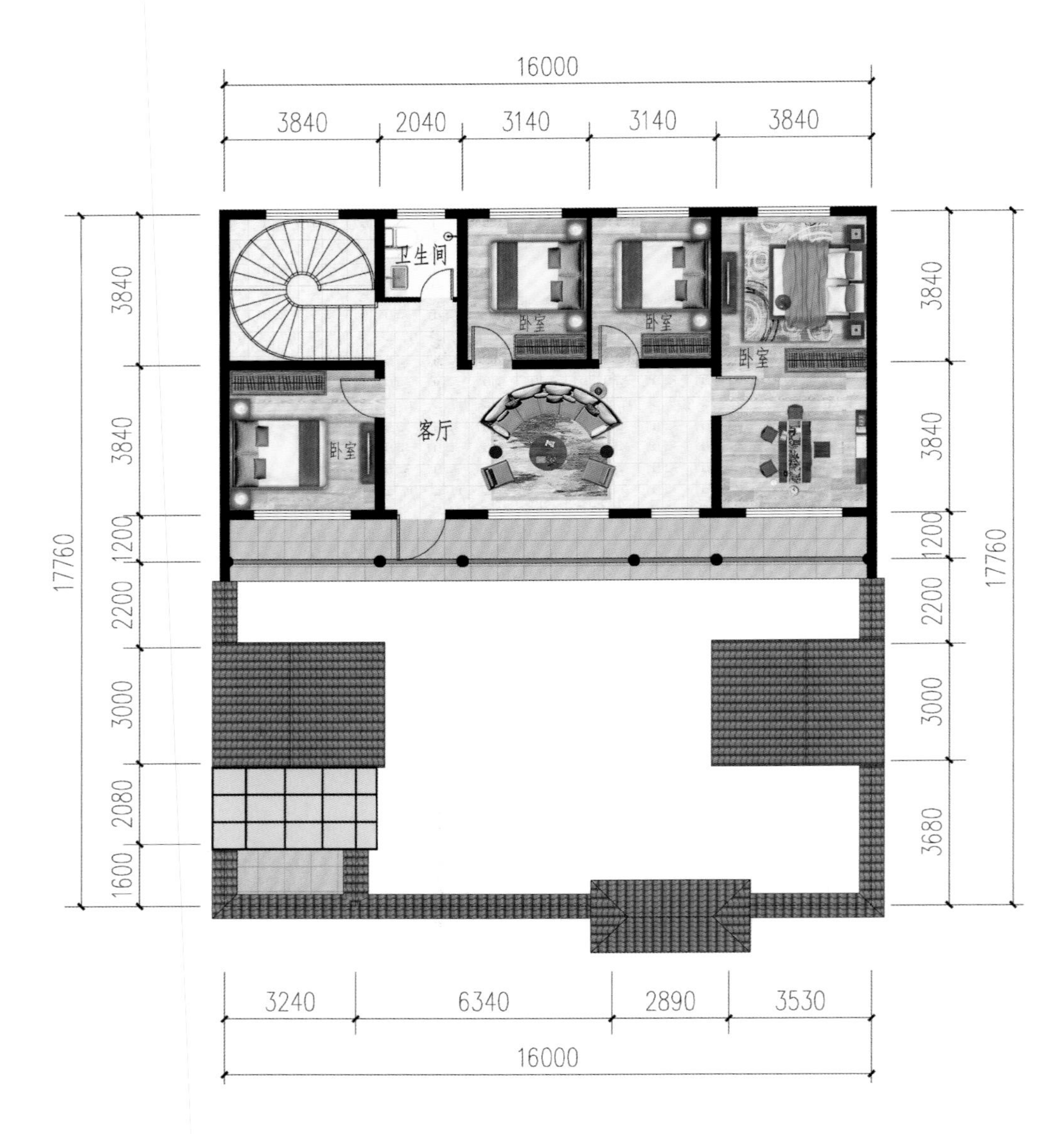
16000
3840
2040
3140
3140
3840
卫生间
卧室
卧室
卧室
卧室
客厅
3840
3840
1200
2200
3000
2080
1600
17760
3840
3840
1200
2200
3000
3680
17760
3240
6340
2890
3530
16000

二层平面图

案例 19

外观效果图

户型信息

【图纸编号】068　　【用地长度】19.54 米

【建筑层数】2 层　　【用地面积】432.03 平方米

【用地宽度】22.11 米　　【建筑面积】488.33 平方米

扫码观看相关视频

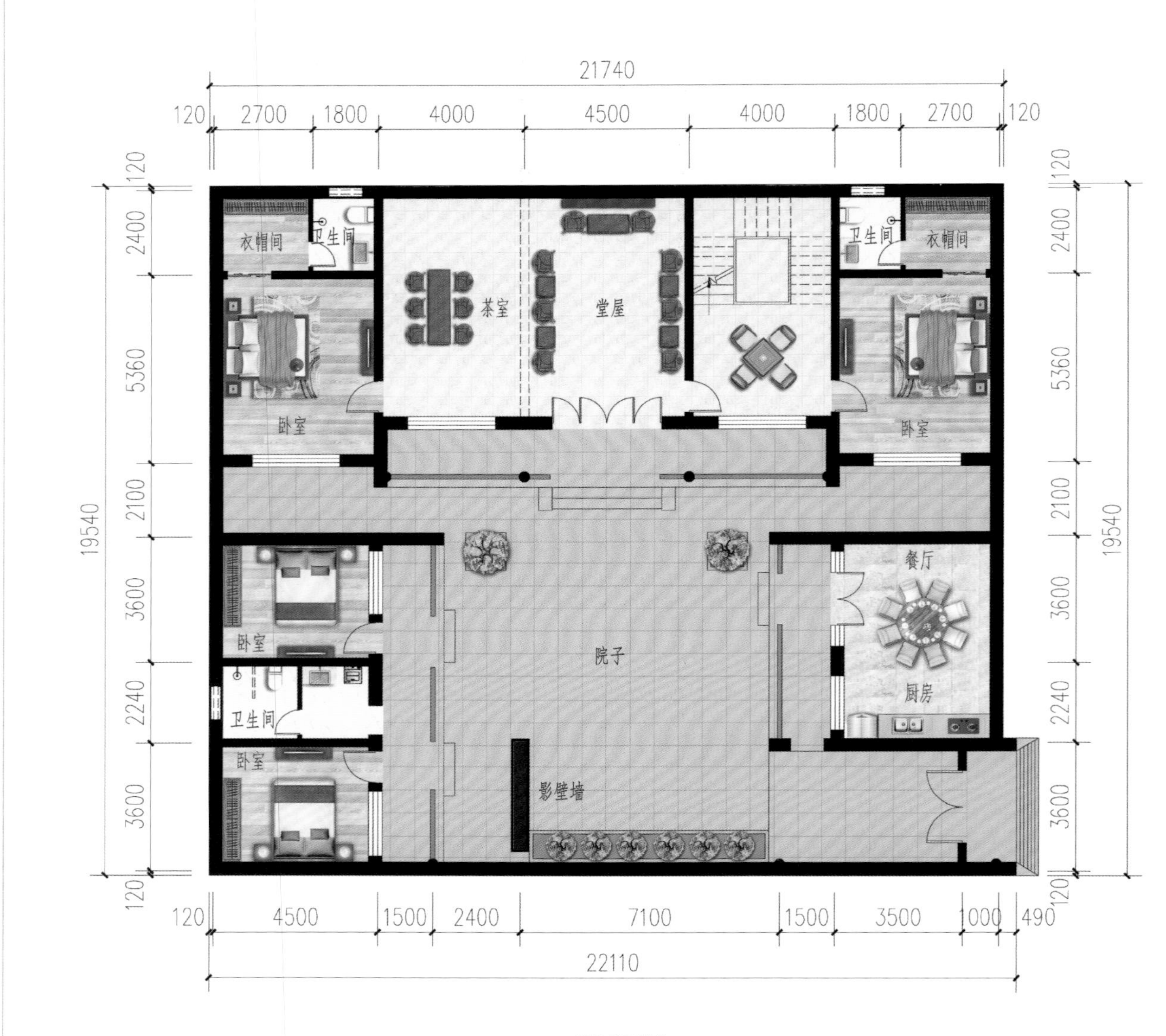

一层平面图

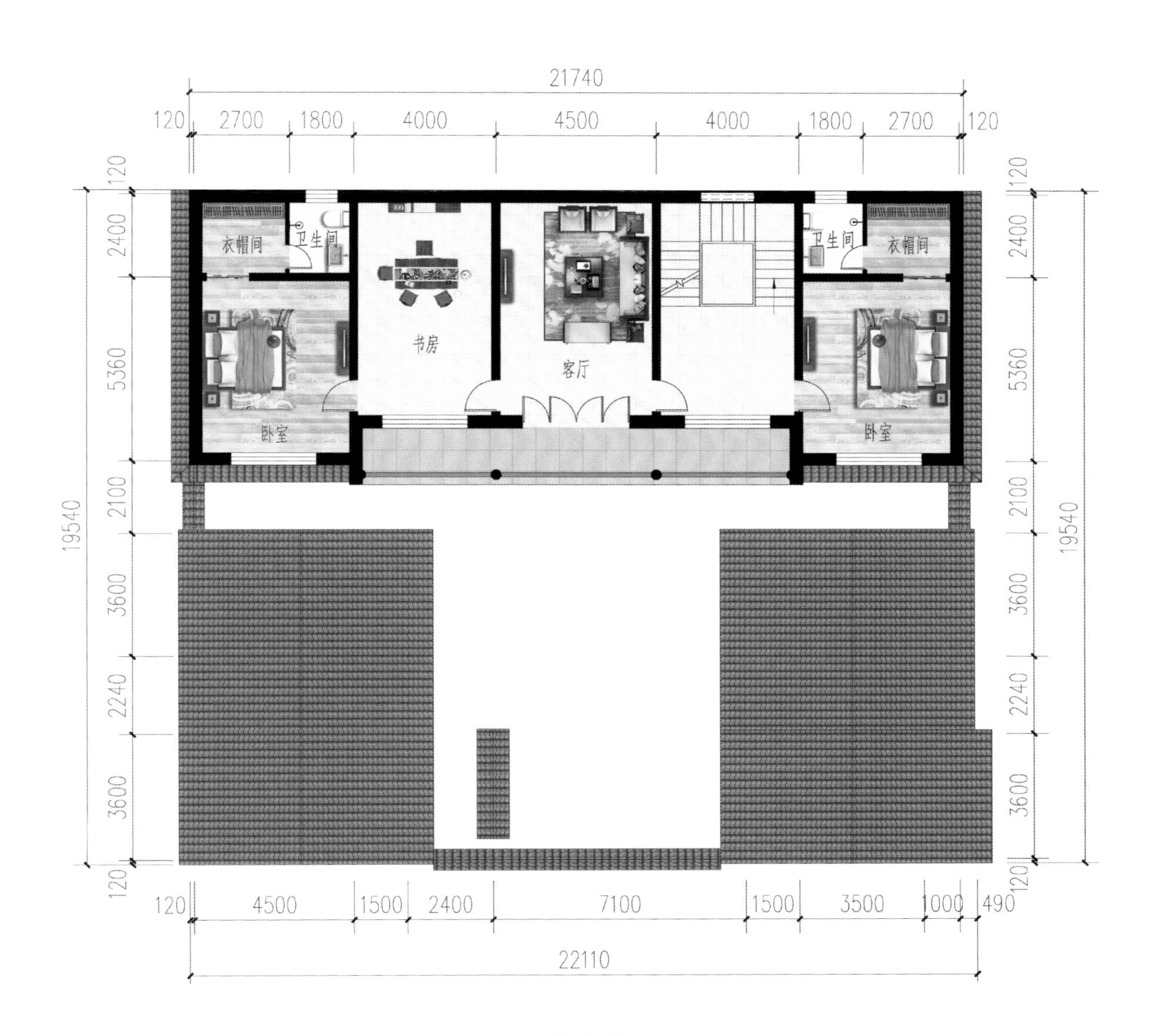
21740
120
2700
1800
4000
4500
4000
1800
2700
120
衣帽间
卫生间
书房
客厅
卧室
卫生间
衣帽间
卧室
120
2400
5360
2100
3600
2240
3600
120
19540
19540
120
4500
1500
2400
7100
1500
3500
1000
490
22110

二层平面图

案例 20

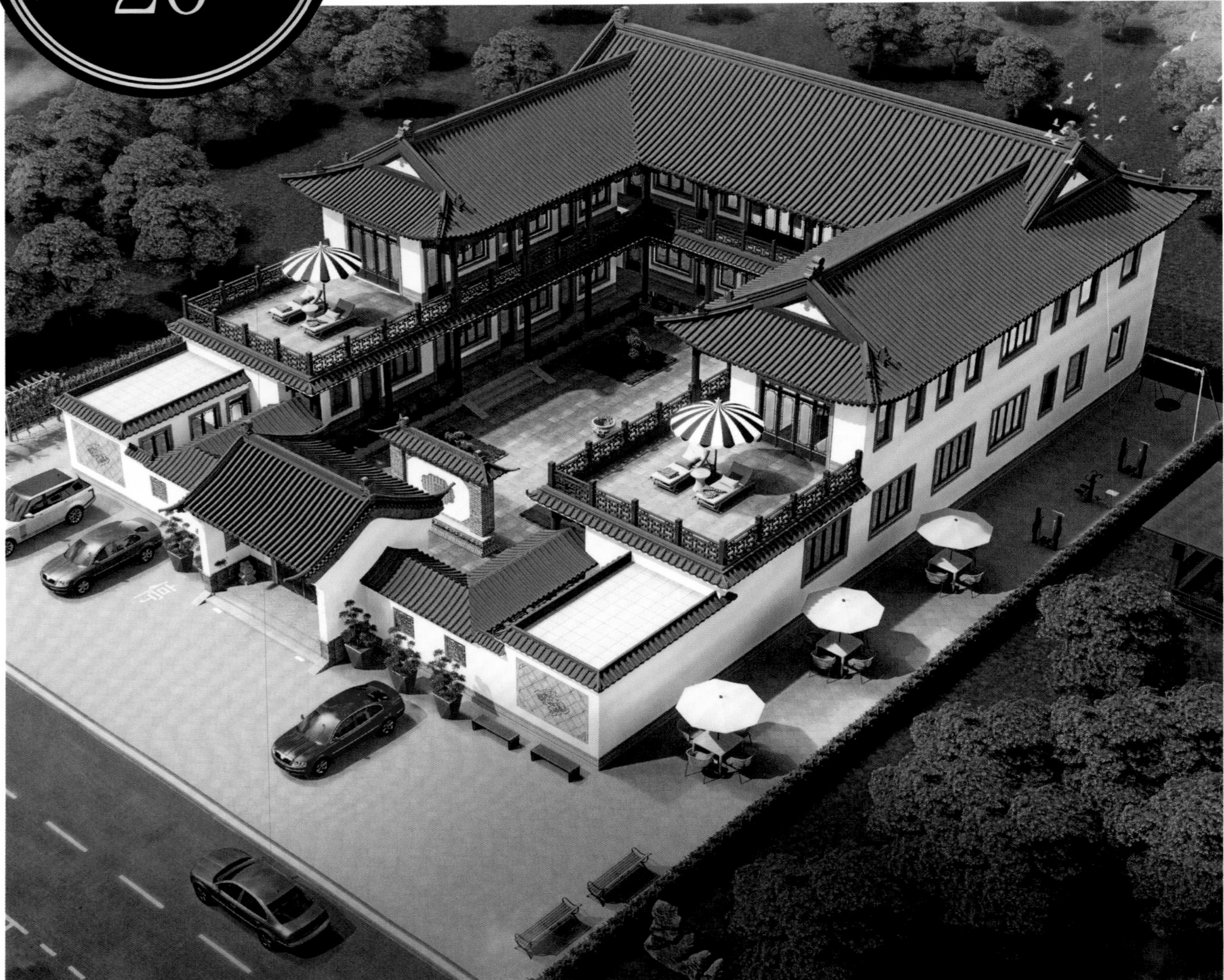

外观效果图

户型信息

【图纸编号】268

【建筑层数】2 层

【用地宽度】27.24 米

【用地长度】35.24 米

【用地面积】959.94 平方米

【建筑面积】1157.76 平方米

扫码观看相关视频

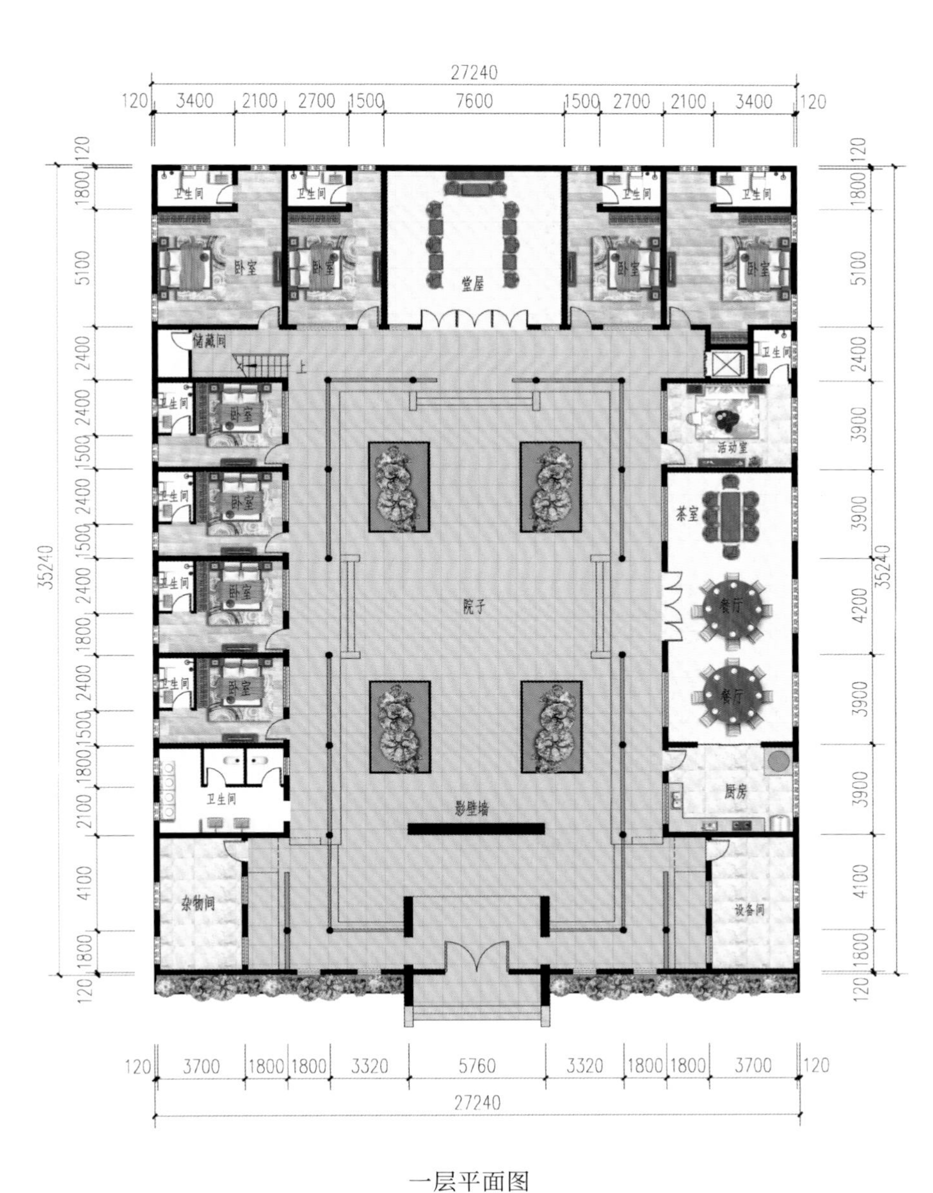

一层平面图

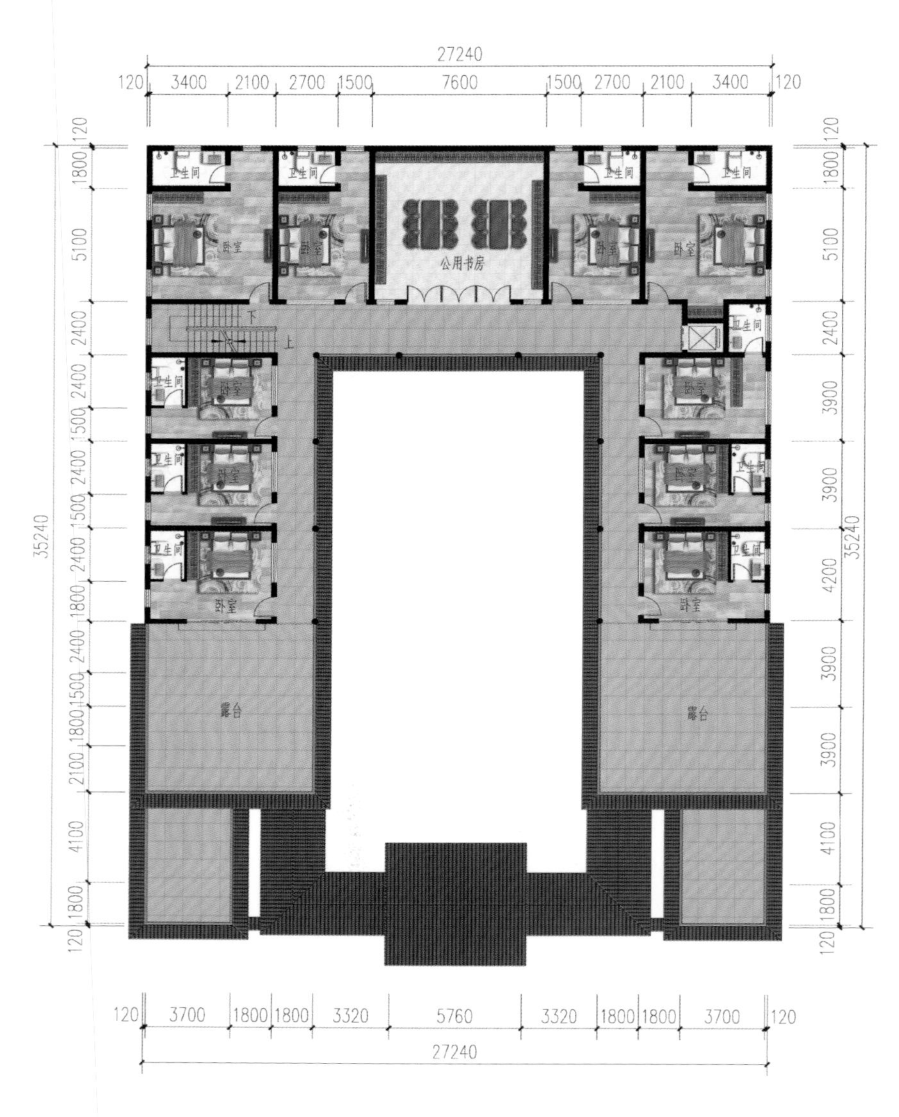
27240
120
3400
2100
2700
1500
7600
1500
2700
2100
3400
120
卫生间
卧室
公用书房
下
上
露台
35240
3700
1800
3320
5760
27240

二层平面图

案例 21

外观效果图

户型信息

【图纸编号】075

【建筑层数】2 层

【用地宽度】15.30 米

【用地长度】27.84 米

【用地面积】425.95 平方米

【建筑面积】458.96 平方米

扫码观看相关视频

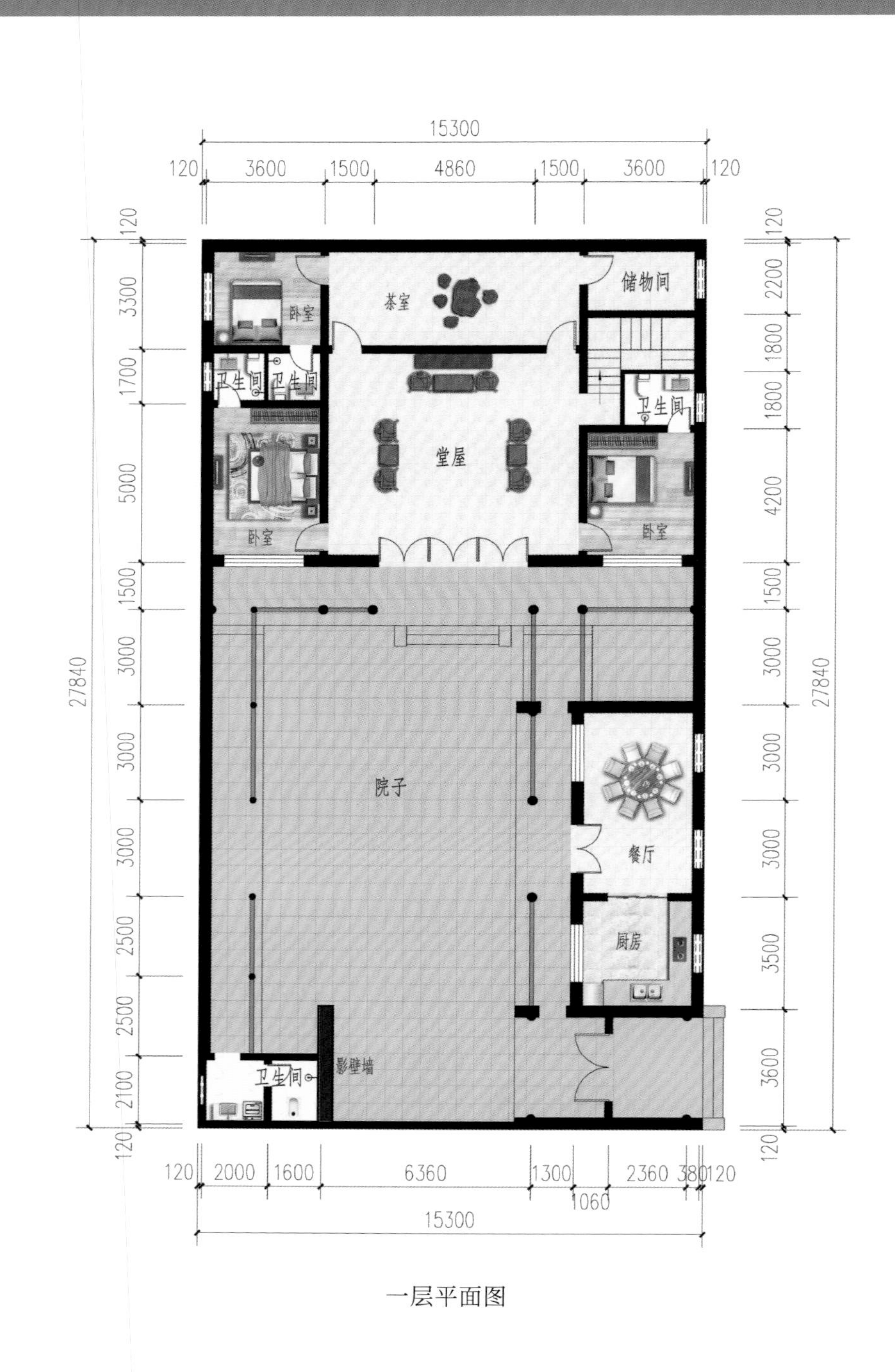

一层平面图

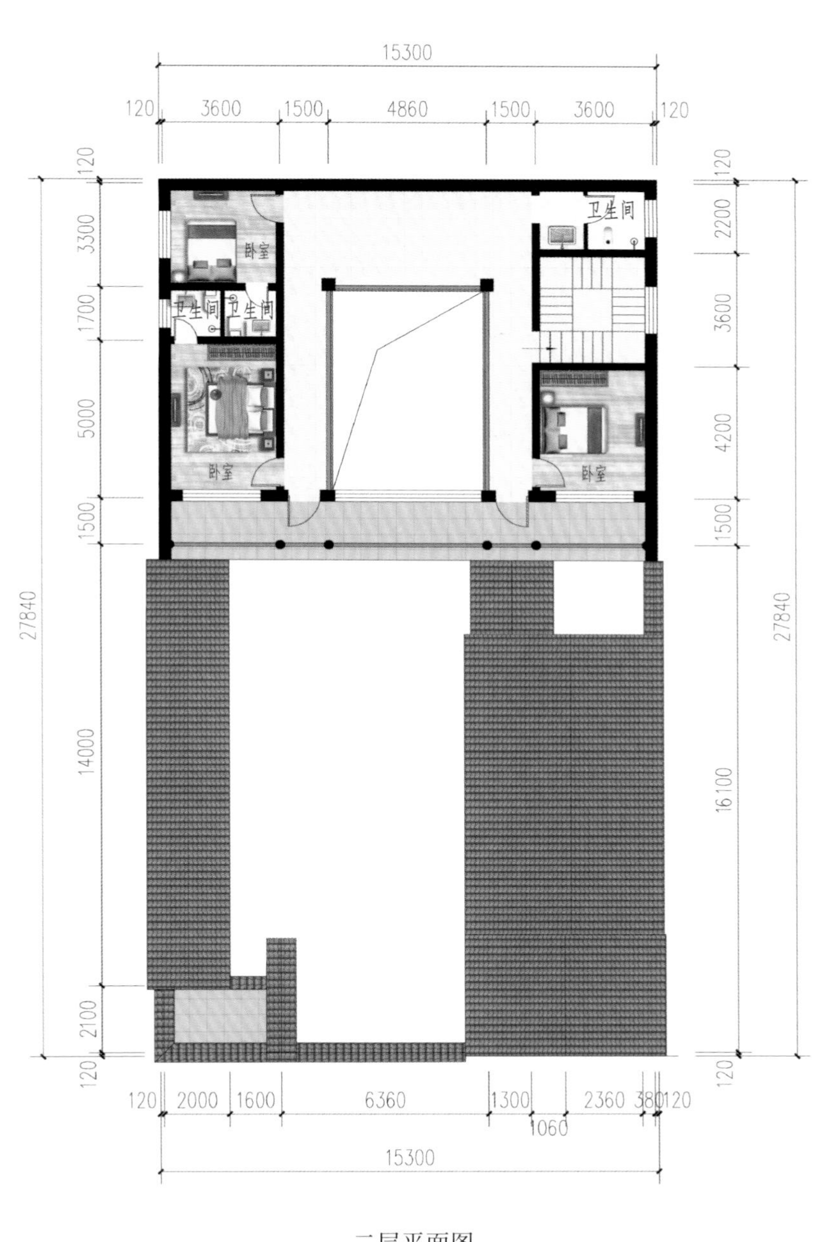
15300
120
3600
1500
4860
1500
3600
120
卫生间
卧室
卫生间
卫生间
卧室
卧室
3300
1700
5000
1500
14000
2100
27840
2200
3600
4200
1500
16100
27840
2000
1600
6360
1300
2360
380
1060
15300

二层平面图

案例 22

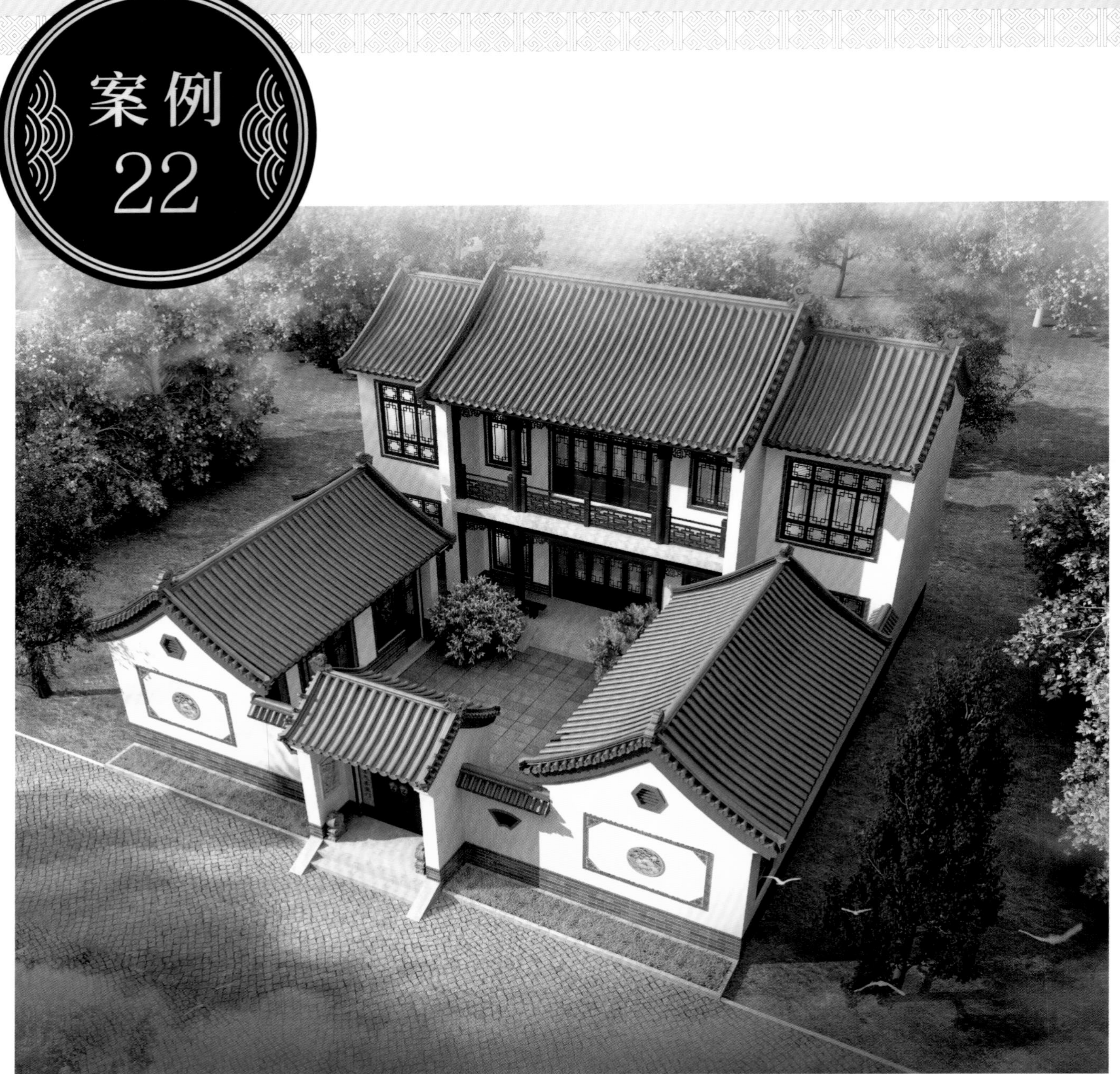

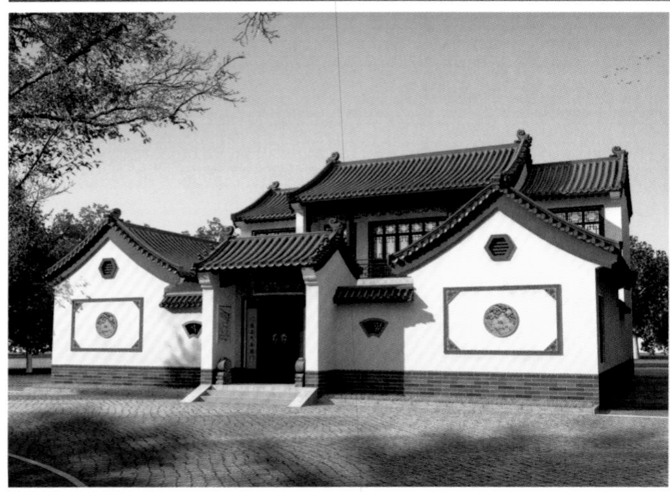

外观效果图

户型信息

【图纸编号】082

【建筑层数】2 层

【用地宽度】18.24 米

【用地长度】18.24 米

【用地面积】332.70 平方米

【建筑面积】359.99 平方米

扫码观看相关视频

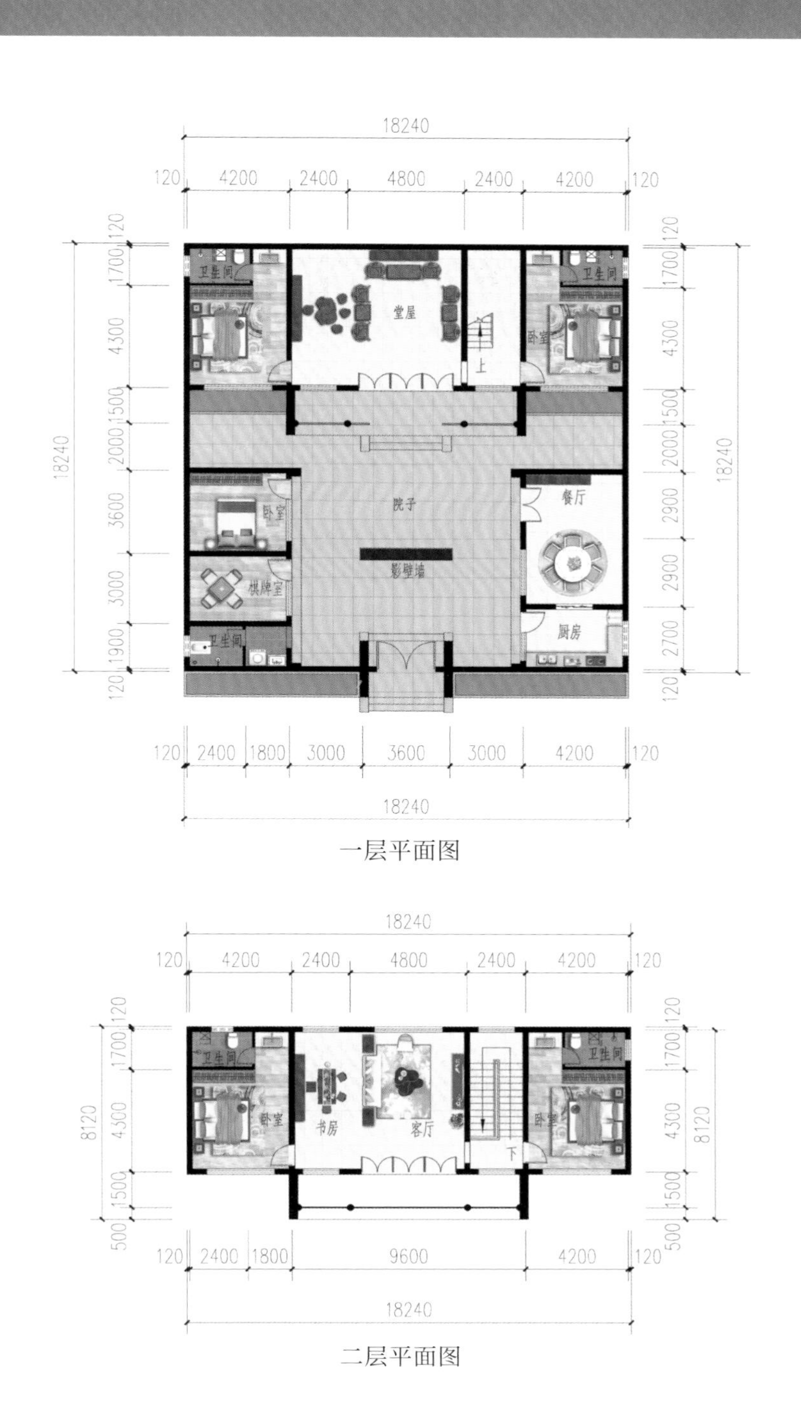

一层平面图

二层平面图

案例23

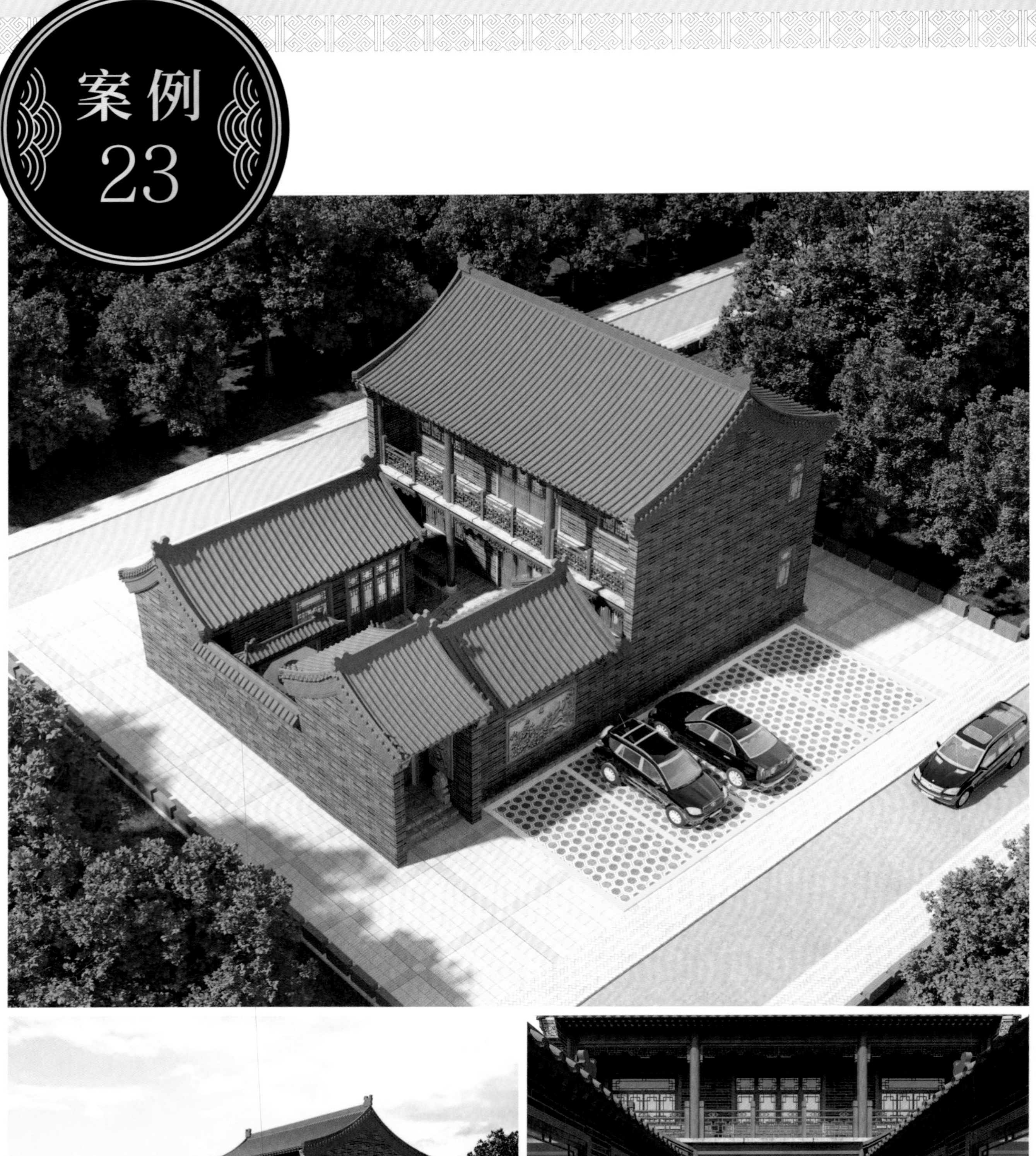

外观效果图

户型信息

【图纸编号】101

【建筑层数】2 层

【用地宽度】13.57 米

【用地长度】19.04 米

【用地面积】258.37 平方米

【建筑面积】331.43 平方米

扫码观看相关视频

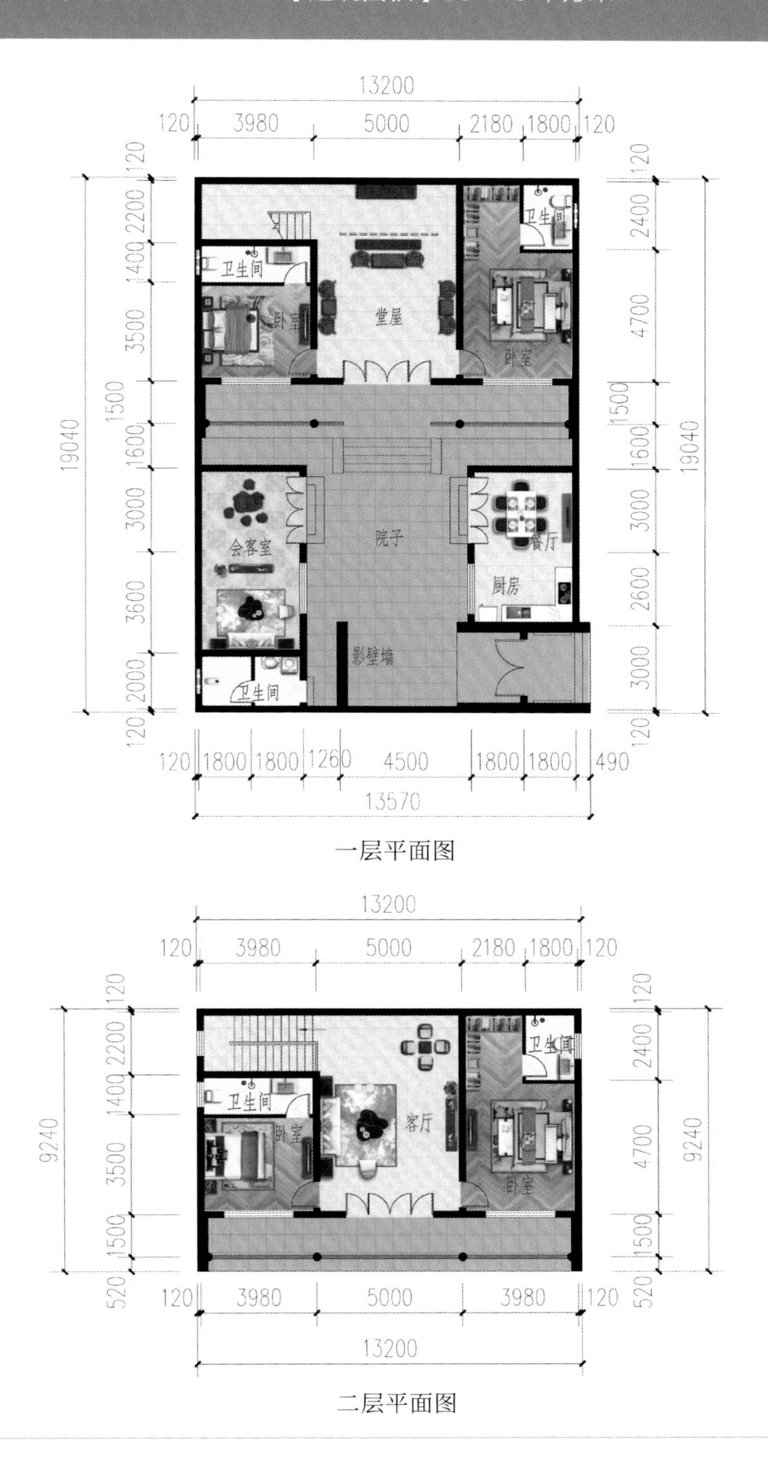

一层平面图

二层平面图

外观效果图

外观效果图

户型信息

【图纸编号】119

【建筑层数】2 层

【用地宽度】20.24 米

【用地长度】25.24 米

【用地面积】510.86 平方米

【建筑面积】536.85 平方米

扫码观看相关视频

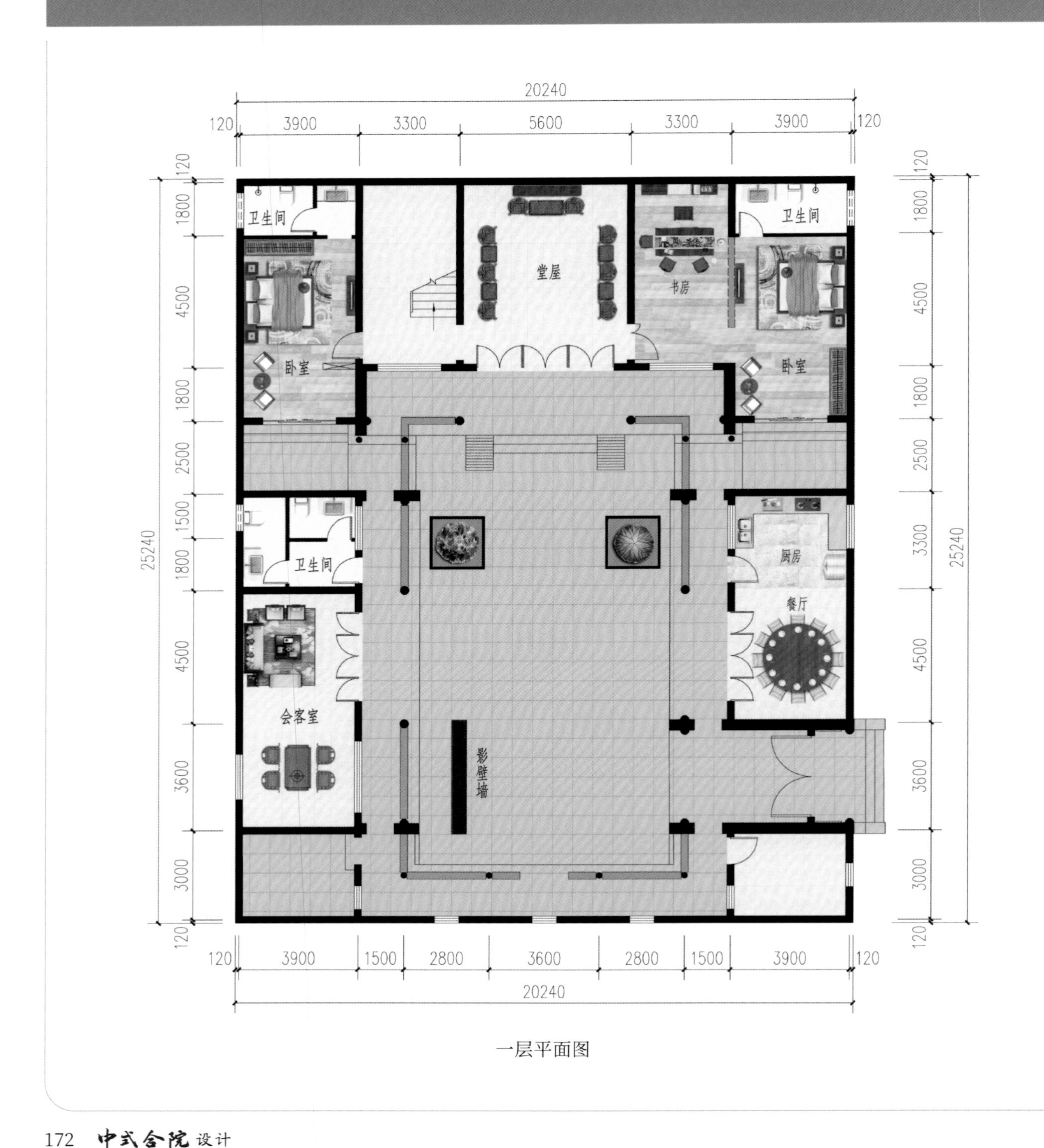

一层平面图

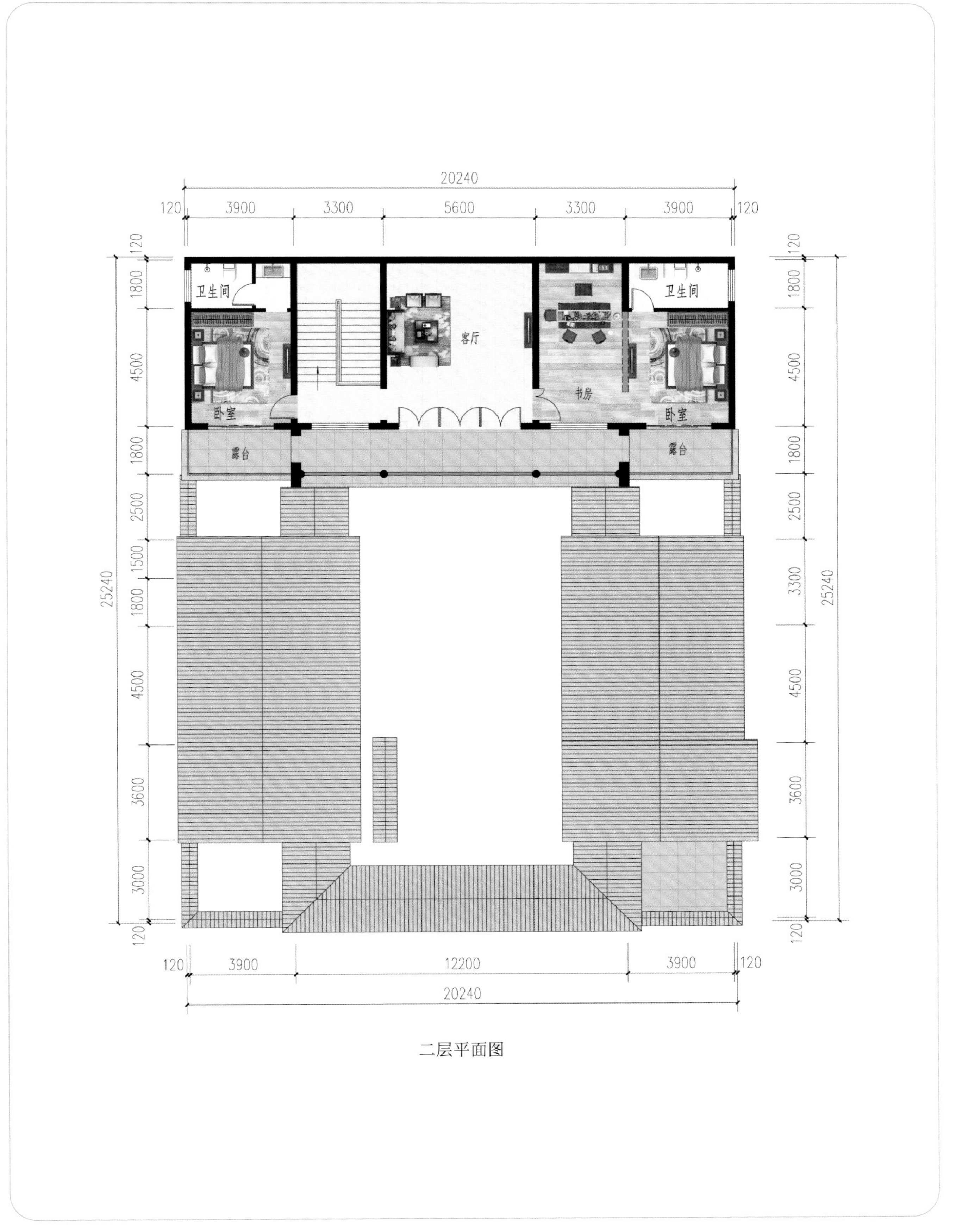
20240
120
3900
3300
5600
3300
3900
120
卫生间
卫生间
客厅
书房
卧室
卧室
露台
露台
1800
4500
1800
2500
1500
1800
4500
3600
3000
25240
3300
12200

二层平面图

案例 25

外观效果图

外观效果图

户型信息

【图纸编号】223

【建筑层数】2 层

【用地宽度】26.94 米

【用地长度】17.24 米

【用地面积】464.45 平方米

【建筑面积】398.00 平方米

扫码观看相关视频

一层平面图

二层平面图

案例26

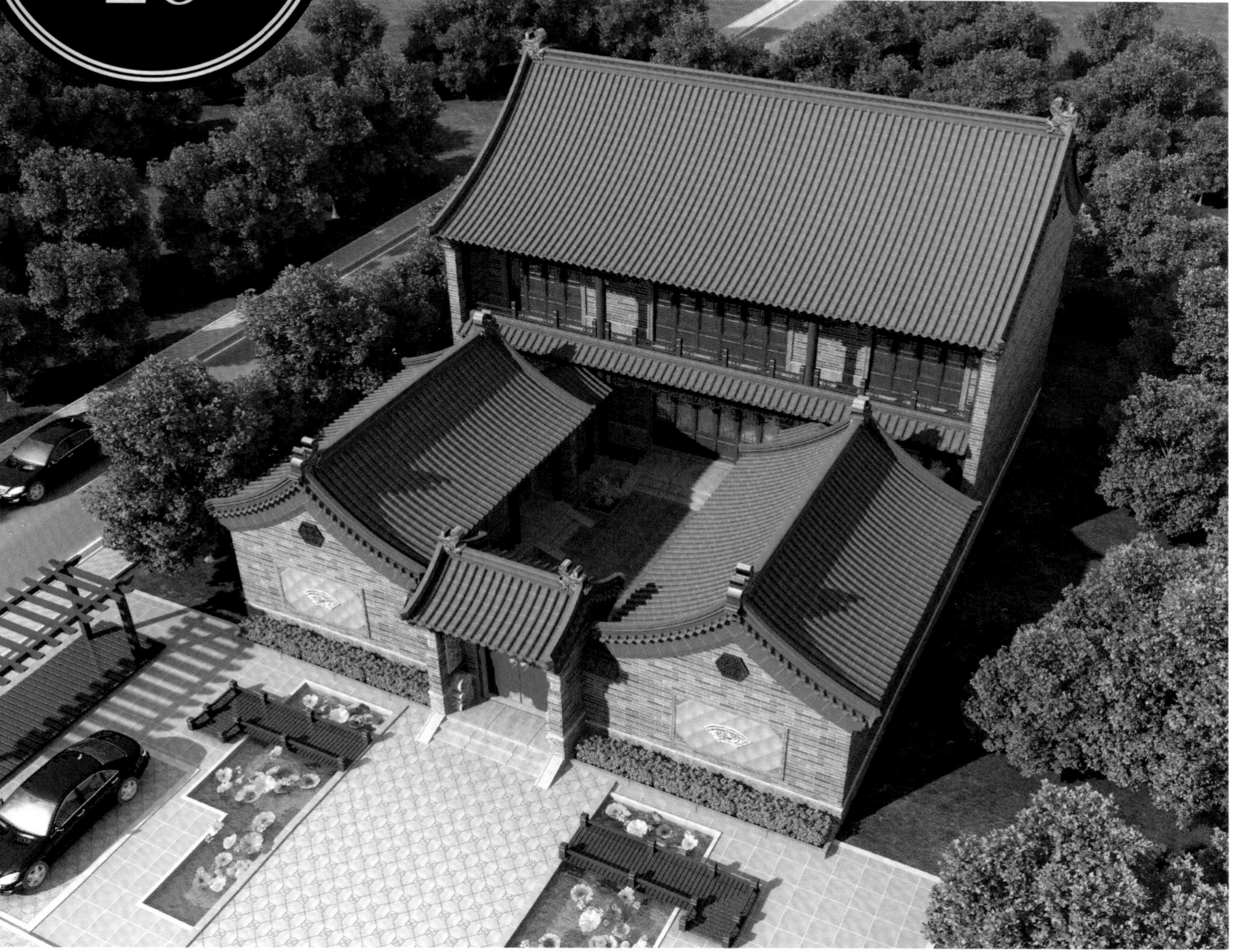

外观效果图

户型信息

【图纸编号】138

【建筑层数】2 层

【用地宽度】17.24 米

【用地长度】22.24 米

【用地面积】383.42 平方米

【建筑面积】515.95 平方米

扫码观看相关视频

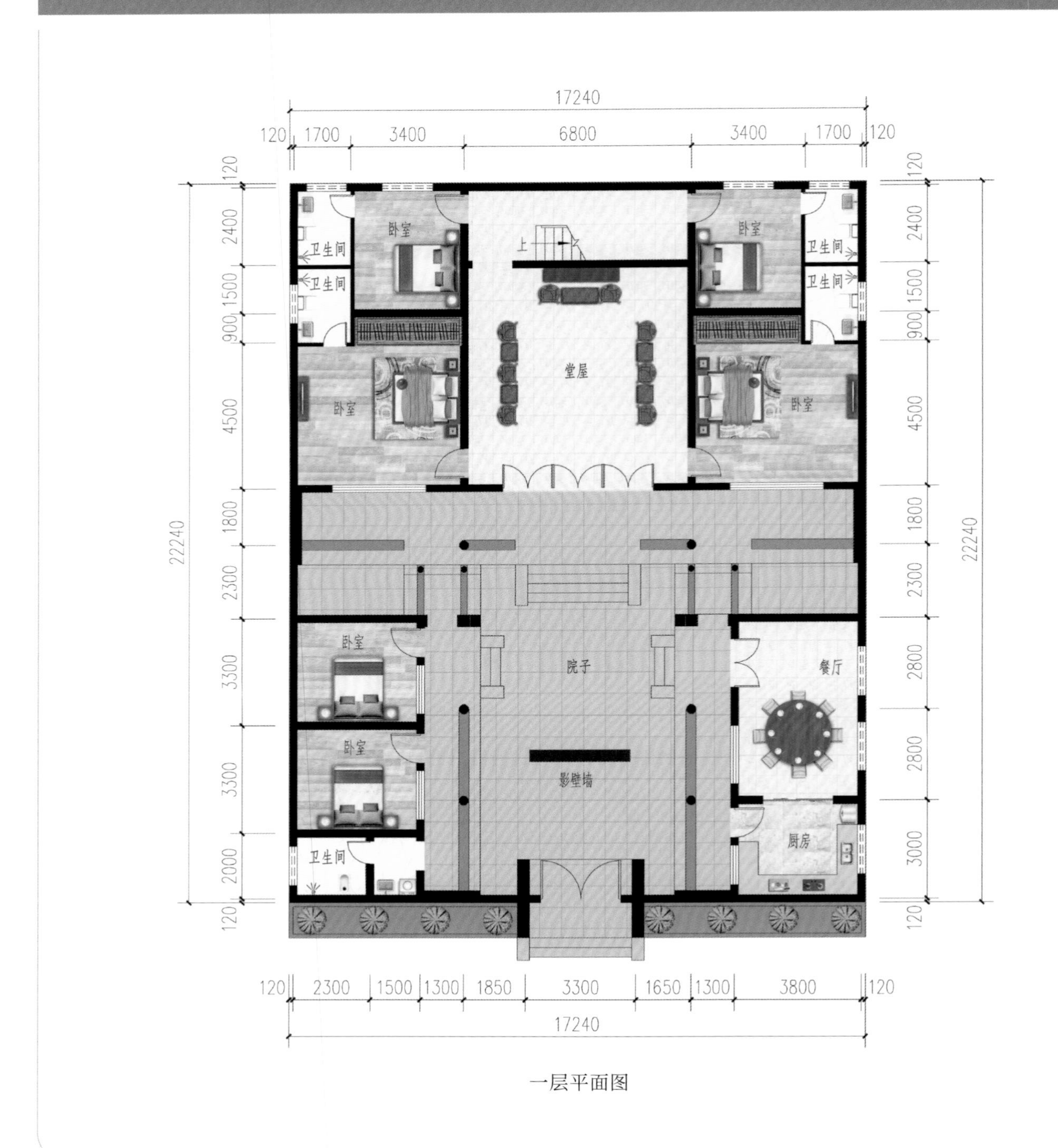

一层平面图

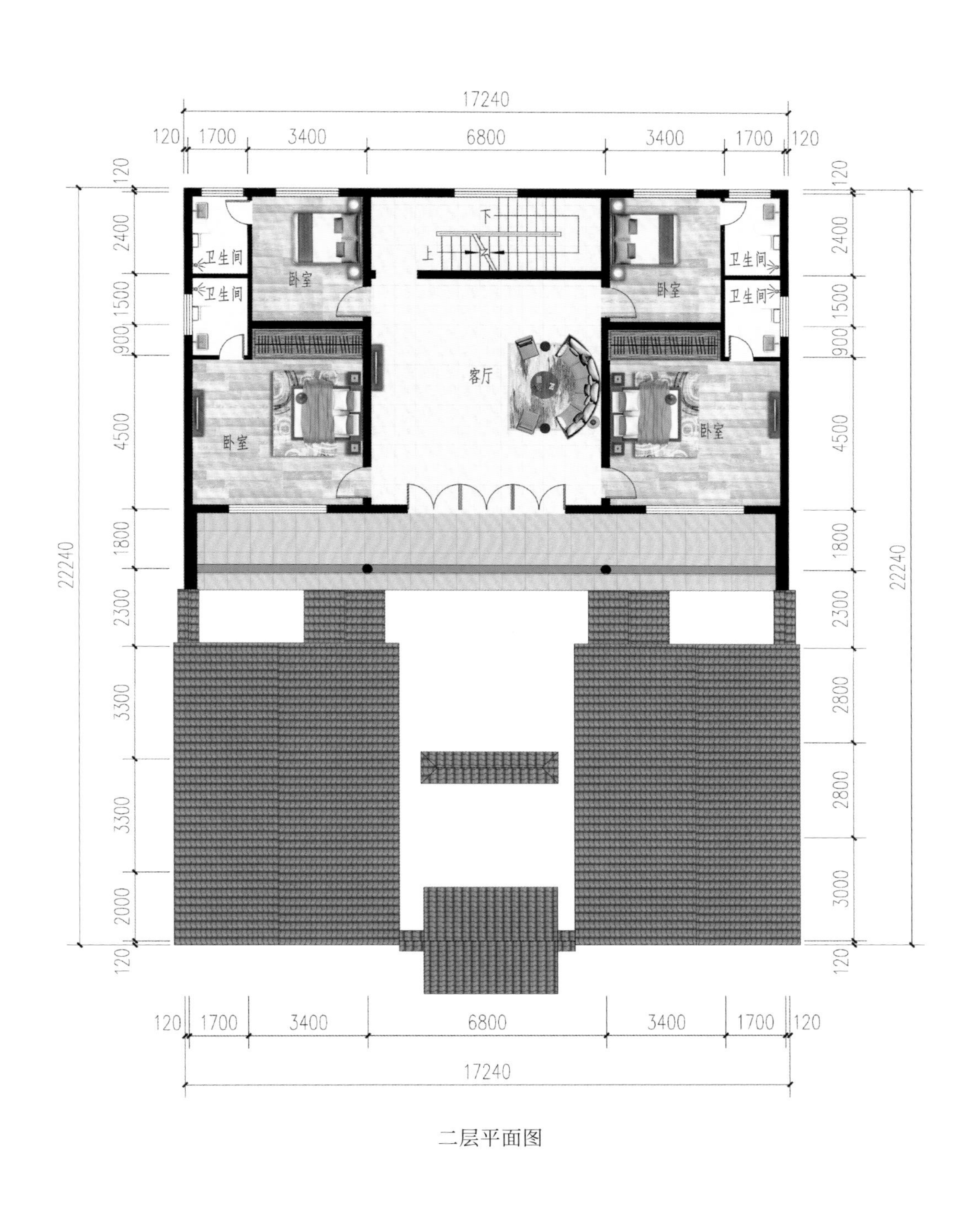
17240
120
1700
3400
6800
3400
1700
120
2400
1500
900
4500
1800
2300
3300
3300
2000
22240
2800
2800
3000
卫生间
卫生间
卧室
卧室
卧室
卧室
客厅
下
上

二层平面图

案例 27

外观效果图

户型信息

【图纸编号】142

【建筑层数】2 层

【用地宽度】16.44 米

【用地长度】18.74 米

【用地面积】308.09 平方米

【建筑面积】372.30 平方米

扫码观看相关视频

一层平面图

二层平面图

案例 28

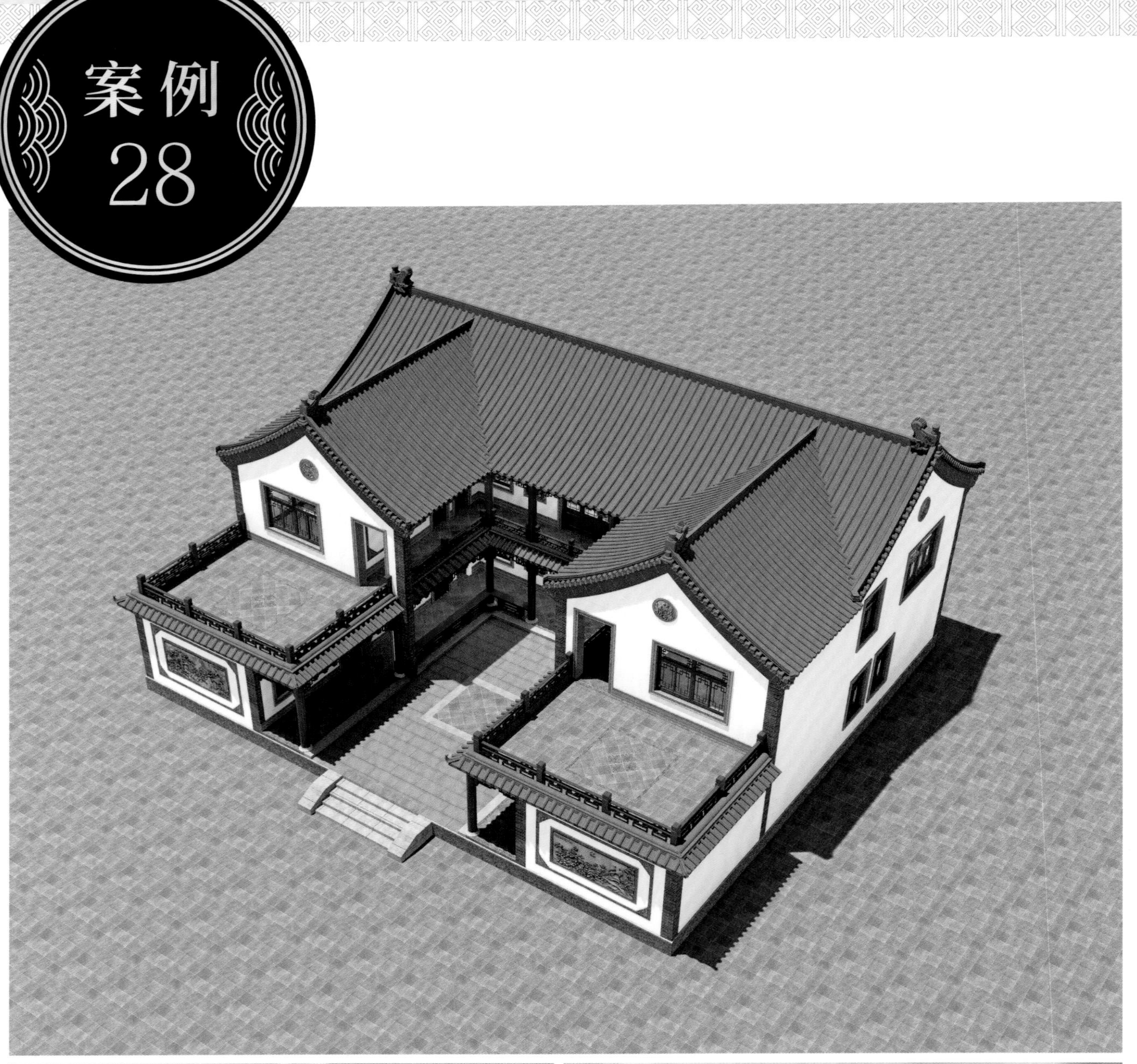

外观效果图

户型信息

【图纸编号】233

【建筑层数】2 层

【用地宽度】21.24 米

【用地长度】18.24 米

【用地面积】387.42 平方米

【建筑面积】628.02 平方米

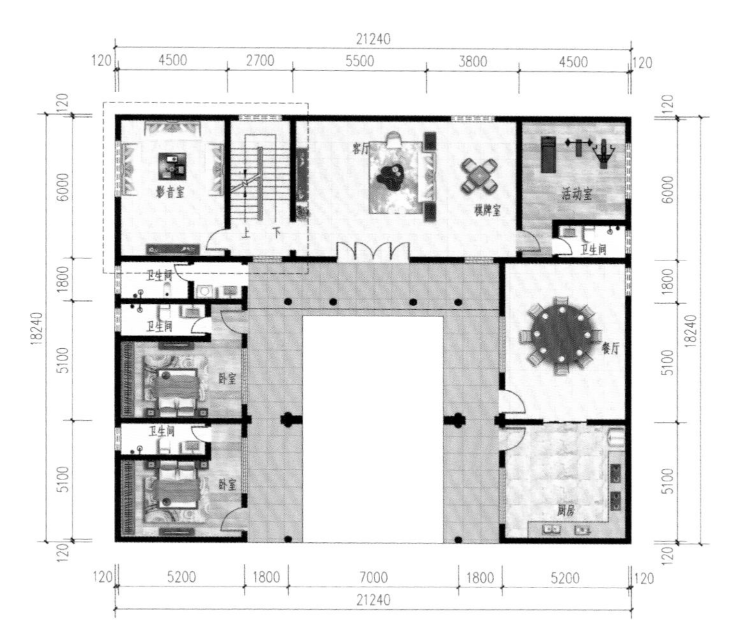

一层平面图

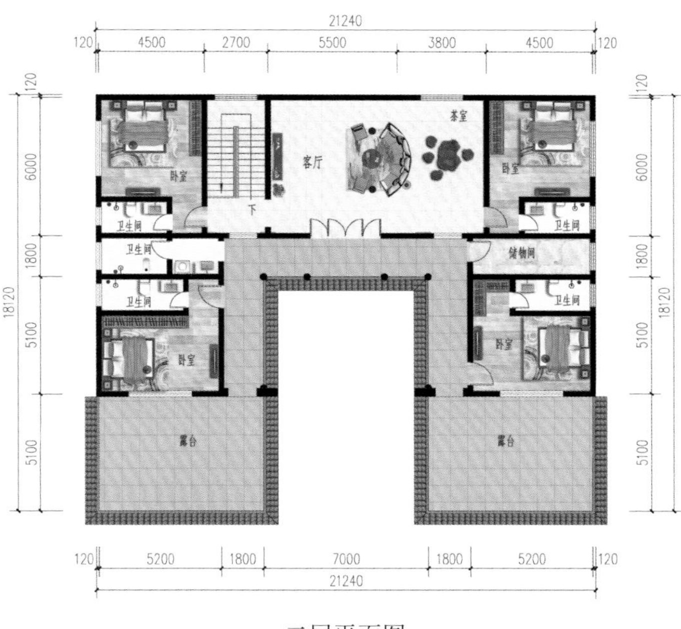

二层平面图

案例29

外观效果图

大门效果图

院子效果图

户型信息

【图纸编号】213 【用地长度】31.32 米

【建筑层数】2 层 【用地面积】508.64 平方米

【用地宽度】16.24 米 【建筑面积】452.47 平方米

扫码观看相关视频

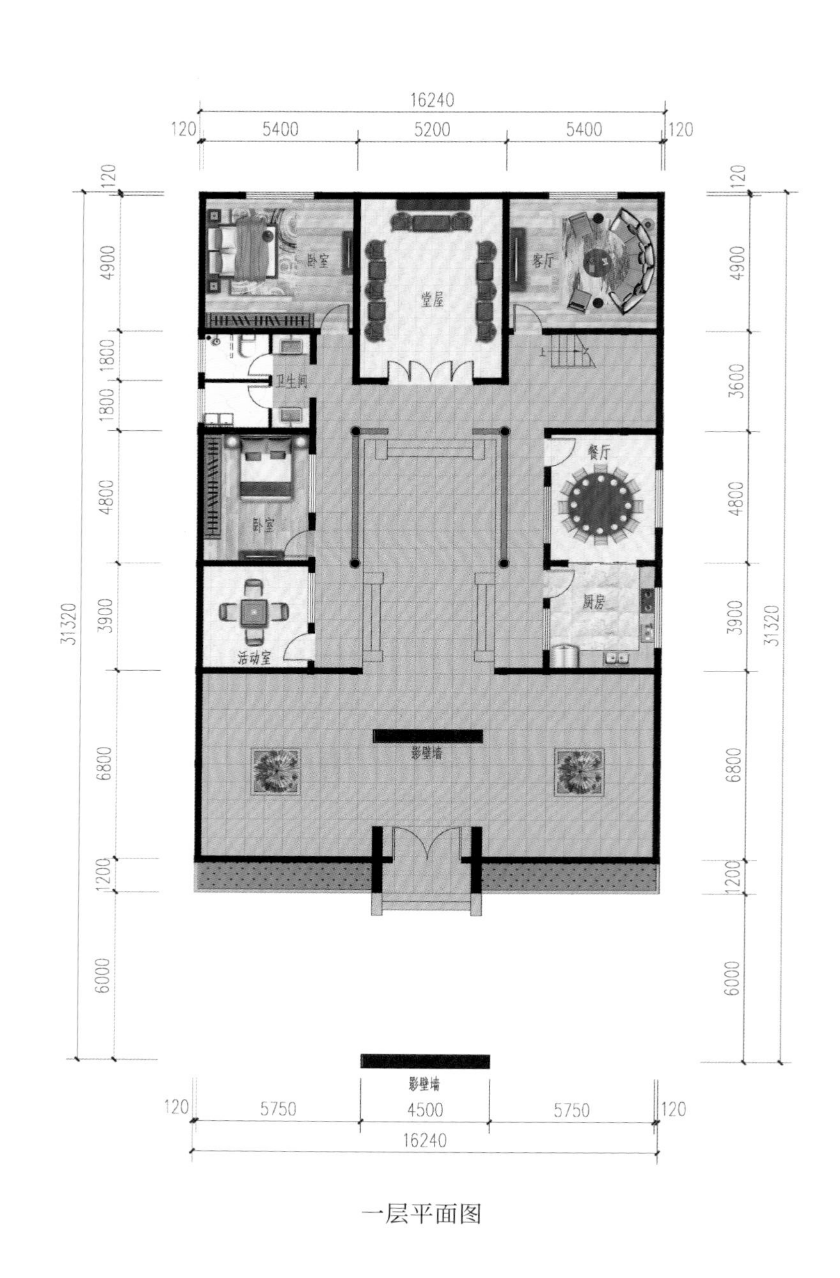

一层平面图

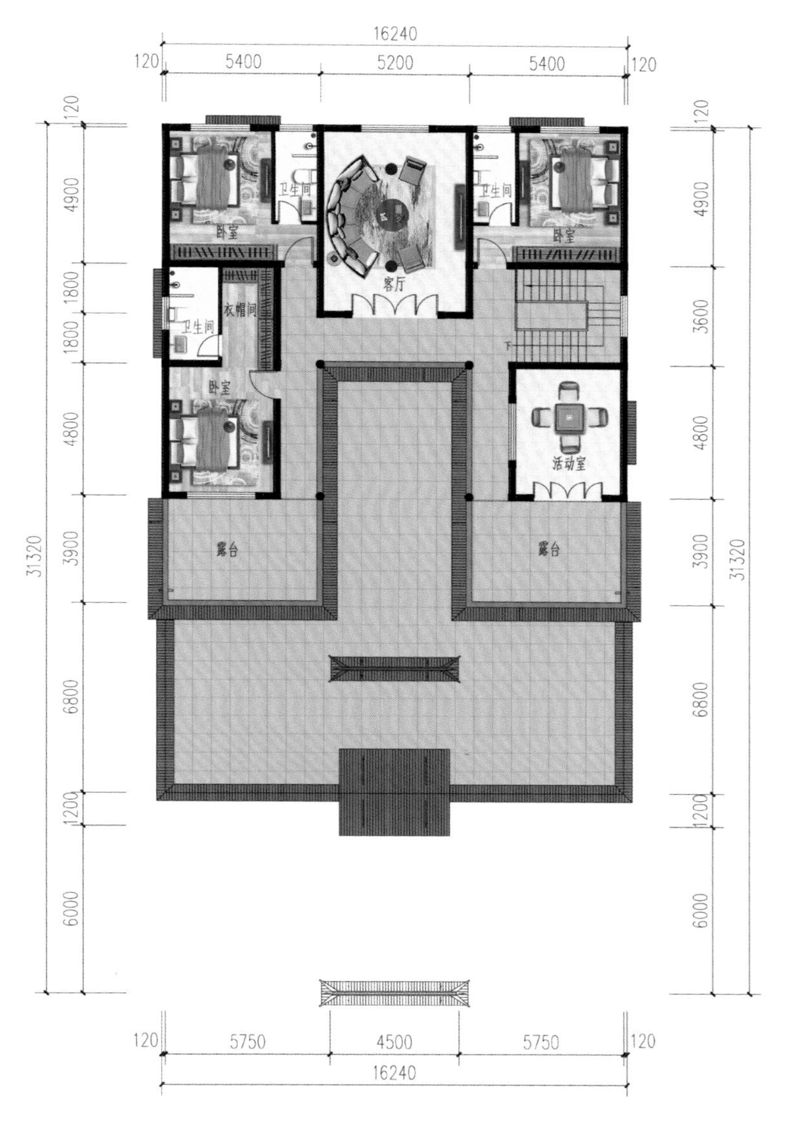
16240
120
5400
5200
5400
120
卧室
卫生间
客厅
卫生间
卧室
衣帽间
卫生间
卧室
活动室
下
露台
露台
4900
1800
1800
4800
3900
6800
1200
6000
31320
4900
3600
4800
3900
6800
1200
6000
31320
120
5750
4500
5750
120
16240

二层平面图

案例 30

外观效果图

外观效果图

院内效果图

户型信息

【图纸编号】157
【建筑层数】2 层
【用地宽度】29.24 米
【用地长度】29.86 米
【用地面积】873.11 平方米
【建筑面积】634.18 平方米

扫码观看相关视频

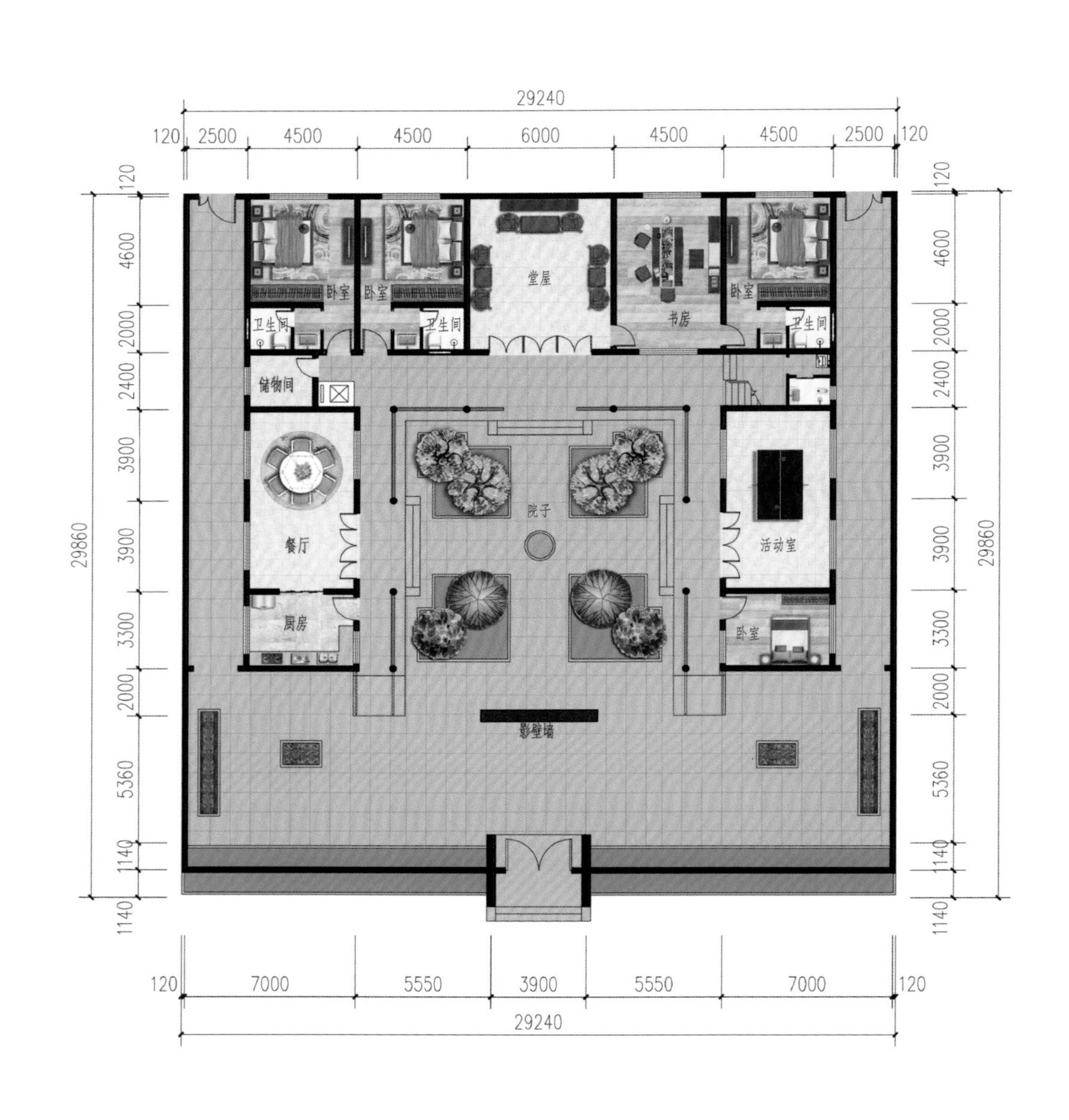

一层平面图

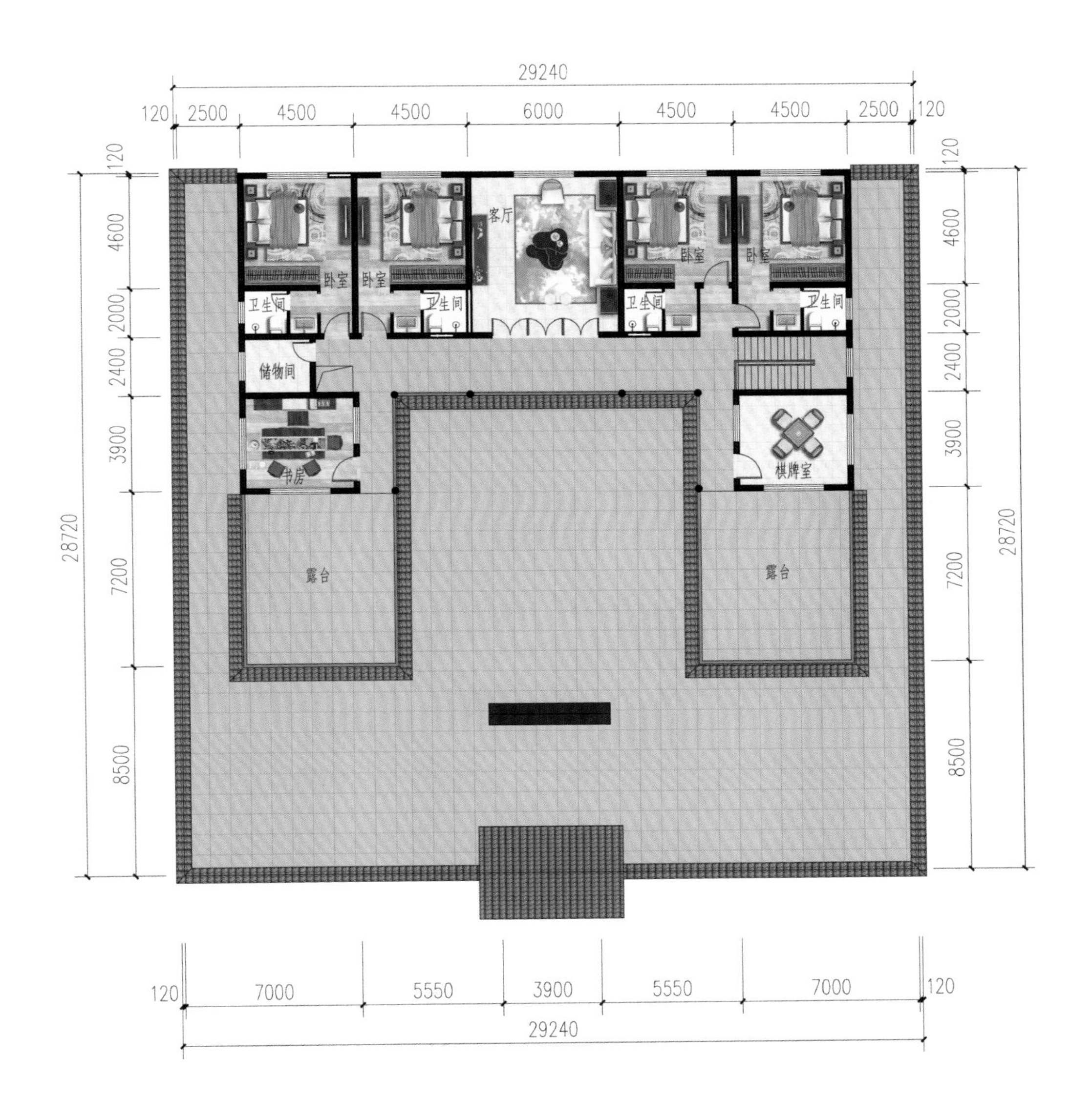
29240
120
2500
4500
4500
6000
4500
4500
2500
120
卧室
卧室
客厅
卧室
卧室
卫生间
卫生间
卫生间
卫生间
储物间
书房
棋牌室
露台
露台
4600
2000
2400
3900
7200
8500
28720
7000
5550
3900
5550
7000
29240

二层平面图

外观效果图

户型信息

【图纸编号】221

【建筑层数】2 层

【用地宽度】18.74 米

【用地长度】28.24 米

【用地面积】529.22 平方米

【建筑面积】444.73 平方米

扫码观看相关视频

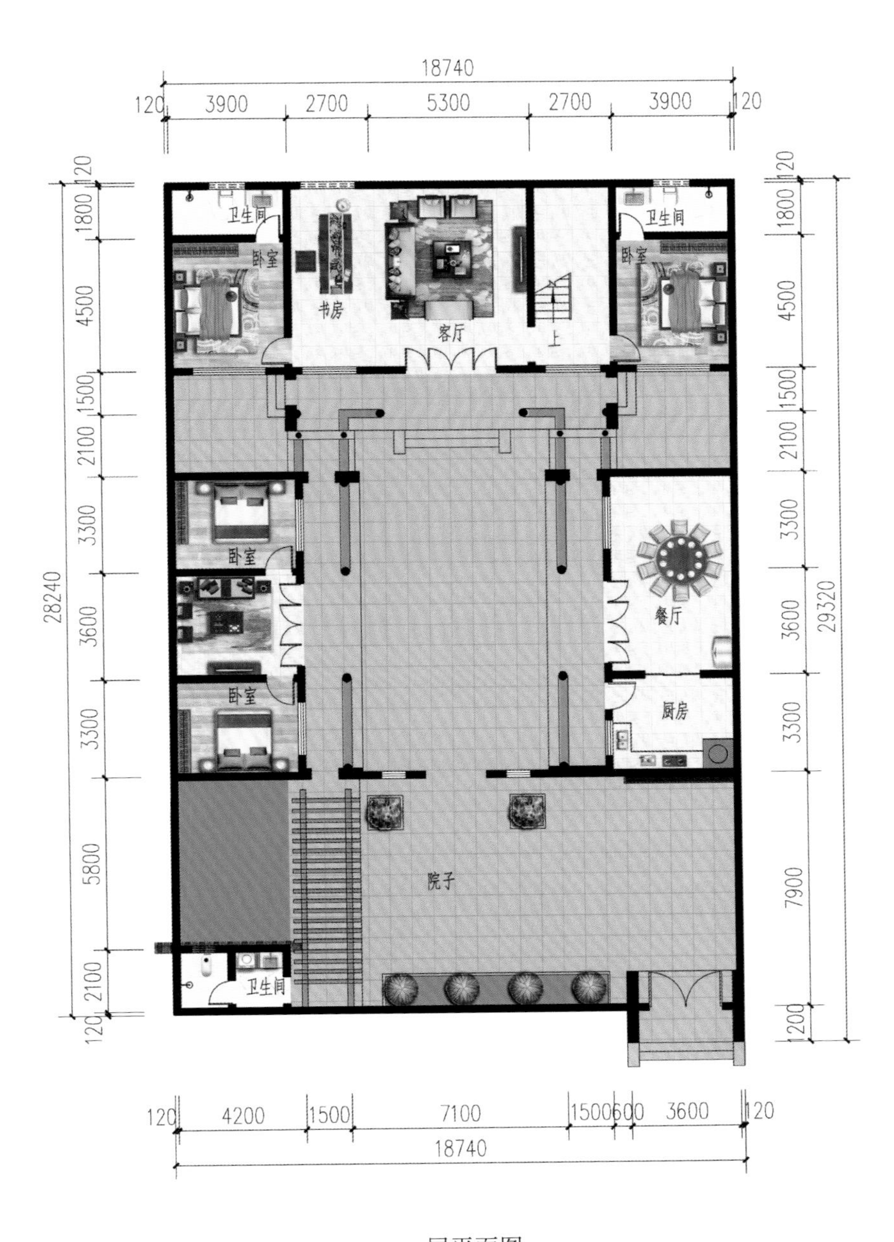

一层平面图

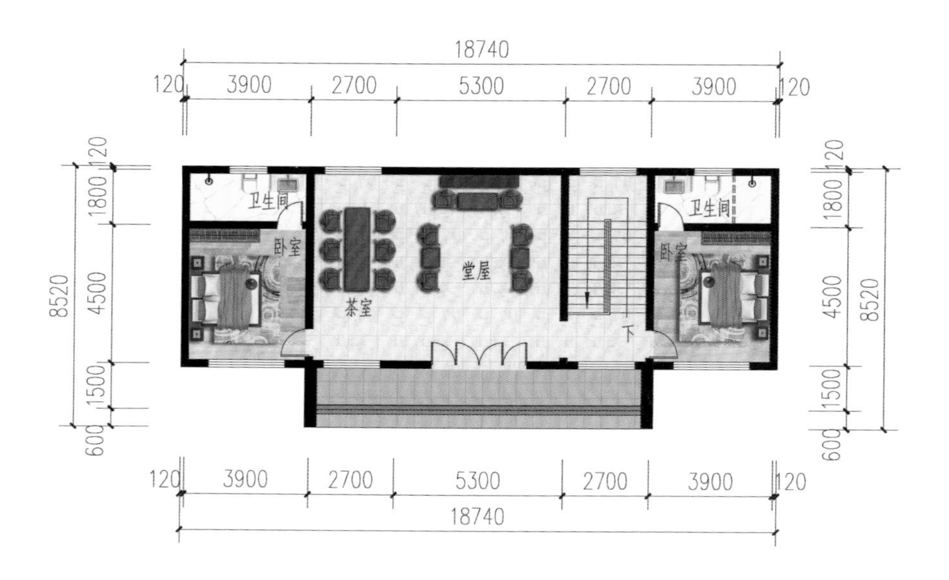
18740
120
3900
2700
5300
2700
3900
120
卫生间
卧室
茶室
堂屋
下
卫生间
卧室
8520
4500
1800
1500
600
120
18740

二层平面图

外观效果图

户型信息

【图纸编号】160
【建筑层数】3 层
【用地宽度】24.60 米
【用地长度】19.00 米
【用地面积】467.40 平方米
【建筑面积】686.62 平方米

扫码观看相关视频

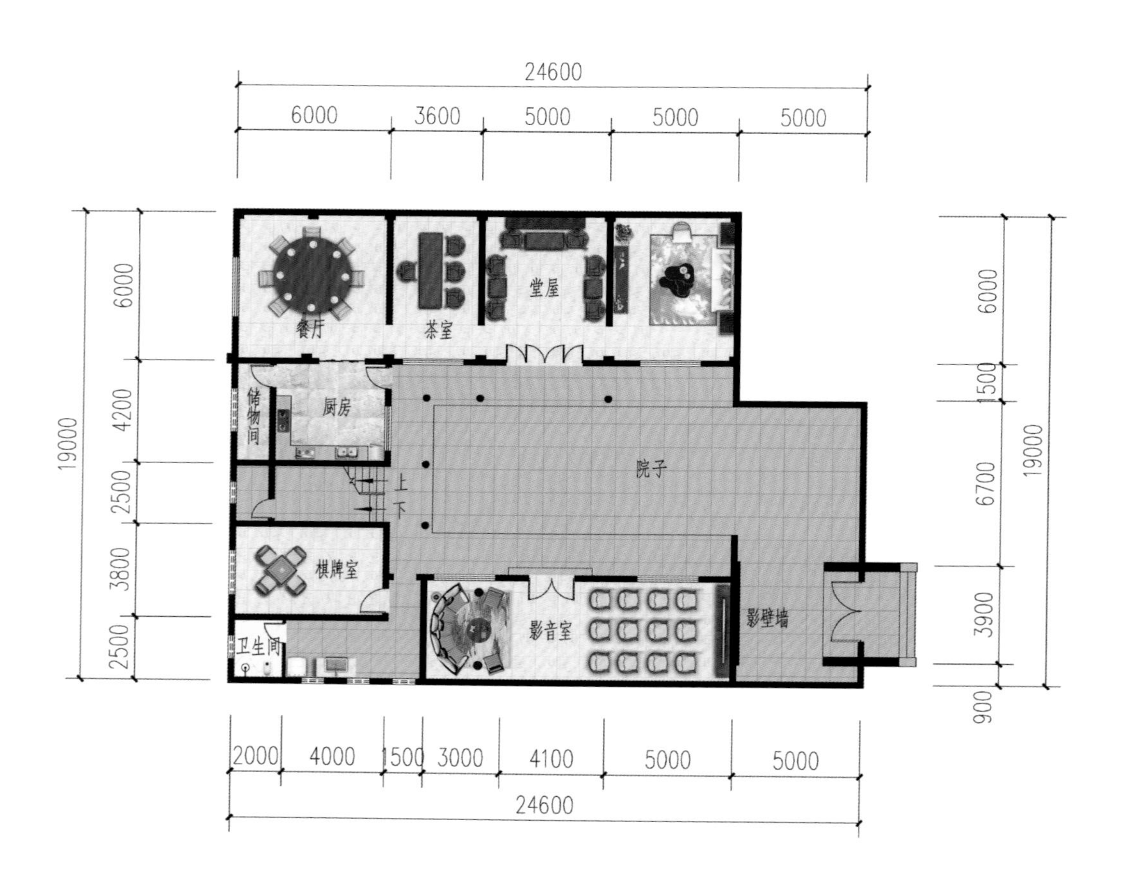

一层平面图

19600
3000
3000
3600
5000
2500
2500
1500
4500
1500
2700
2500
3800
2500
19000
6000
1500
5800
5700
19000
卫生间
卫生间
卫生间
卫生间
卫生间
卫生间
卫生间
卧室
卧室
卧室
卧室
卧室
卧室
卧室
上
下
露台
2000
4000
1500
3000
4100
5000
19600
7500
3000
3000
1500
6000
1500
2700
2500
3800
16500
16500
卫生间
卫生间
卫生间
卫生间
卧室
卧室
卧室
卧室
下
2000
4000
1500
7500
二层平面图

三层平面图

案例33

外观效果图

户型信息

【图纸编号】161

【建筑层数】3 层

【用地宽度】20.24 米

【用地长度】19.62 米

【用地面积】397.11 平方米

【建筑面积】873.59 平方米

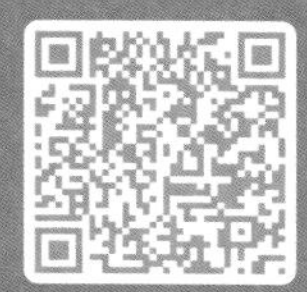

扫码观看相关视频

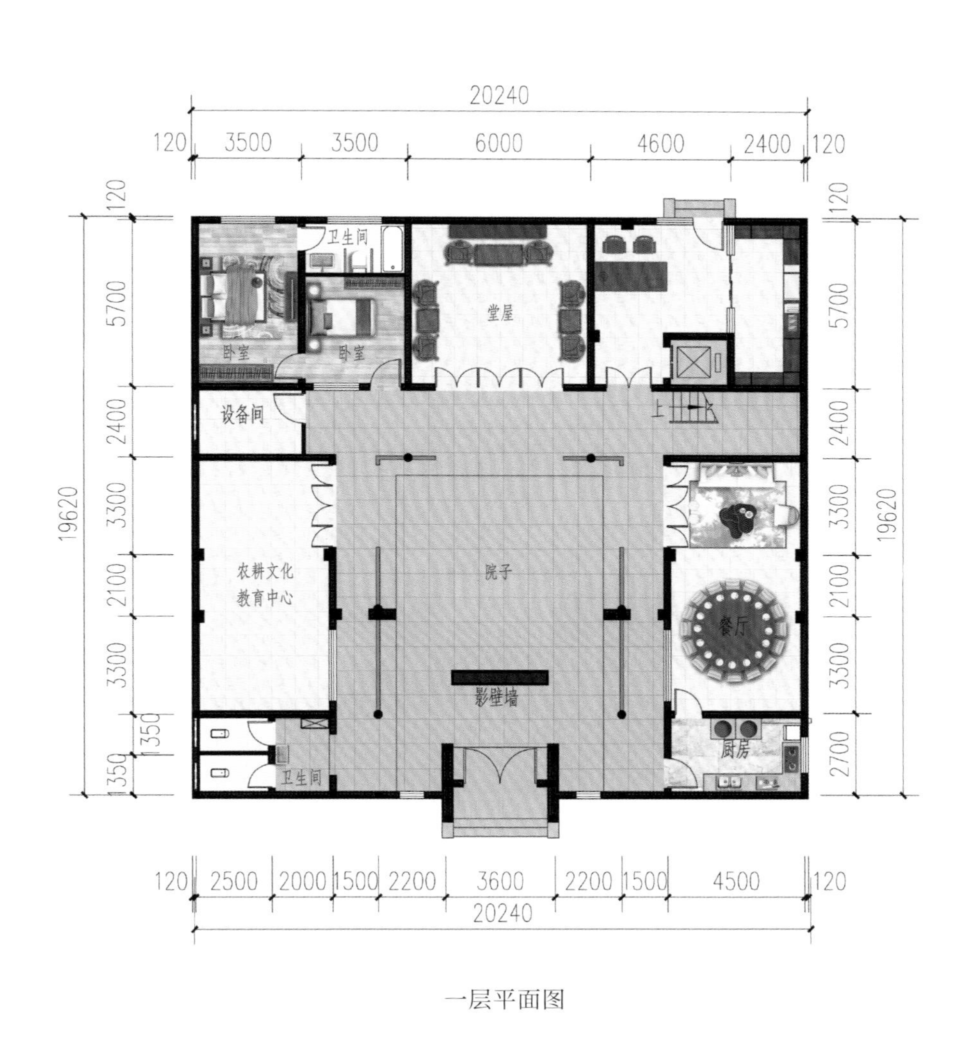

一层平面图

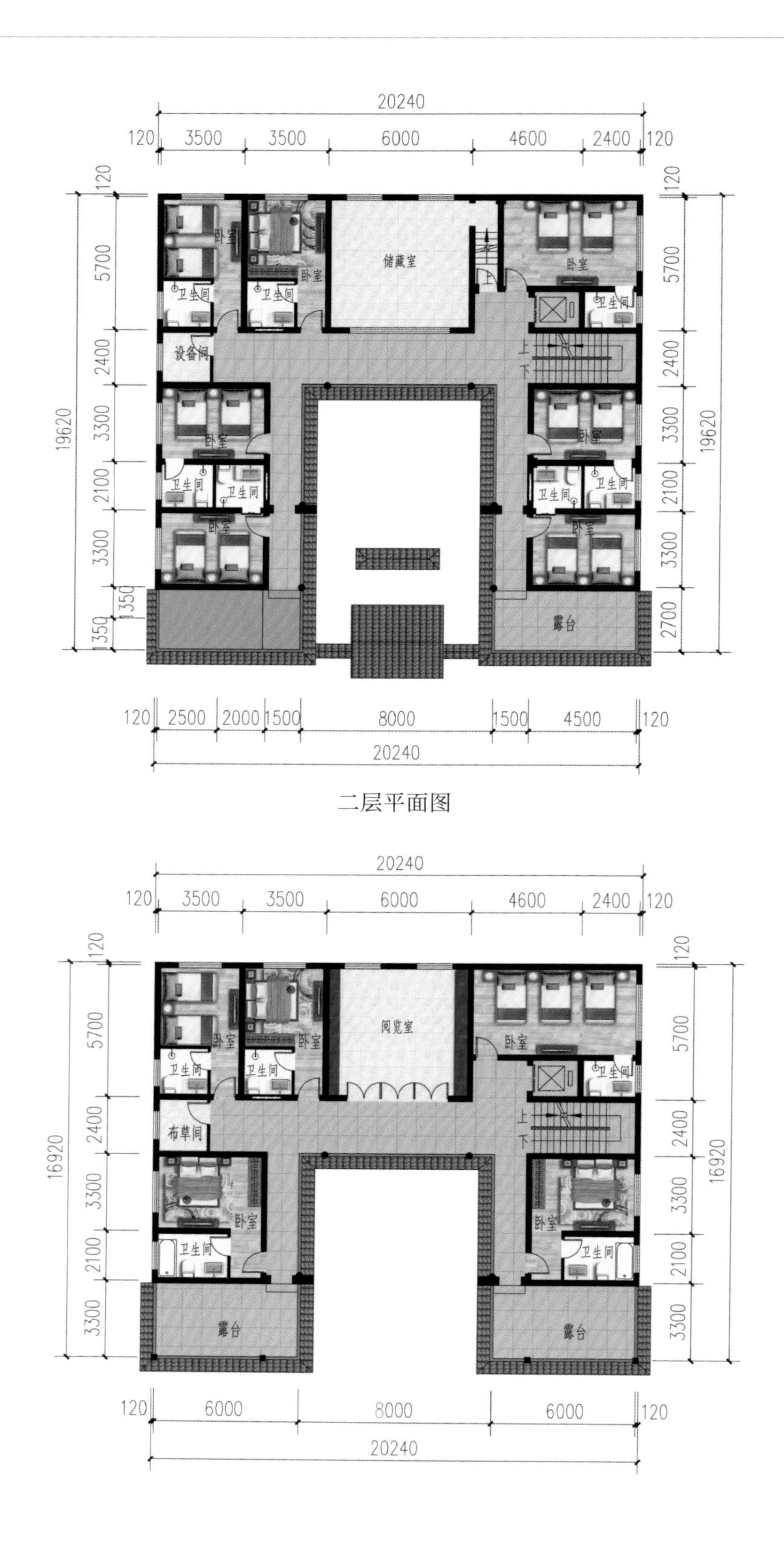
20240
120 3500 3500 6000 4600 2400 120
卧室
卧室
储藏室
卧室
卫生间
卫生间
卫生间
设备间
上
下
卧室
卧室
卫生间
卫生间
卫生间
卫生间
卧室
卧室
露台
120 2500 2000 1500 8000 1500 4500 120
20240
120 5700 2400 3300 2100 3300 1350 1350
19620
120 5700 2400 3300 2100 3300 2700
19620
20240
120 3500 3500 6000 4600 2400 120
卧室
卧室
阅览室
卧室
卫生间
卫生间
卫生间
布草间
上
下
卧室
卧室
卫生间
卫生间
露台
露台
120 6000 8000 6000 120
20240
120 5700 2400 3300 2100 3300
16920
120 5700 2400 3300 2100 3300
16920

二层平面图

三层平面图

案例 34

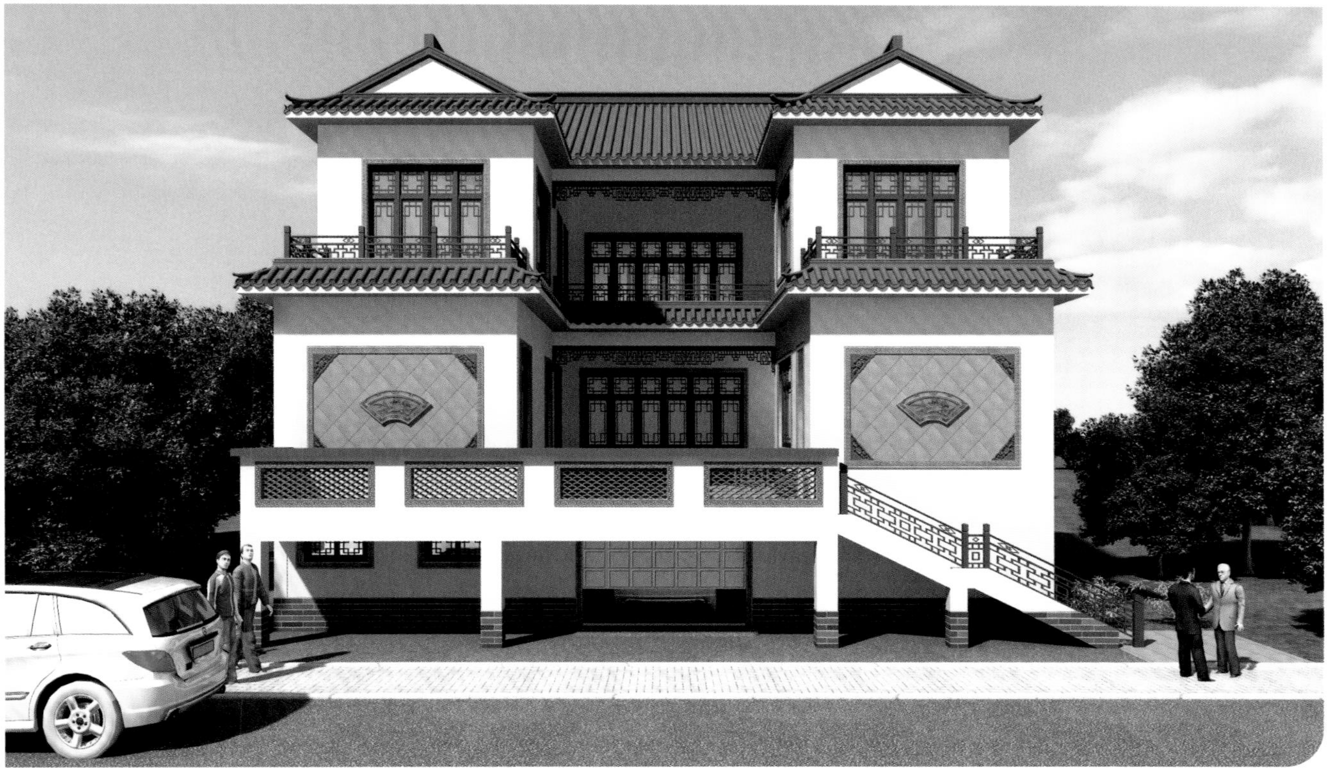

外观效果图

户型信息

【图纸编号】197

【建筑层数】3 层

【用地宽度】14.24 米

【用地长度】16.44 米

【用地面积】234.11 平方米

【建筑面积】553.77 平方米

扫码观看相关视频

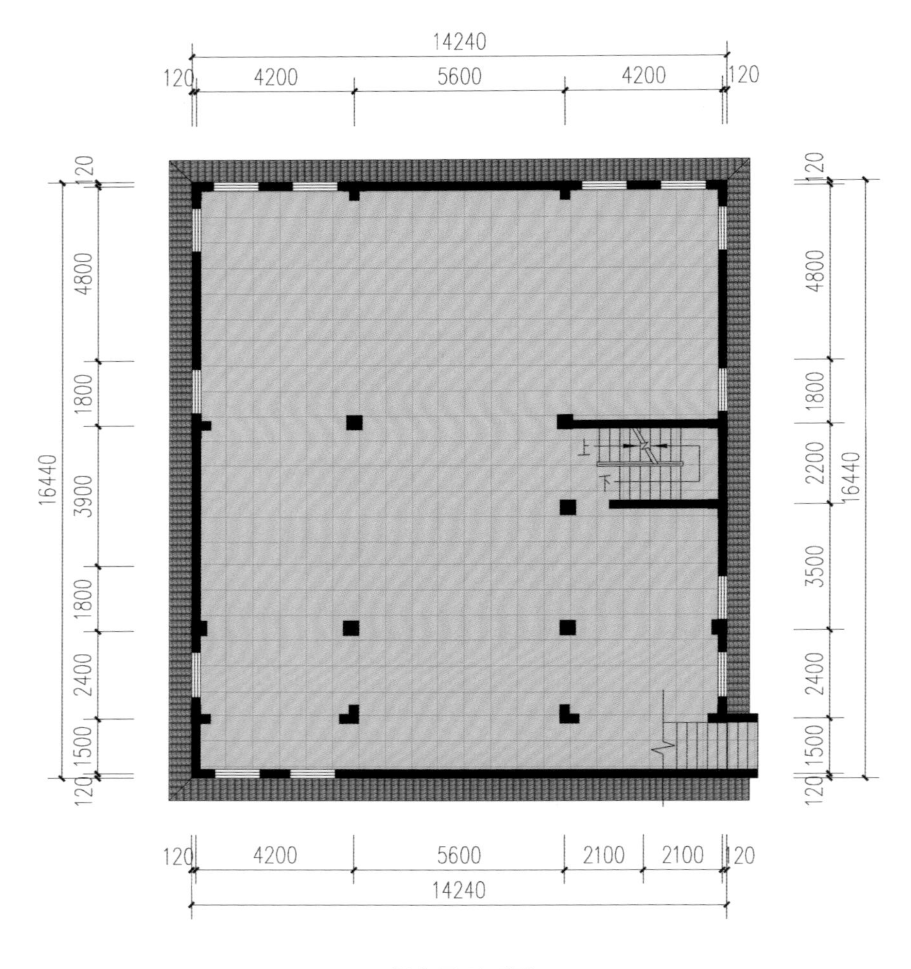

架空层平面图

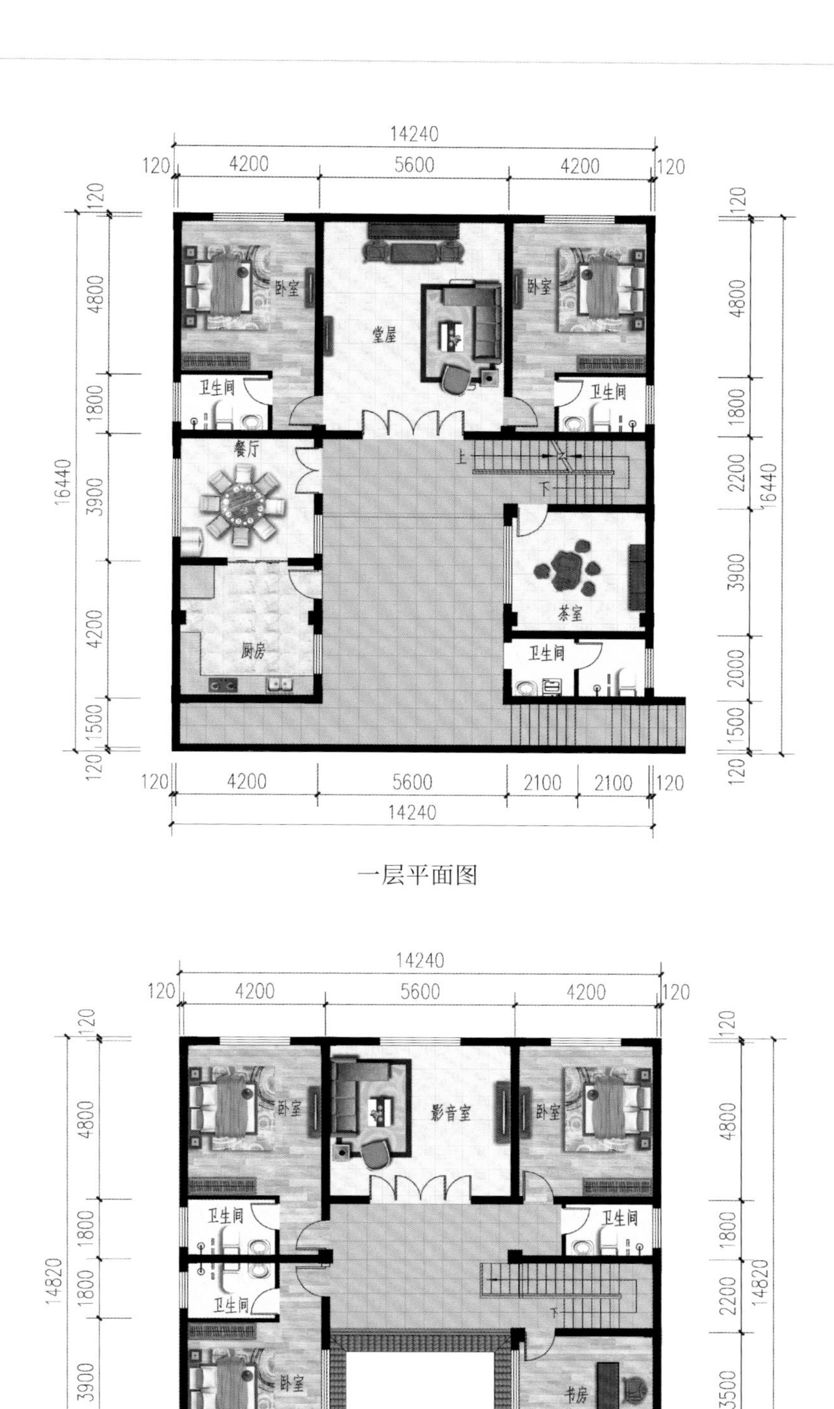
14240
120
4200
5600
4200
120
卧室
堂屋
卧室
卫生间
卫生间
餐厅
上
下
茶室
厨房
卫生间
16440
4800
1800
3900
4200
1500
2200
2000
2100

一层平面图

14240
120
4200
5600
4200
120
卧室
影音室
卧室
卫生间
卫生间
卫生间
下
卧室
书房
露台
露台
14820
4800
1800
3900
2400
600
2200
3500

二层平面图

第四章 四合院案例

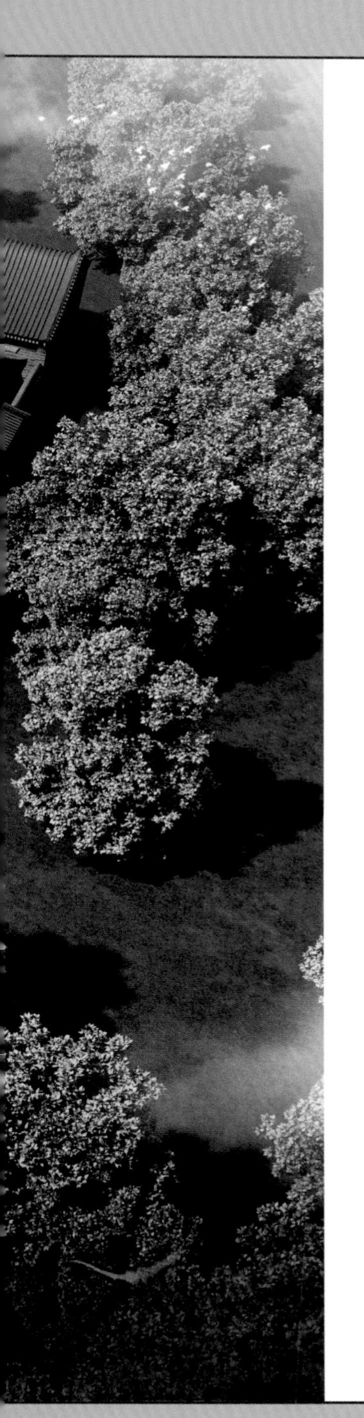

案例 01

外观效果图

户型信息

【图纸编号】218

【建筑层数】1 层

【用地宽度】26.24 米

【用地长度】42.74 米

【用地面积】1121.50 平方米

【建筑面积】633.16 平方米

扫码观看相关视频

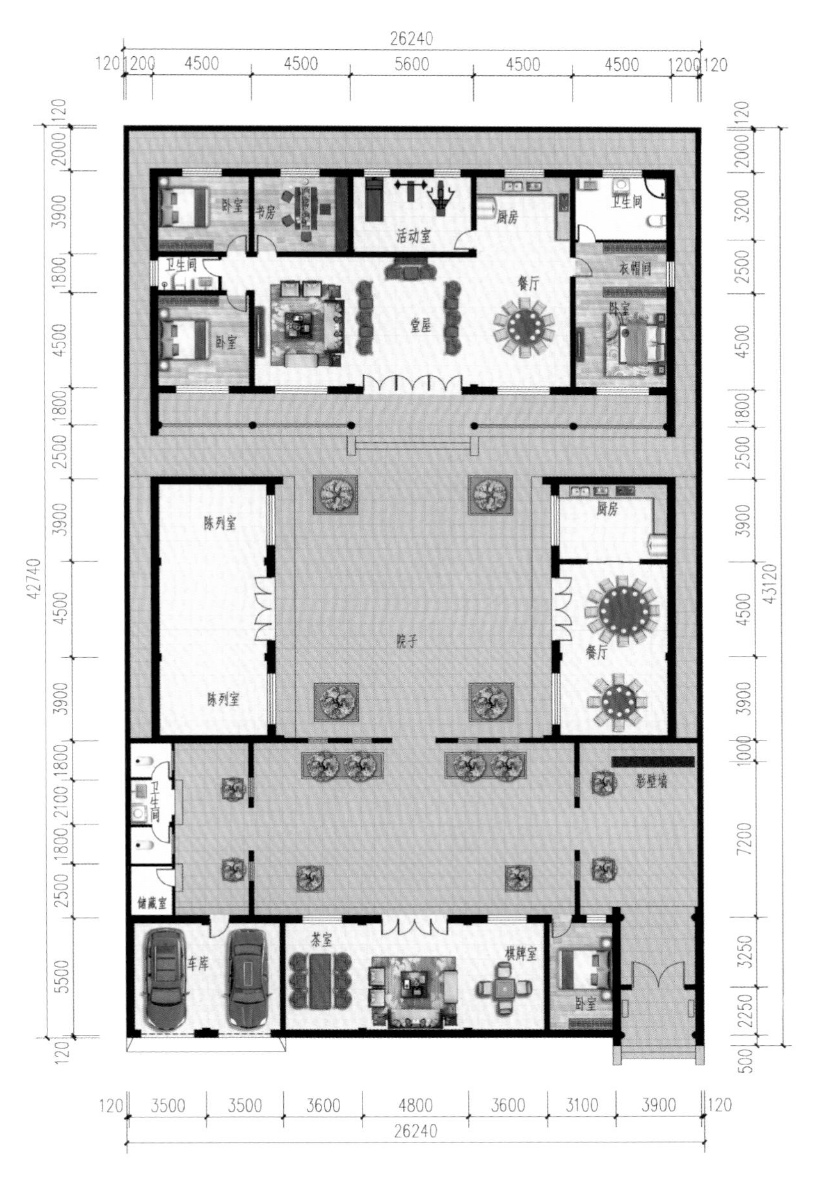

平面图

外观效果图

户型信息

【图纸编号】242

【建筑层数】1 层

【用地宽度】26.24 米

【用地长度】45.84 米

【用地面积】1202.84 平方米

【建筑面积】750.00 平方米

扫码观看相关视频

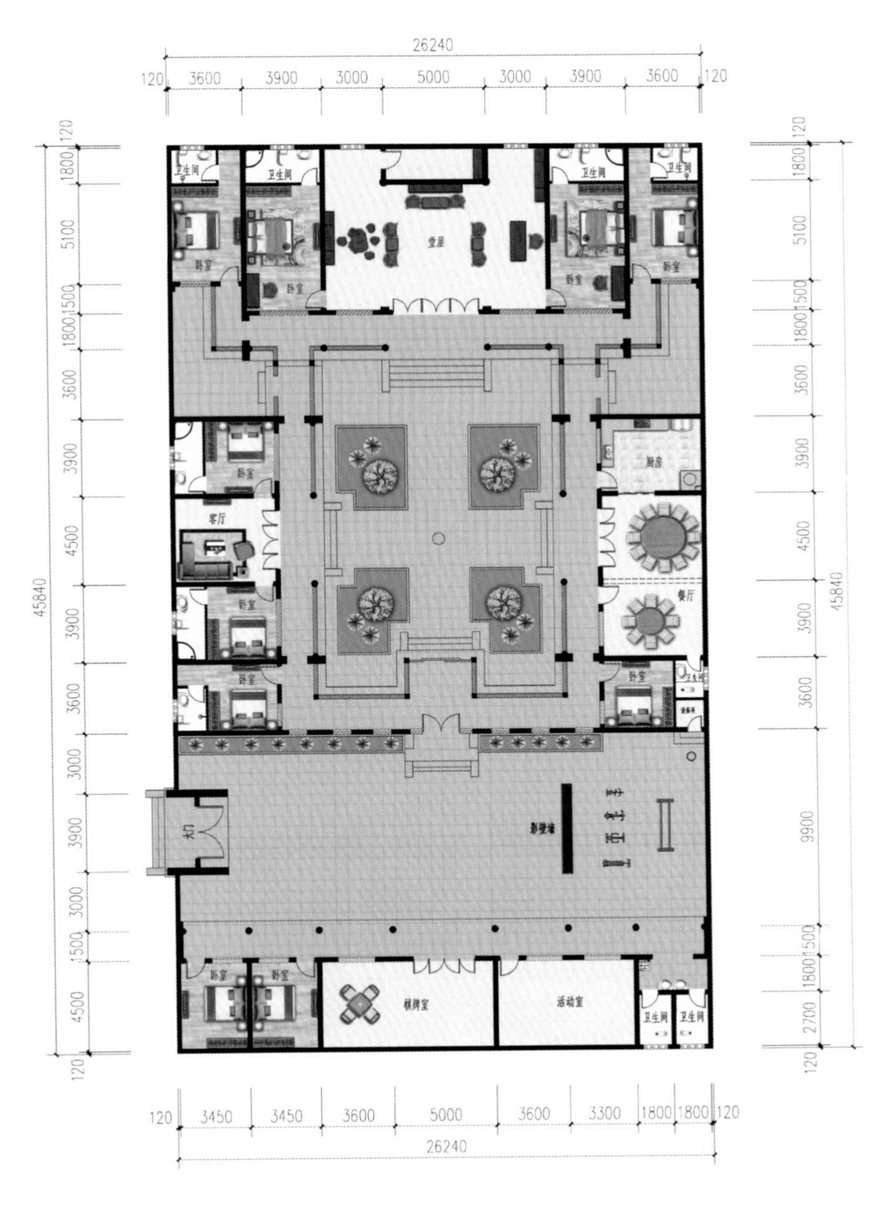

平面图

案例 03

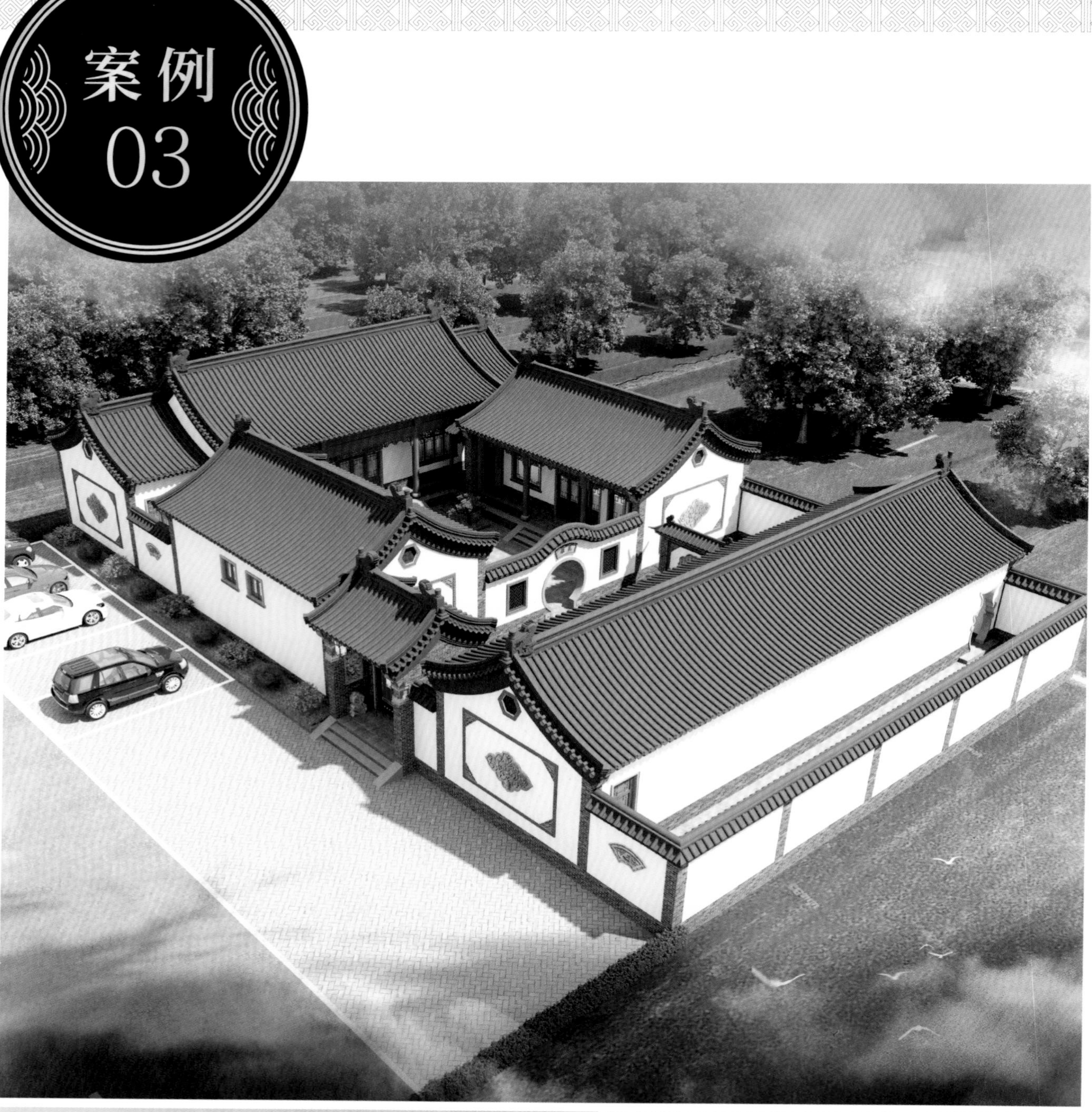

外观效果图

户型信息

【图纸编号】282

【建筑层数】1 层

【用地宽度】21 米

【用地长度】34.8 米

【用地面积】730.8 平方米

【建筑面积】454.54 平方米

扫码观看相关视频

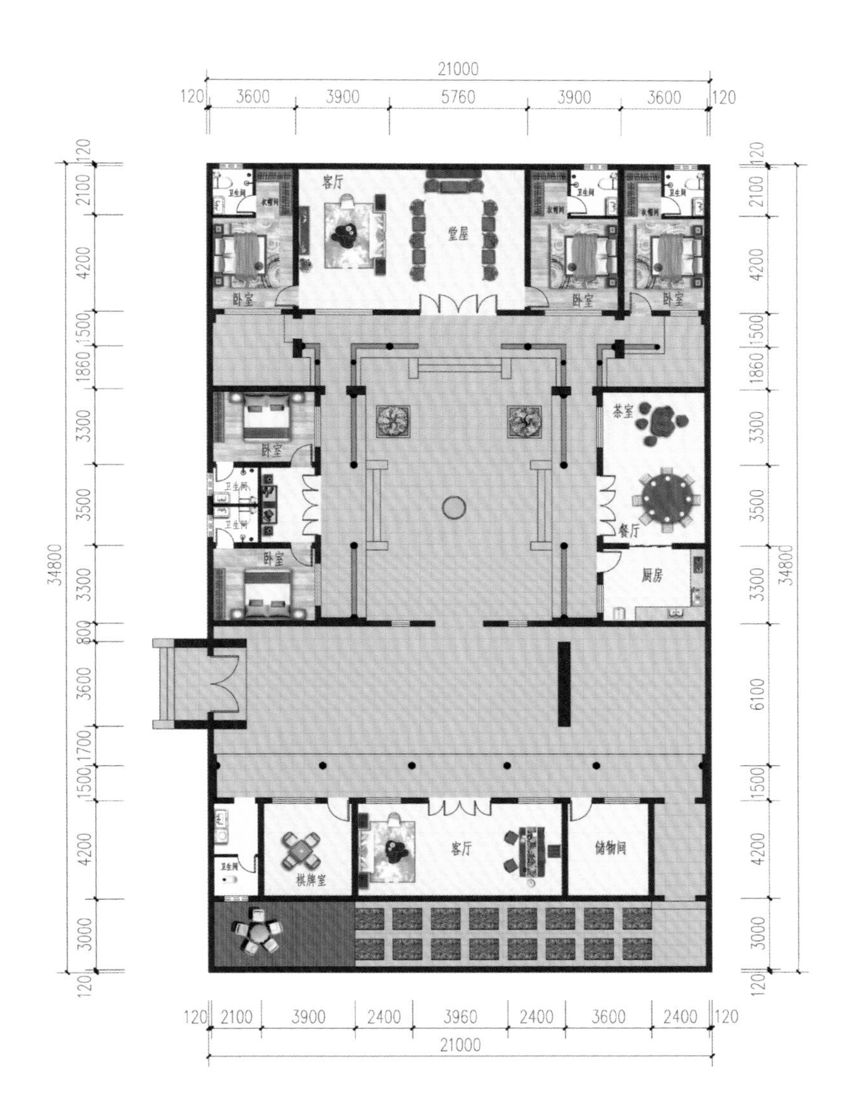

平面图

案例 04

外观效果图

户型信息

【图纸编号】290

【建筑层数】1 层

【用地宽度】33.24 米

【用地长度】42.24 米

【用地面积】1404.06 平方米

【建筑面积】920.04 平方米

扫码观看相关视频

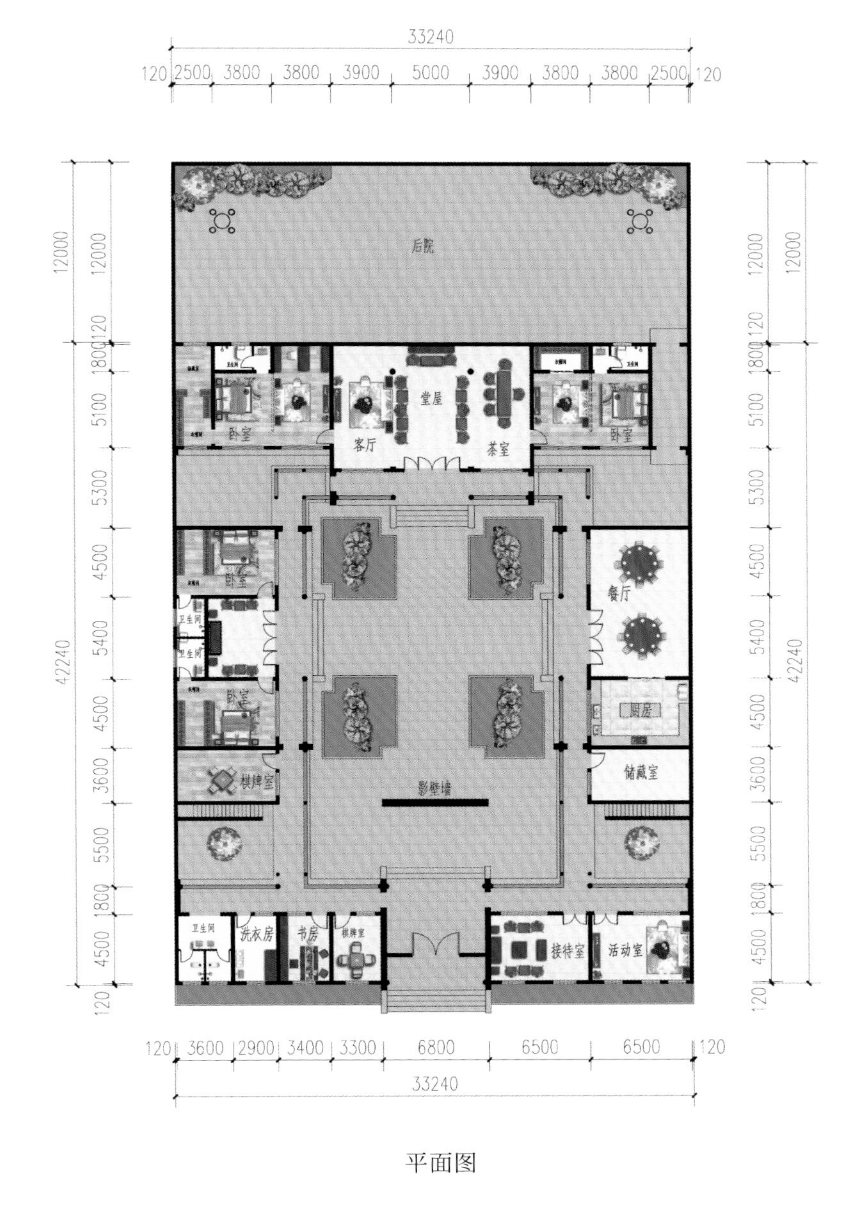

平面图

案例 05

外观效果图

户型信息

【图纸编号】301

【建筑层数】1 层

【用地宽度】30 米

【用地长度】41.3 米

【用地面积】1239 平方米

【建筑面积】962.50 平方米

扫码观看相关视频

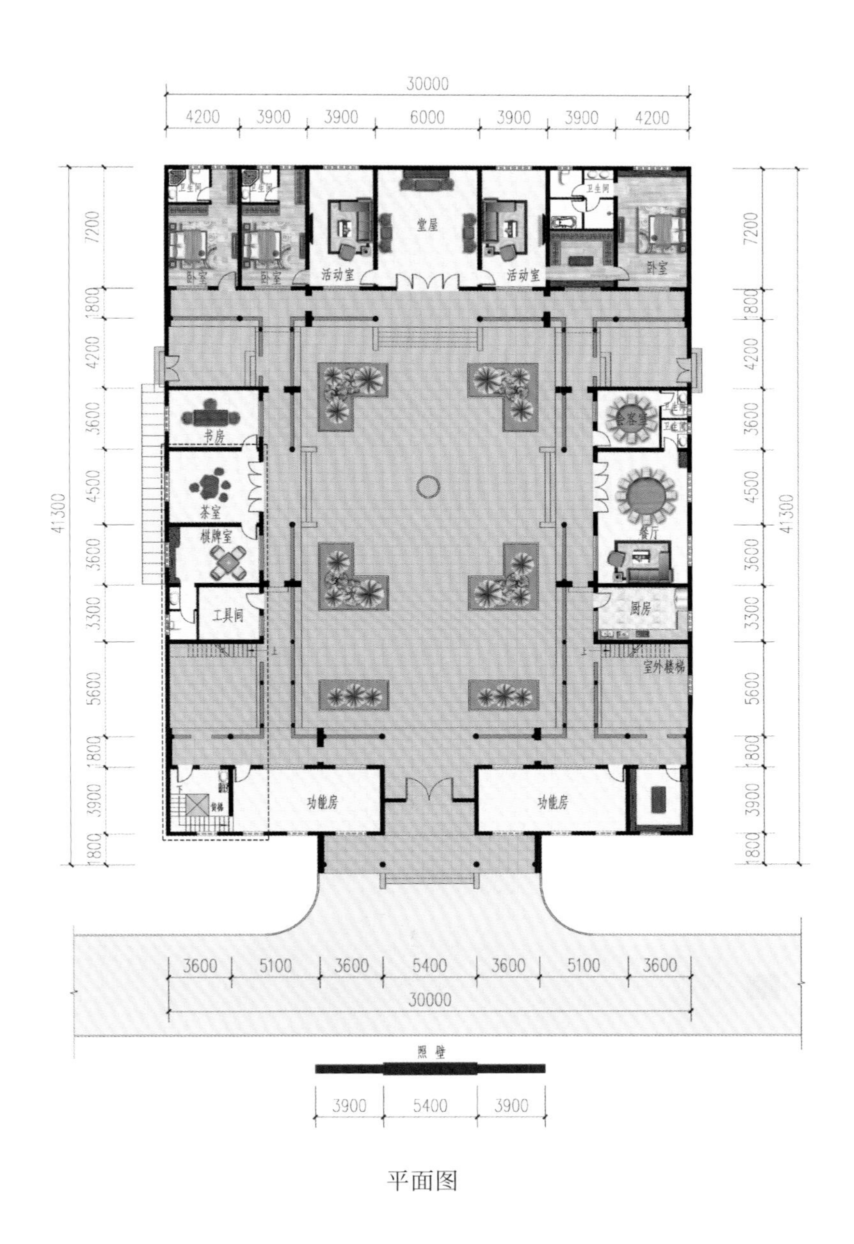

平面图

◆ 注：虚线下方为地下室。

外观效果图

户型信息

【图纸编号】195

【建筑层数】1 层

【用地宽度】33.74 米

【用地长度】55.74 米

【用地面积】1880.67 平方米

【建筑面积】829.21 平方米

扫码观看相关视频

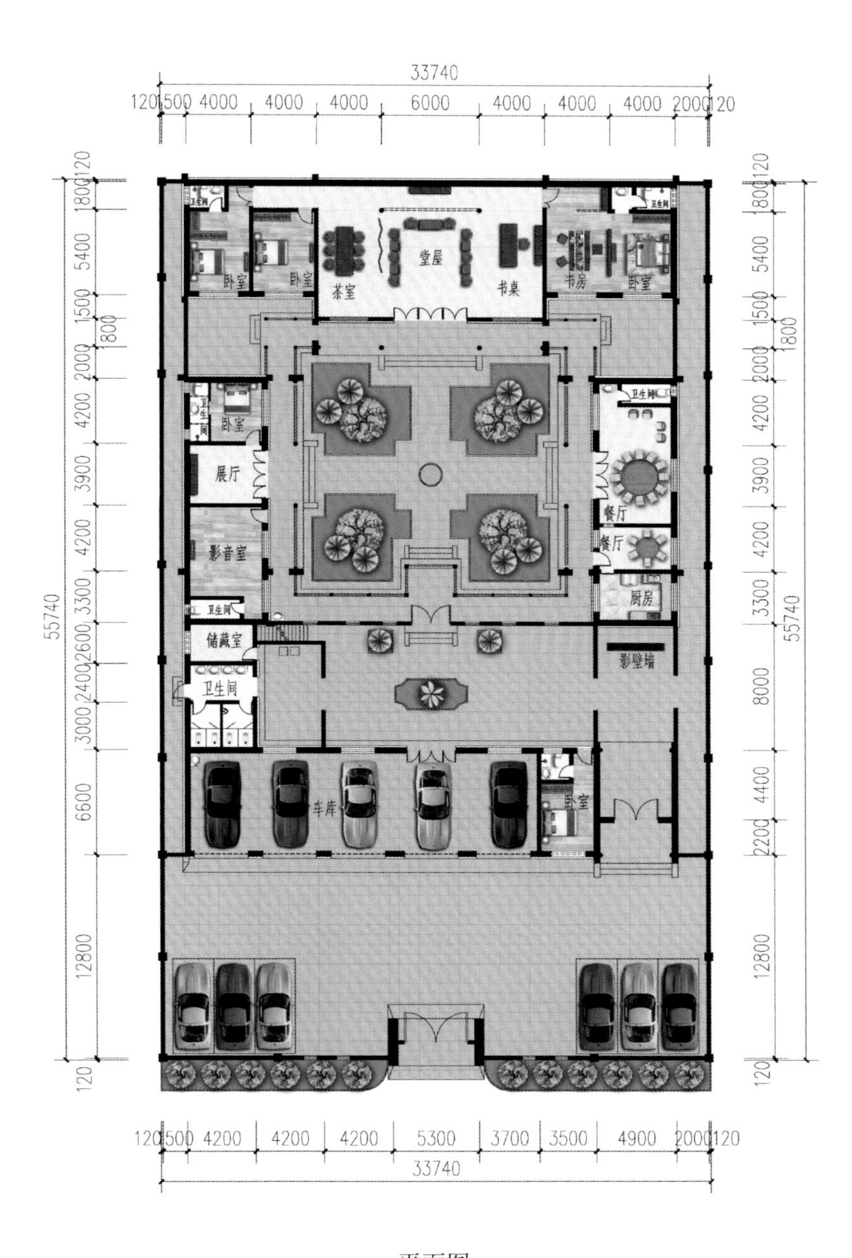

平面图

案例 07

外观效果图

户型信息

【图纸编号】100

【建筑层数】1 层

【用地宽度】20.00 米

【用地长度】27.40 米

【用地面积】548.00 平方米

【建筑面积】430.82 平方米

扫码观看相关视频

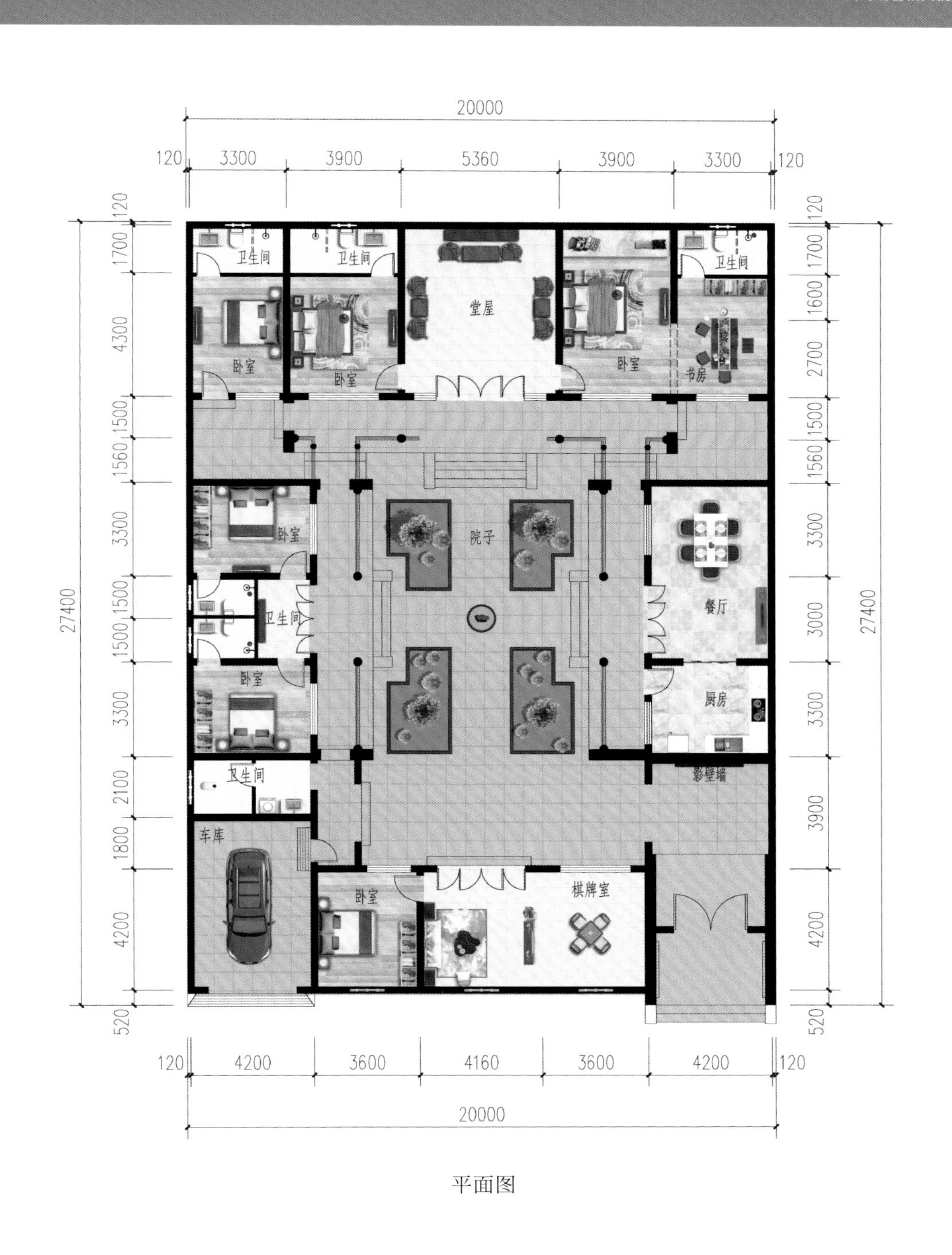

平面图

案例 08

外观效果图

户型信息

【图纸编号】104

【建筑层数】1 层

【用地宽度】20.24 米

【用地长度】23.84 米

【用地面积】482.52 平方米

【建筑面积】302.74 平方米

扫码观看相关视频

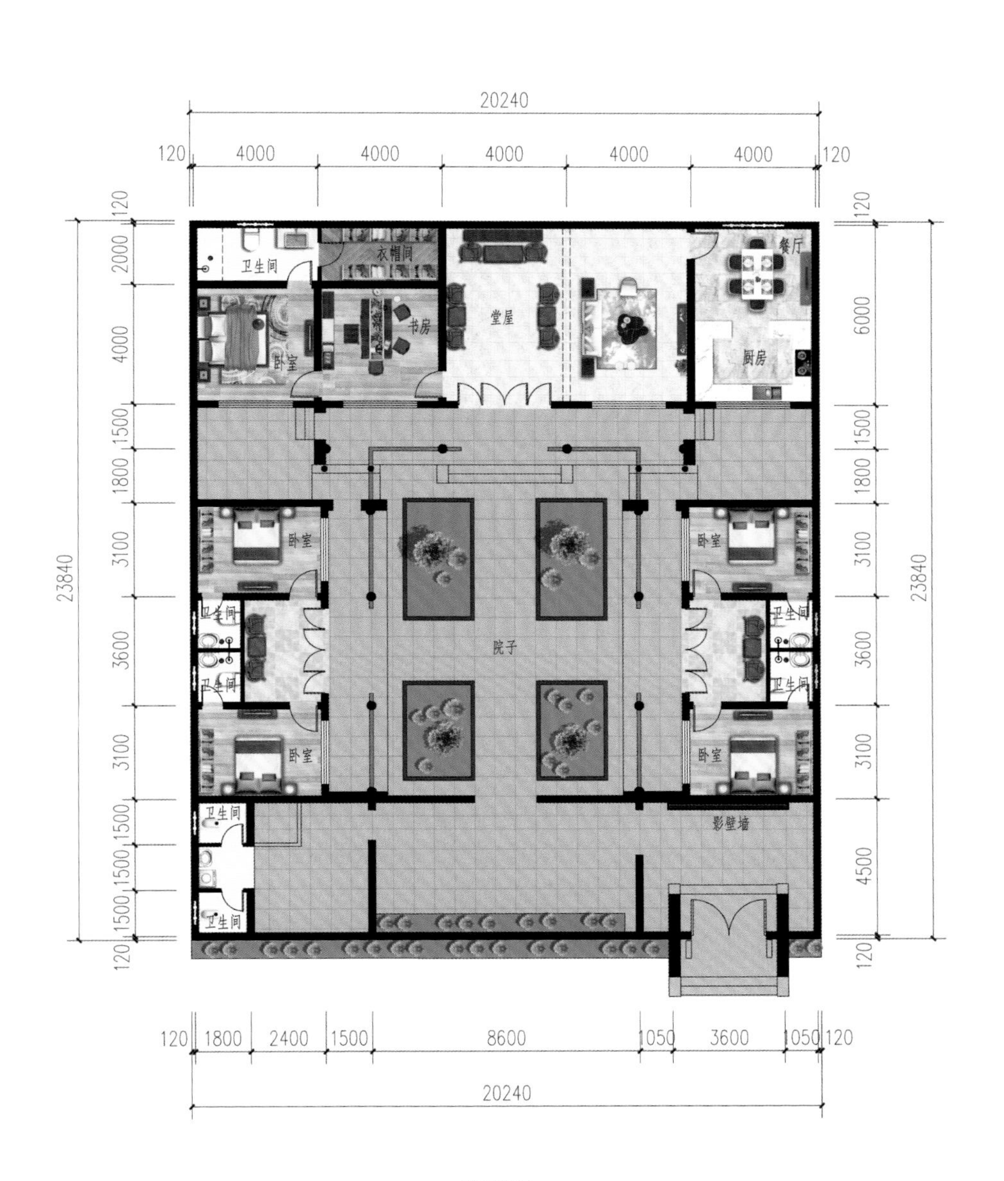

平面图

案例 09

外观效果图

户型信息

【图纸编号】106

【建筑层数】1 层

【用地宽度】22.24 米

【用地长度】31.64 米

【用地面积】703.67 平方米

【建筑面积】494.72 平方米

扫码观看相关视频

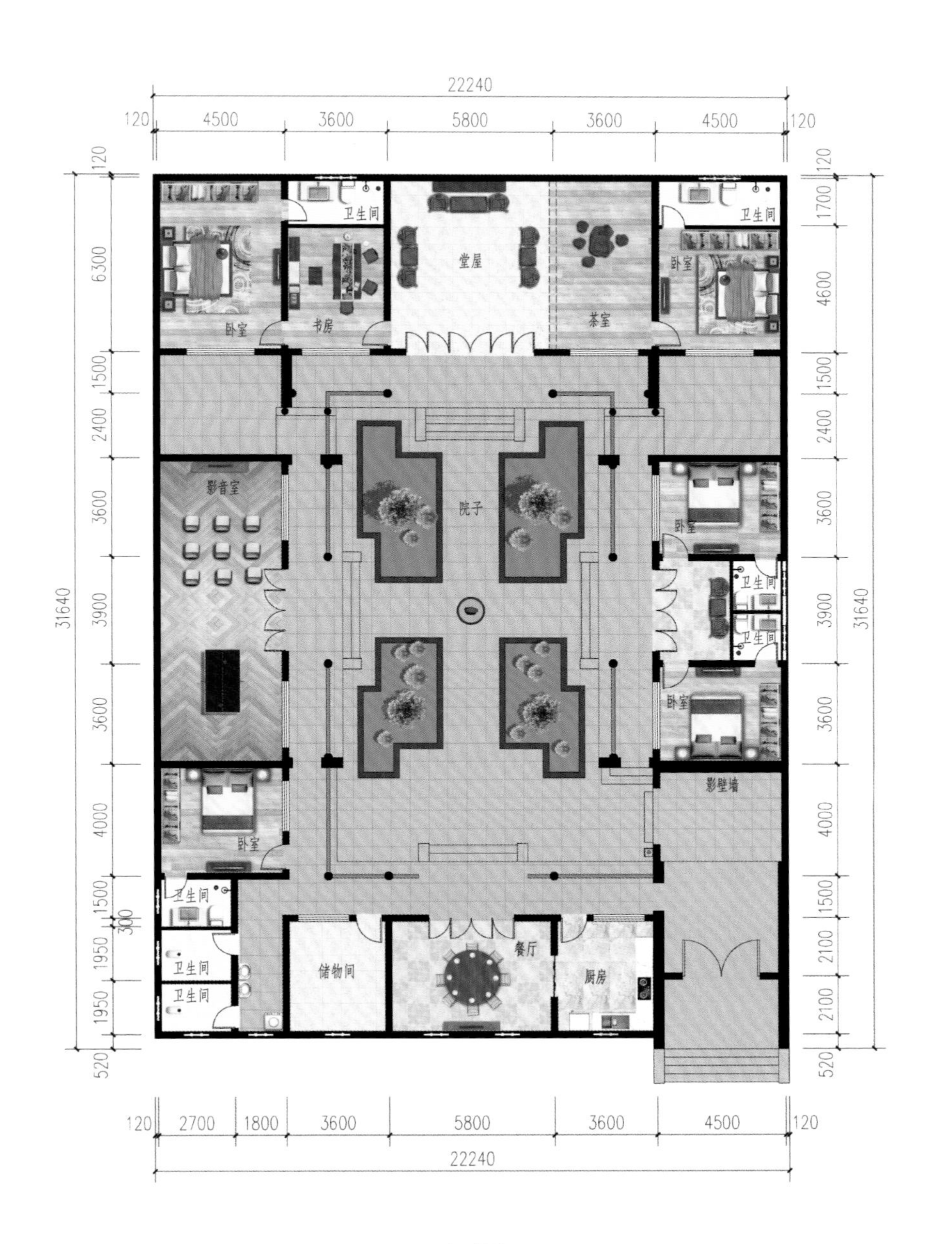

平面图

案例 10

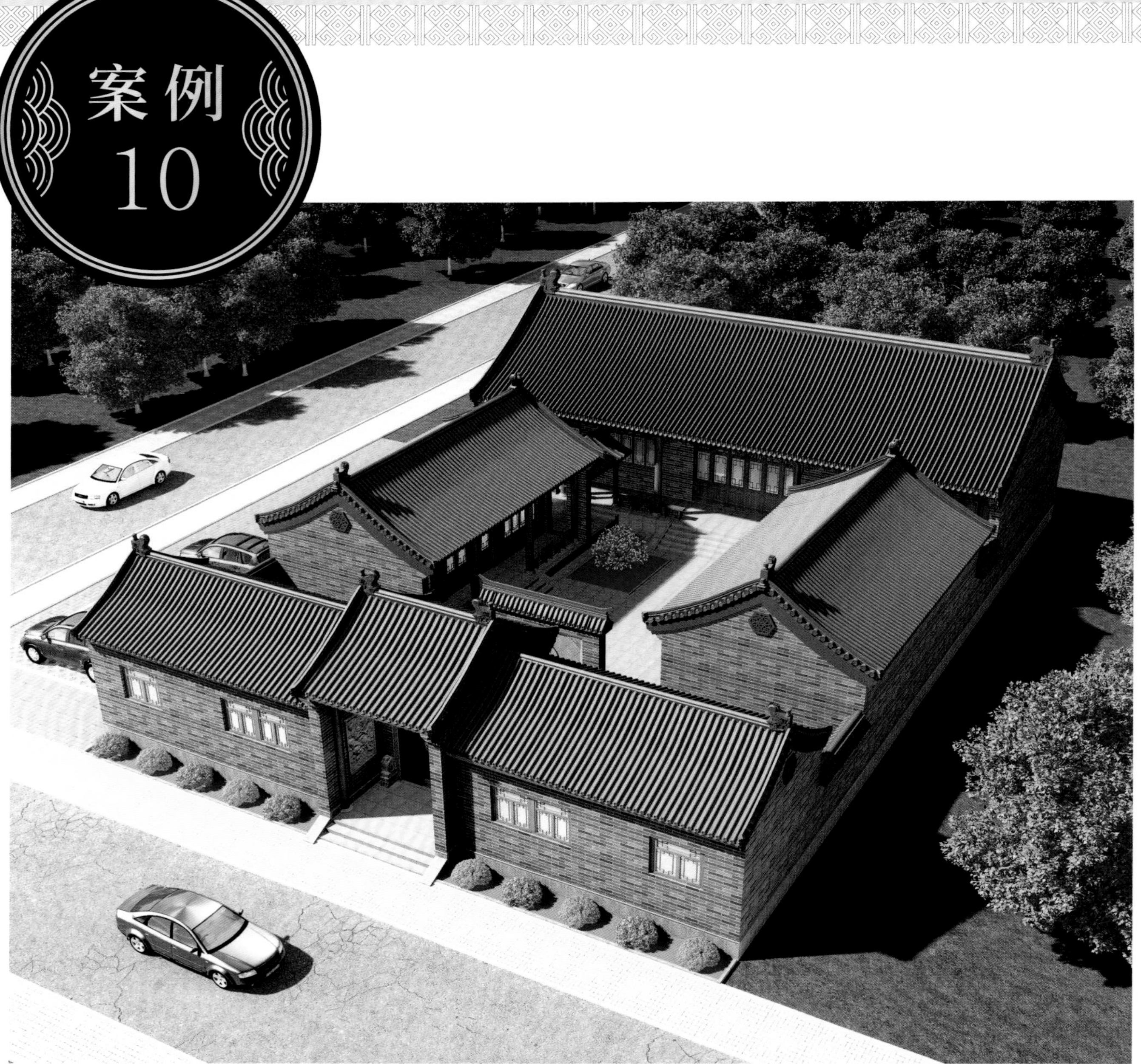

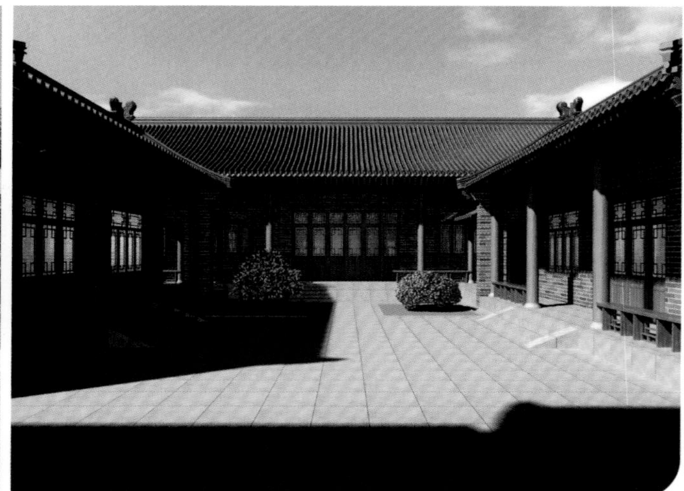

外观效果图

户型信息

【图纸编号】111

【建筑层数】1 层

【用地宽度】21.00 米

【用地长度】30.90 米

【用地面积】648.90 平方米

【建筑面积】460.66 平方米

扫码观看相关视频

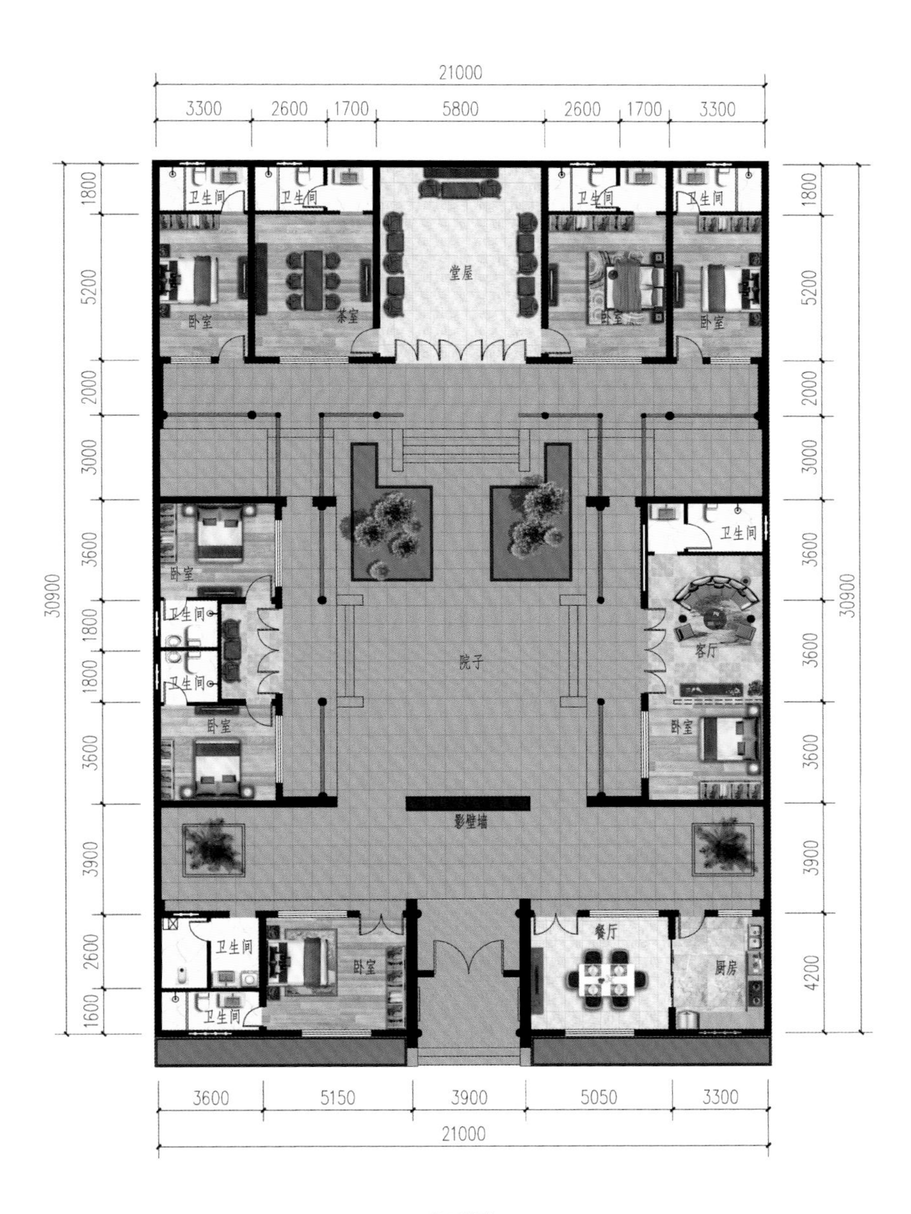

平面图

案例 11

外观效果图

户型信息

【图纸编号】267　　**【用地长度】**50 米

【建筑层数】1 层　　**【用地面积】**2000 平方米

【用地宽度】40 米　　**【建筑面积】**920.88 平方米

扫码观看相关视频

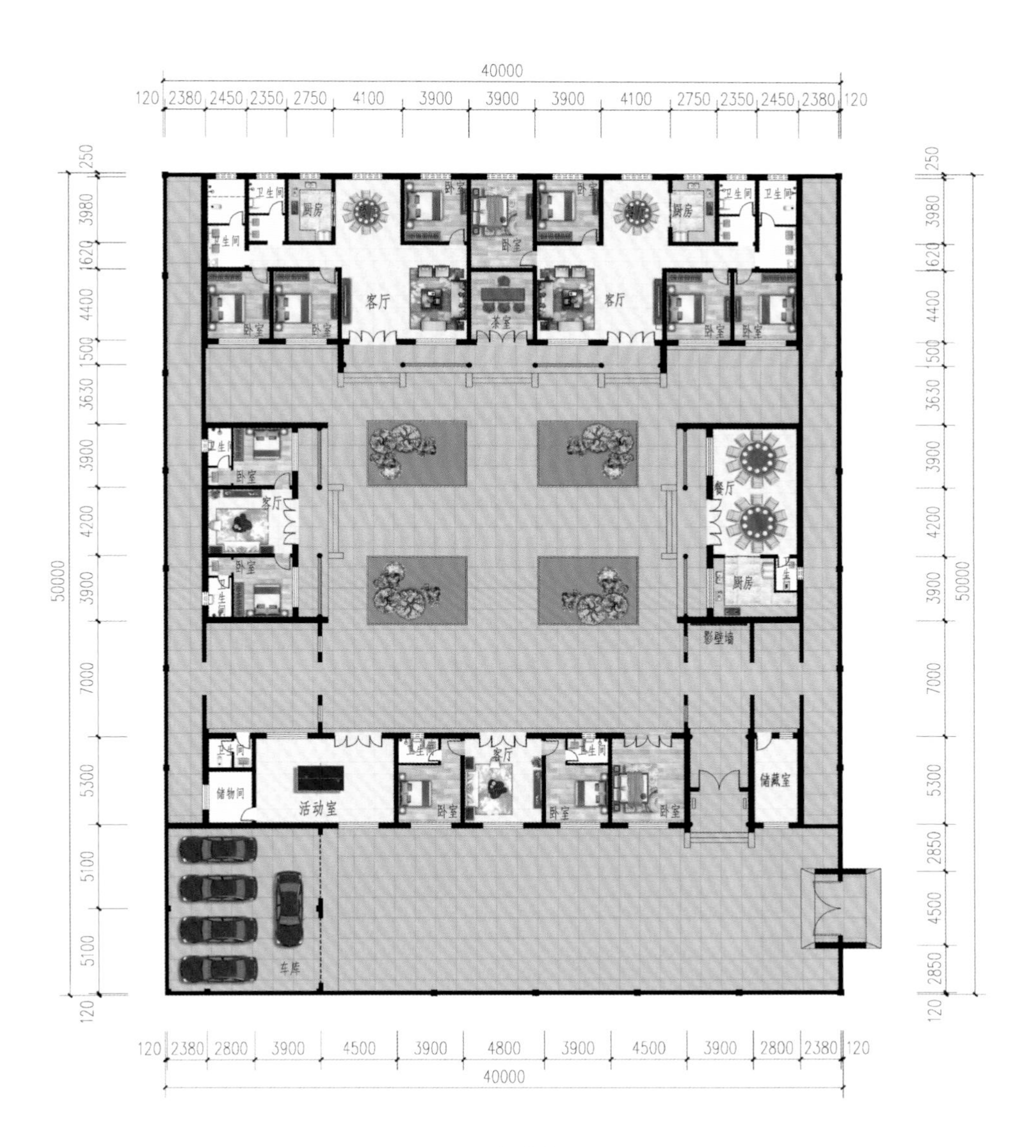

平面图

案例 12

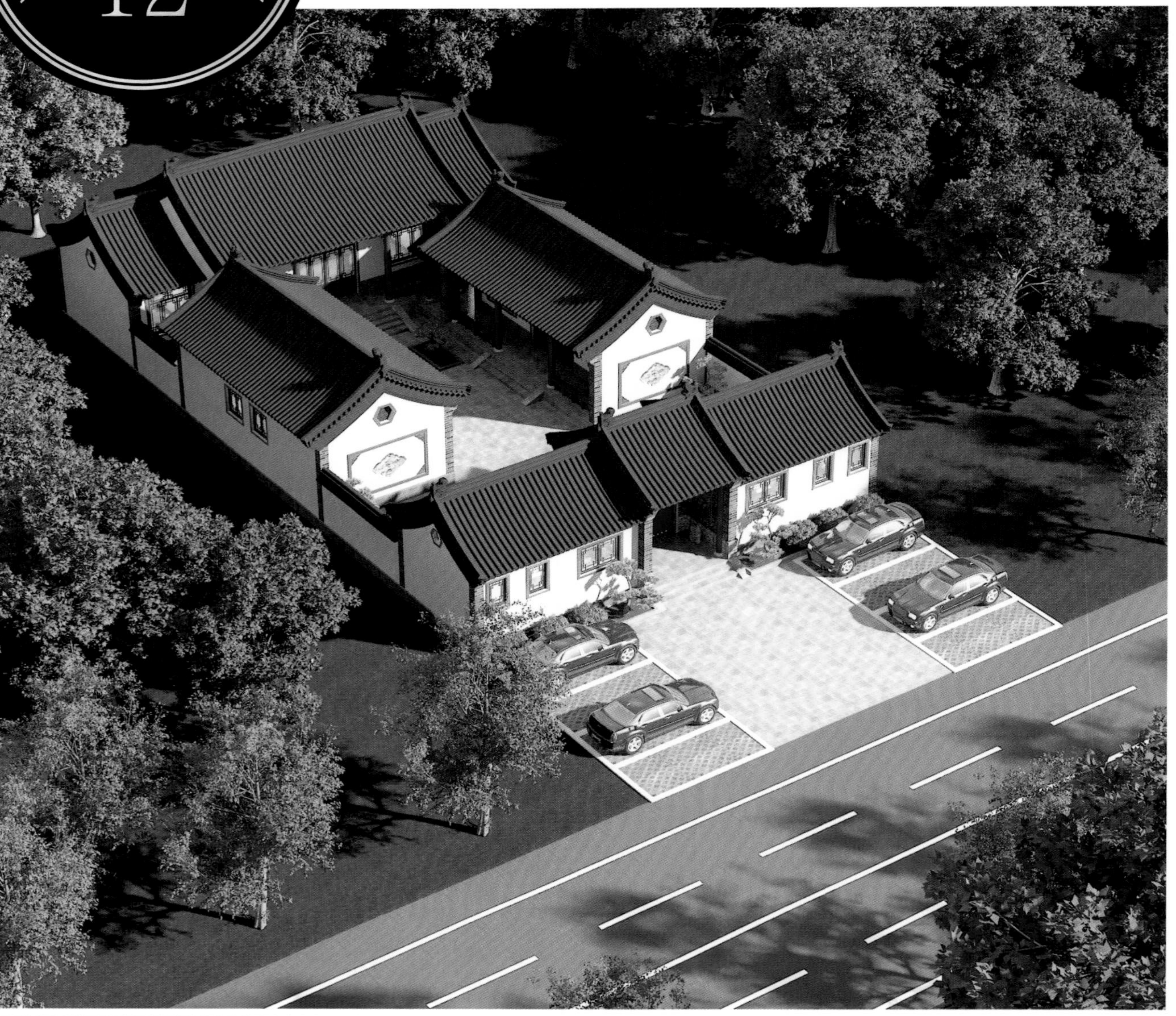

外观效果图

户型信息

【图纸编号】252
【建筑层数】1层
【用地宽度】18.5米
【用地长度】32.44米
【用地面积】600.14平方米
【建筑面积】390.38平方米

扫码观看相关视频

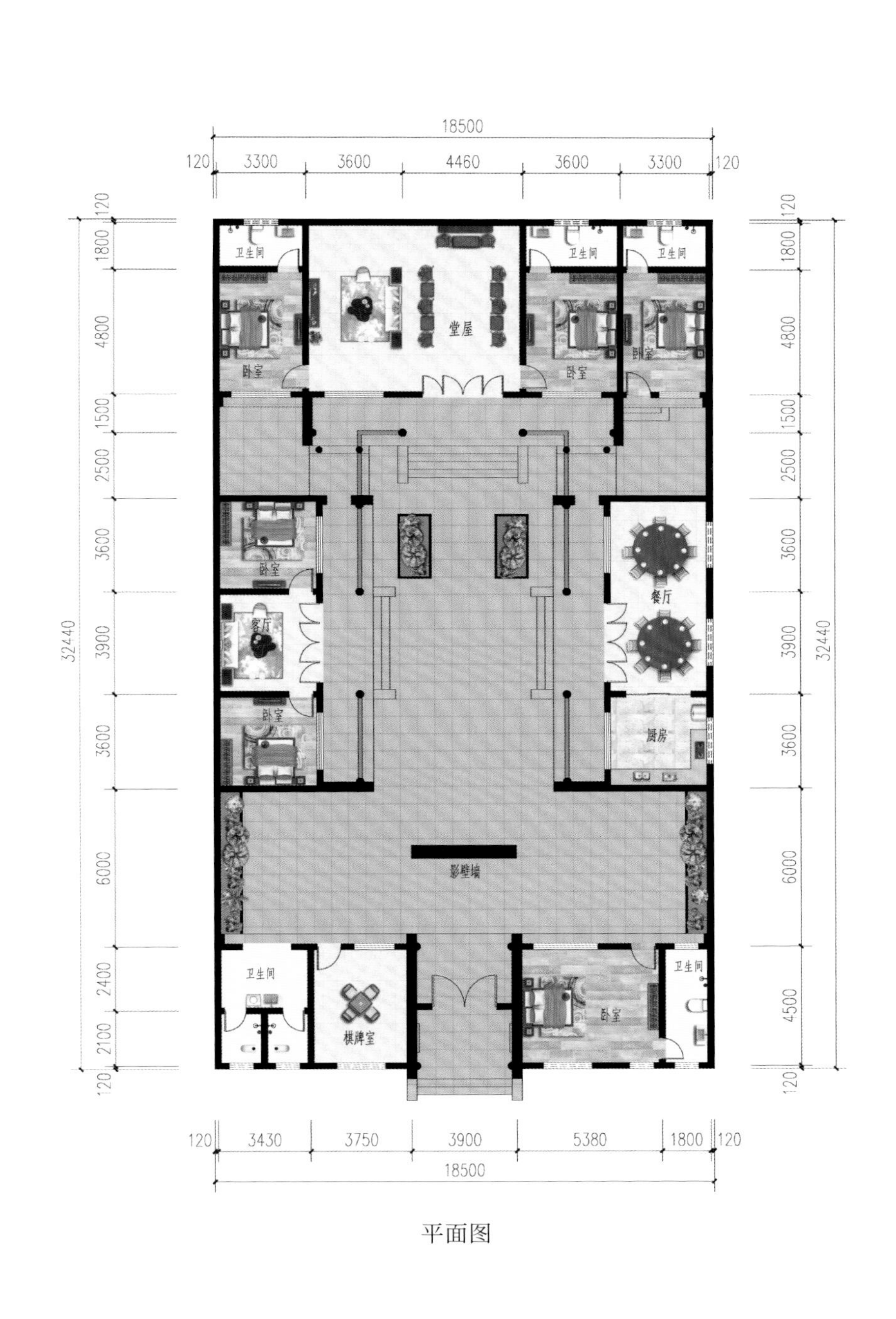

平面图

案例13

外观效果图

户型信息

【图纸编号】122

【建筑层数】1层

【用地宽度】22.00米

【用地长度】18.00米

【用地面积】396.00平方米

【建筑面积】367.89平方米

扫码观看相关视频

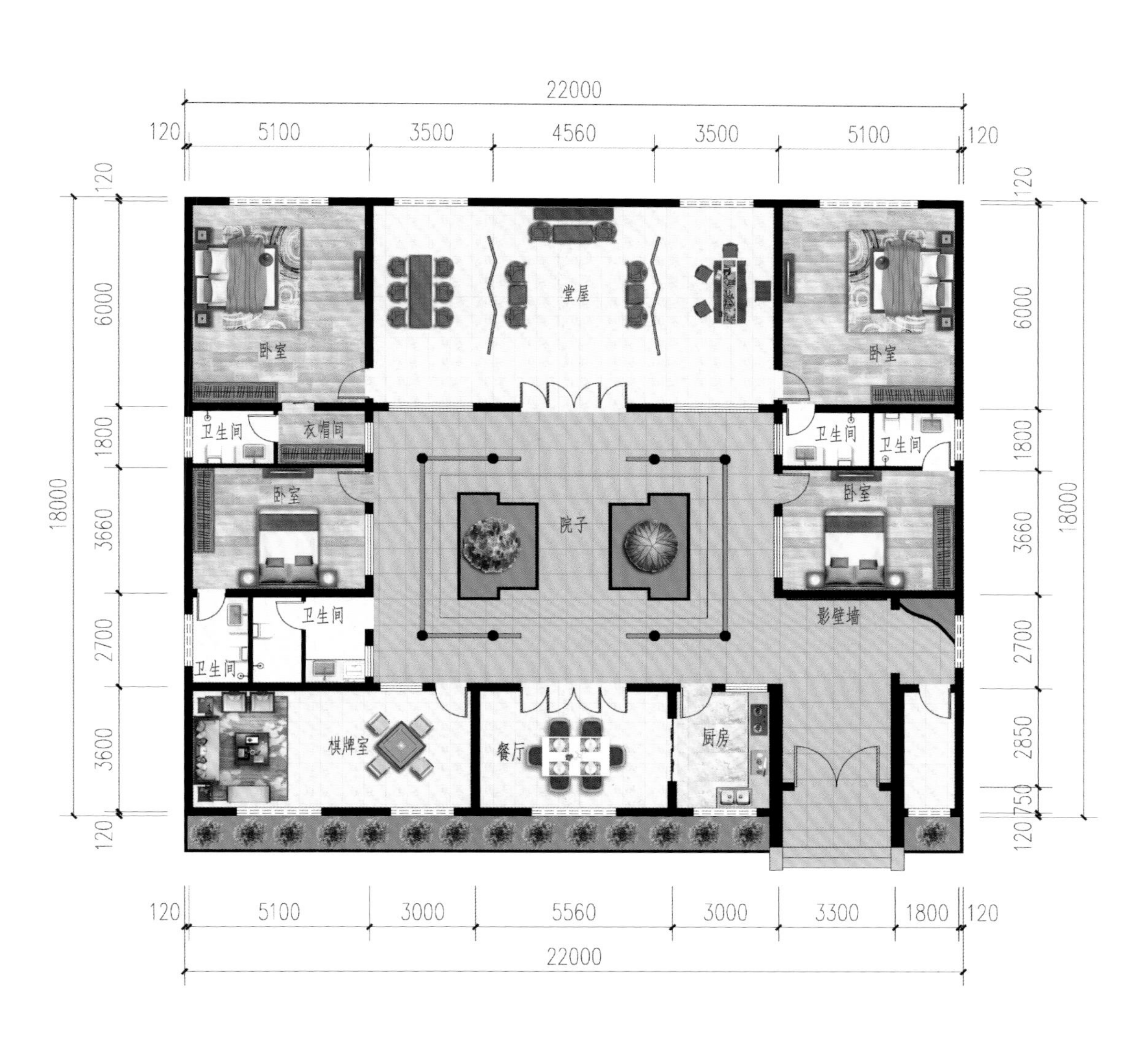

平面图

案例 14

外观效果图

户型信息

【图纸编号】124

【建筑层数】1 层

【用地宽度】21.24 米

【用地长度】24.24 米

【用地面积】514.86 平方米

【建筑面积】335.11 平方米

扫码观看相关视频

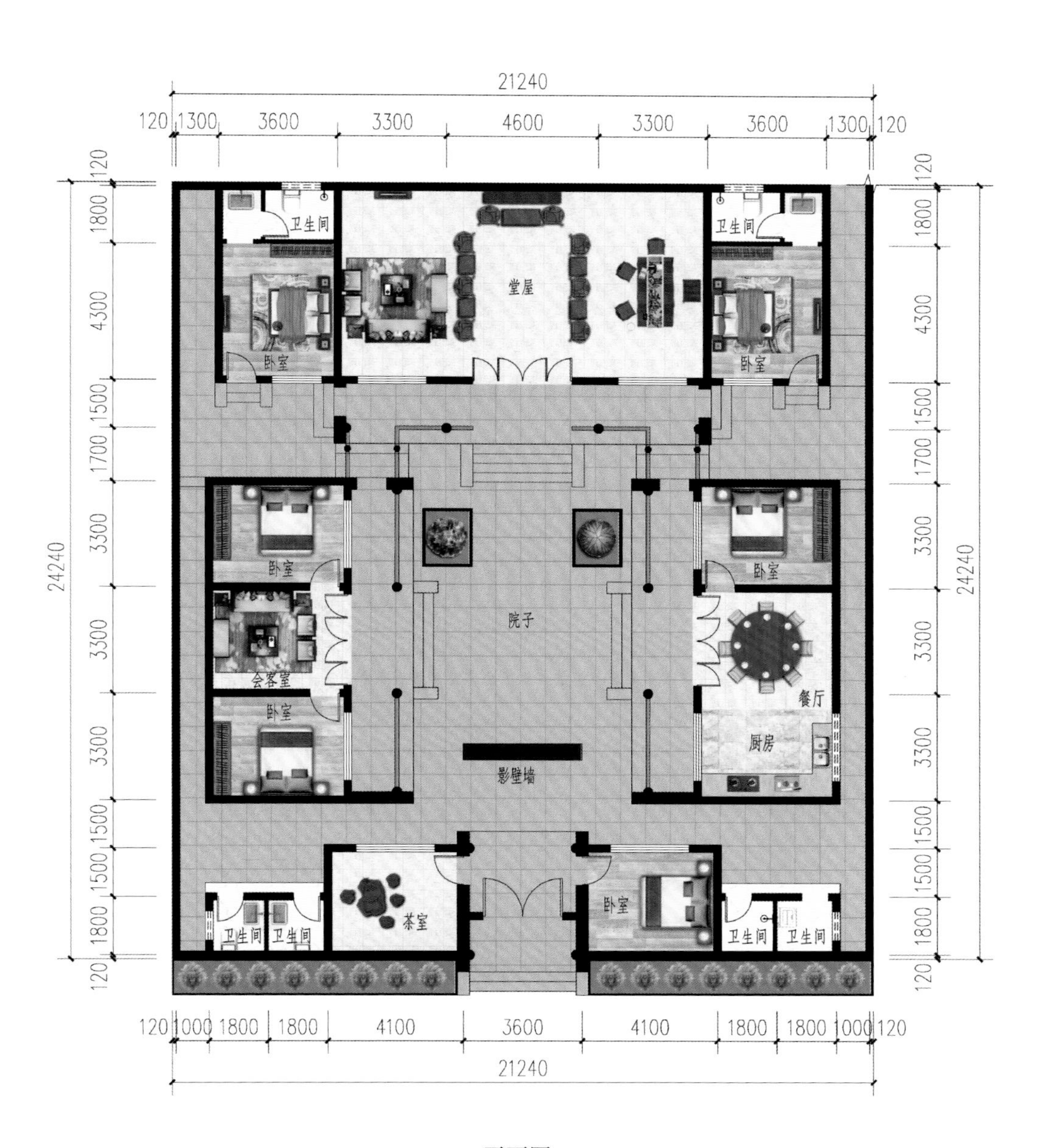

平面图

案例 15

外观效果图

户型信息

【图纸编号】125

【建筑层数】1层

【用地宽度】26.00米

【用地长度】46.50米

【用地面积】1209.00平方米

【建筑面积】802.10平方米

扫码观看相关视频

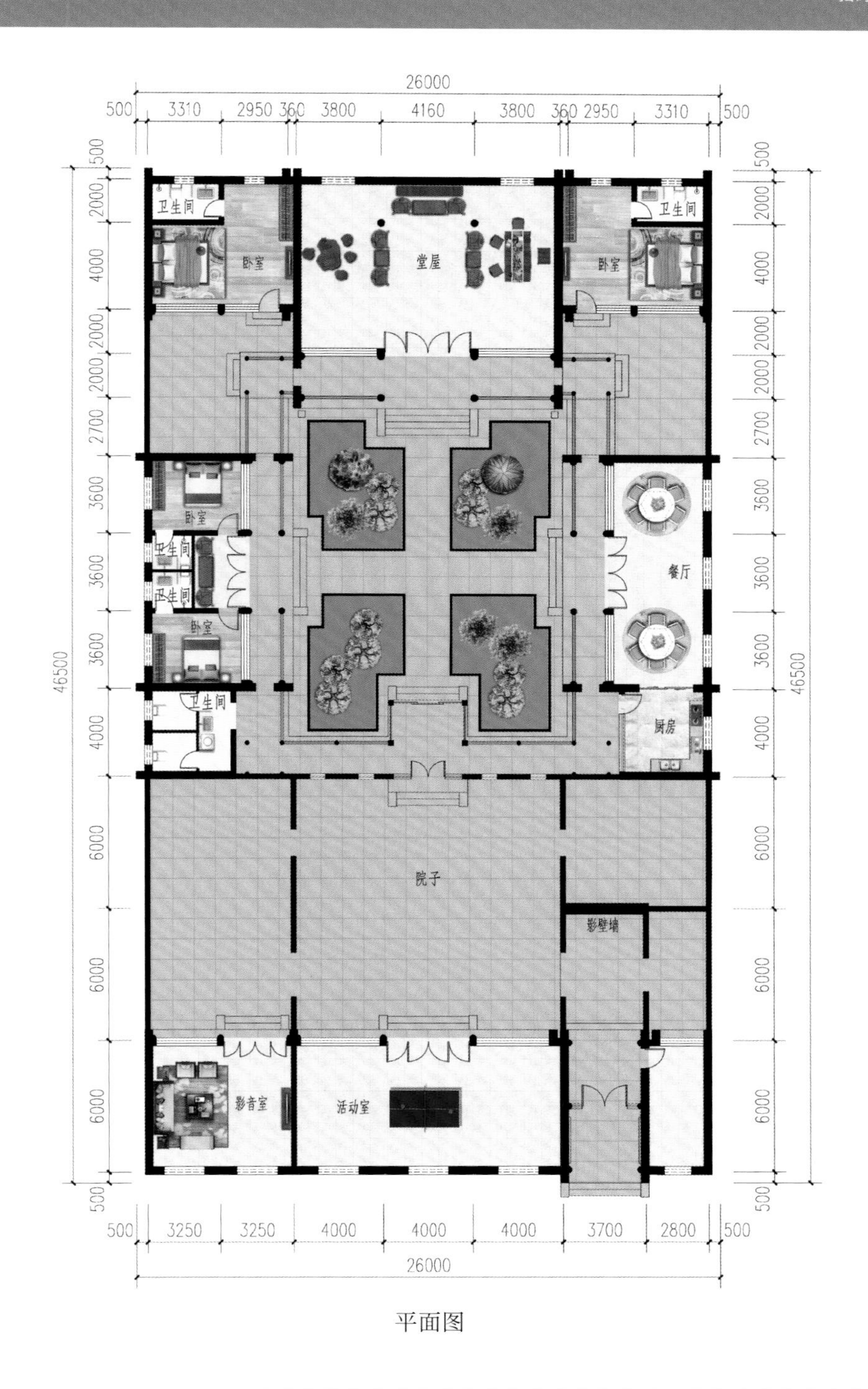

平面图

案例 16

外观效果图

户型信息

【图纸编号】131　　【用地长度】29.24 米

【建筑层数】1 层　　【用地面积】714.63 平方米

【用地宽度】24.44 米　　【建筑面积】290.00 平方米

扫码观看相关视频

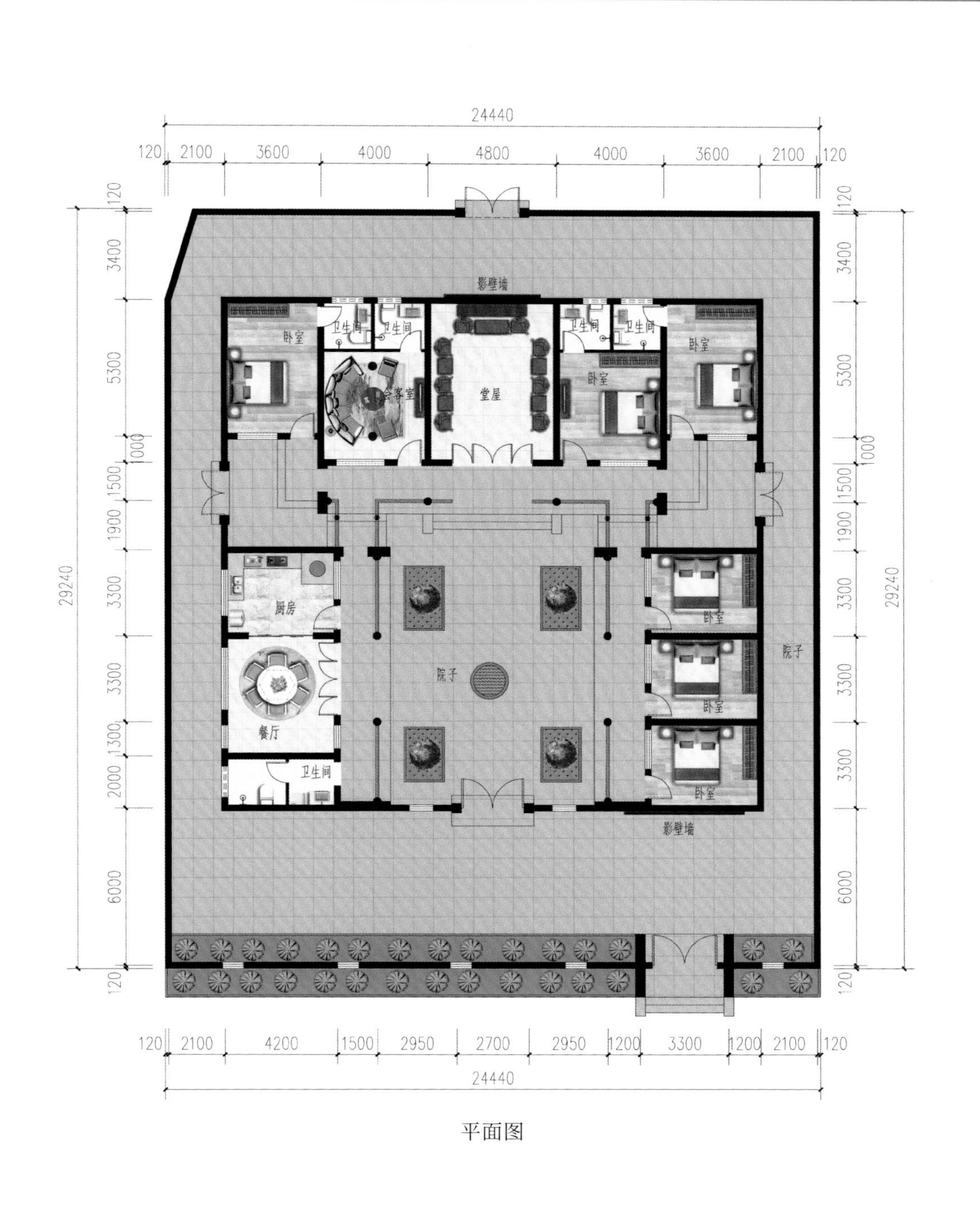

平面图

案例17

外观效果图

户型信息

【图纸编号】278

【建筑层数】1 层

【用地宽度】25.5 米

【用地长度】37.5 米

【用地面积】956.25 平方米

【建筑面积】598.07 平方米

扫码观看相关视频

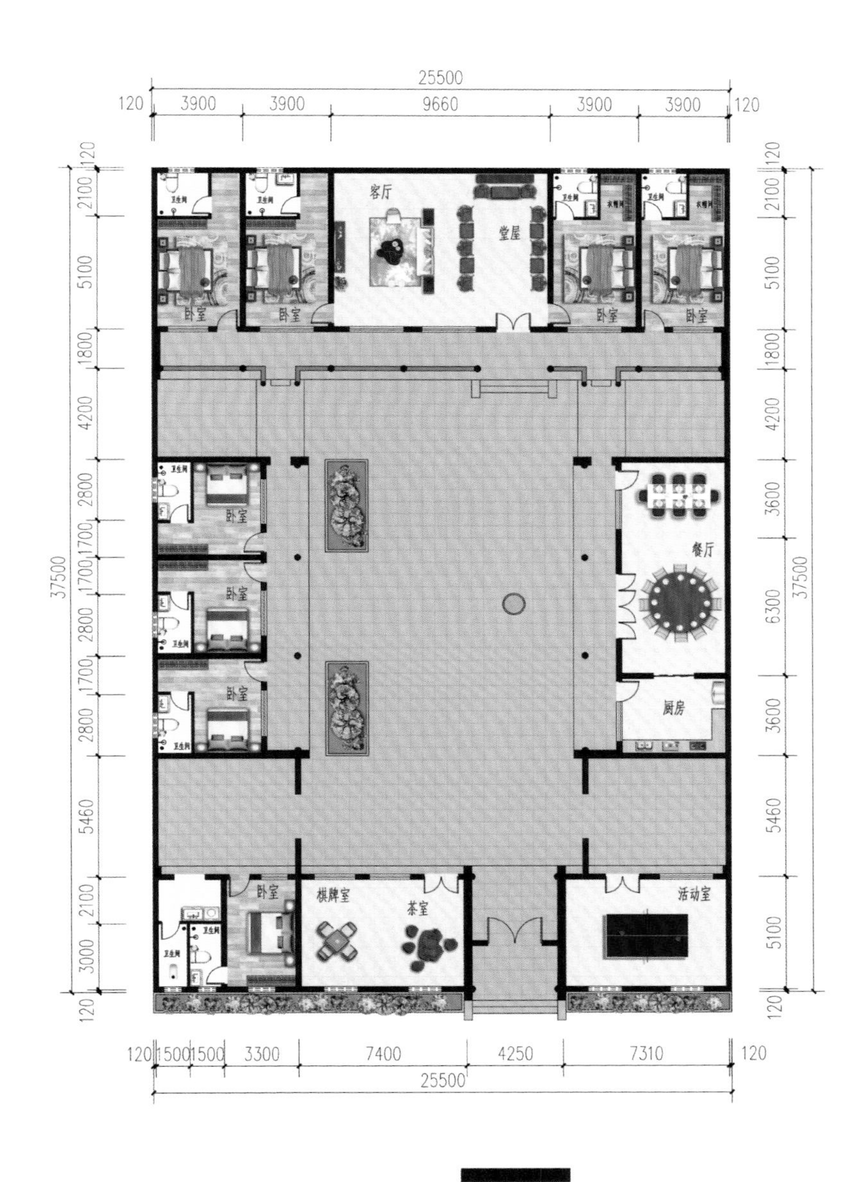

平面图

案例 18

外观效果图

户型信息

【图纸编号】091

【建筑层数】2 层

【用地宽度】30.50 米

【用地长度】23.50 米

【用地面积】716.75 平方米

【建筑面积】571.23 平方米

扫码观看相关视频

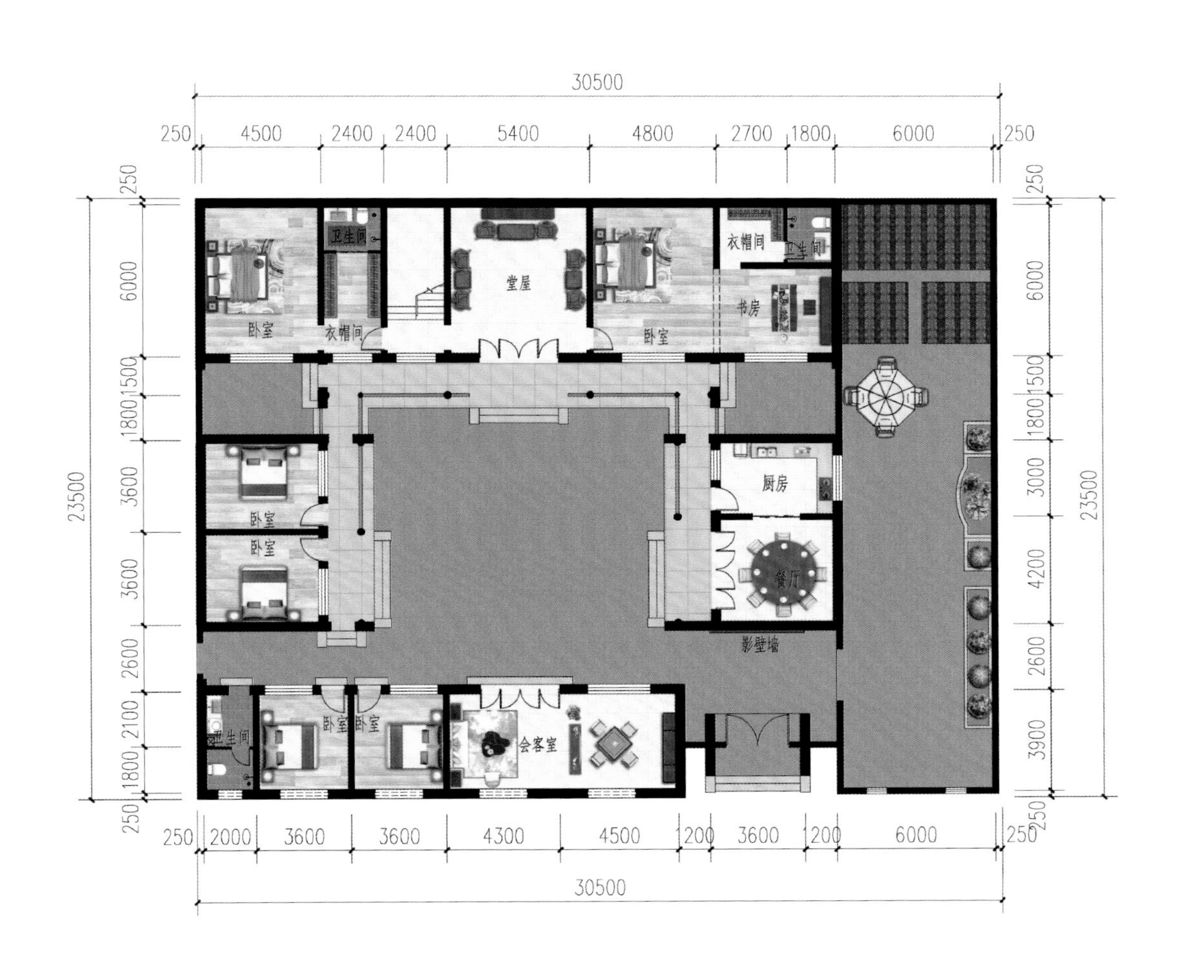

一层平面图

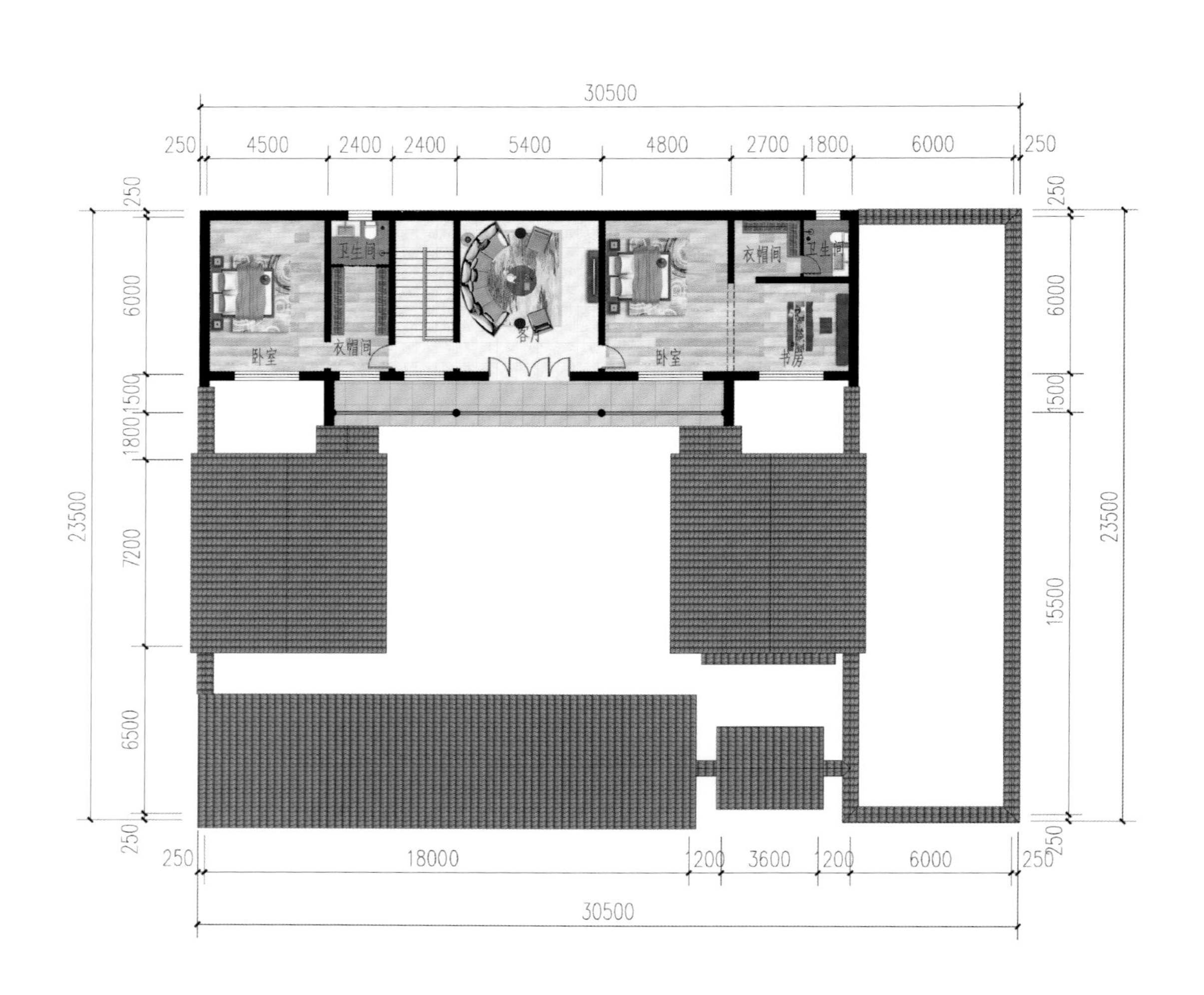
30500
250
4500
2400
2400
5400
4800
2700
1800
6000
250
卫生间
卧室
衣帽间
客厅
卧室
衣帽间
卫生间
书房
6000
1500
1800
7200
6500
23500
15500
18000
1200
3600
1200
6000

二层平面图

案例 19

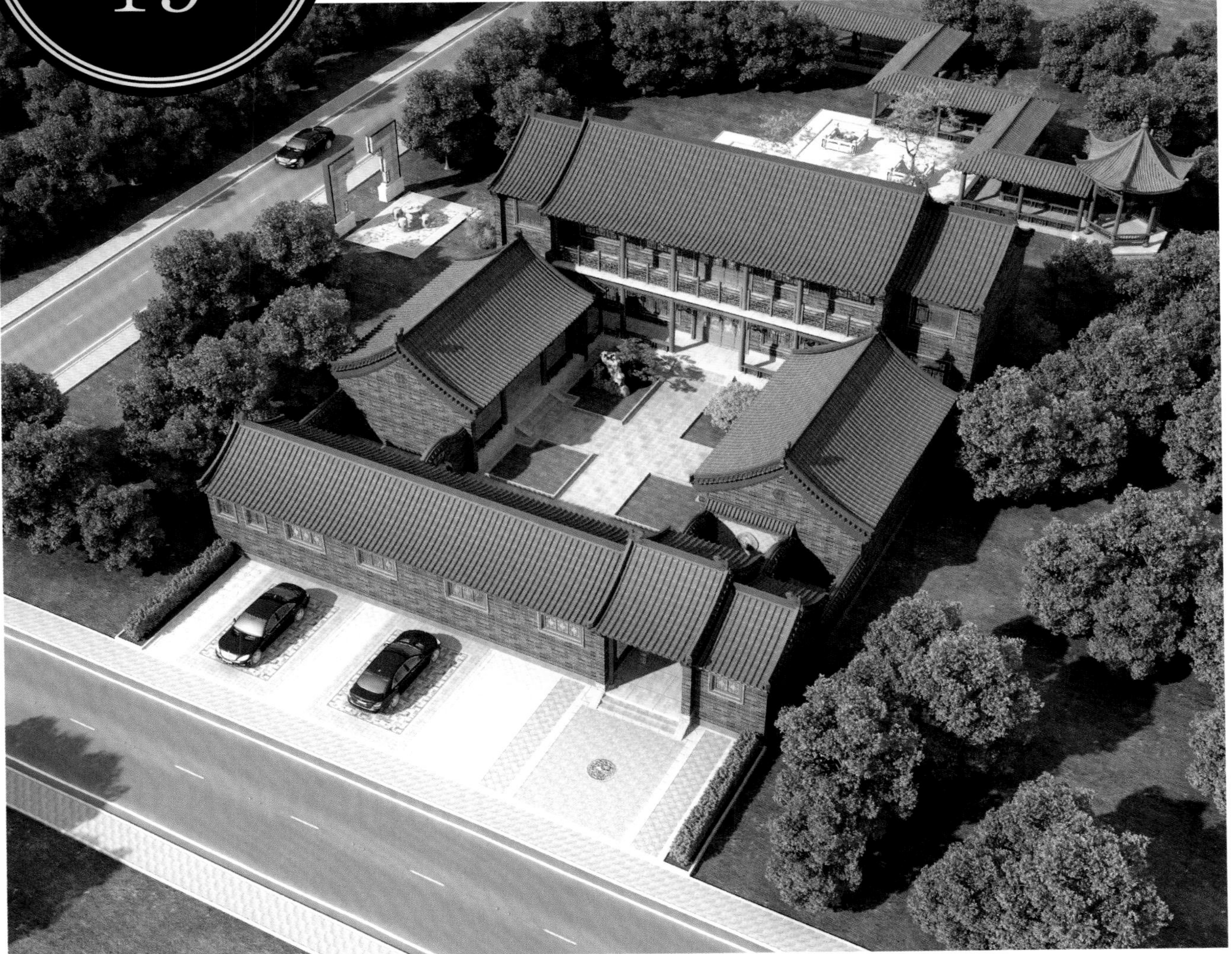

外观效果图

户型信息

【图纸编号】096　　【用地长度】32.24 米

【建筑层数】2 层　　【用地面积】894.34 平方米

【用地宽度】27.74 米　　【建筑面积】863.65 平方米

扫码观看相关视频

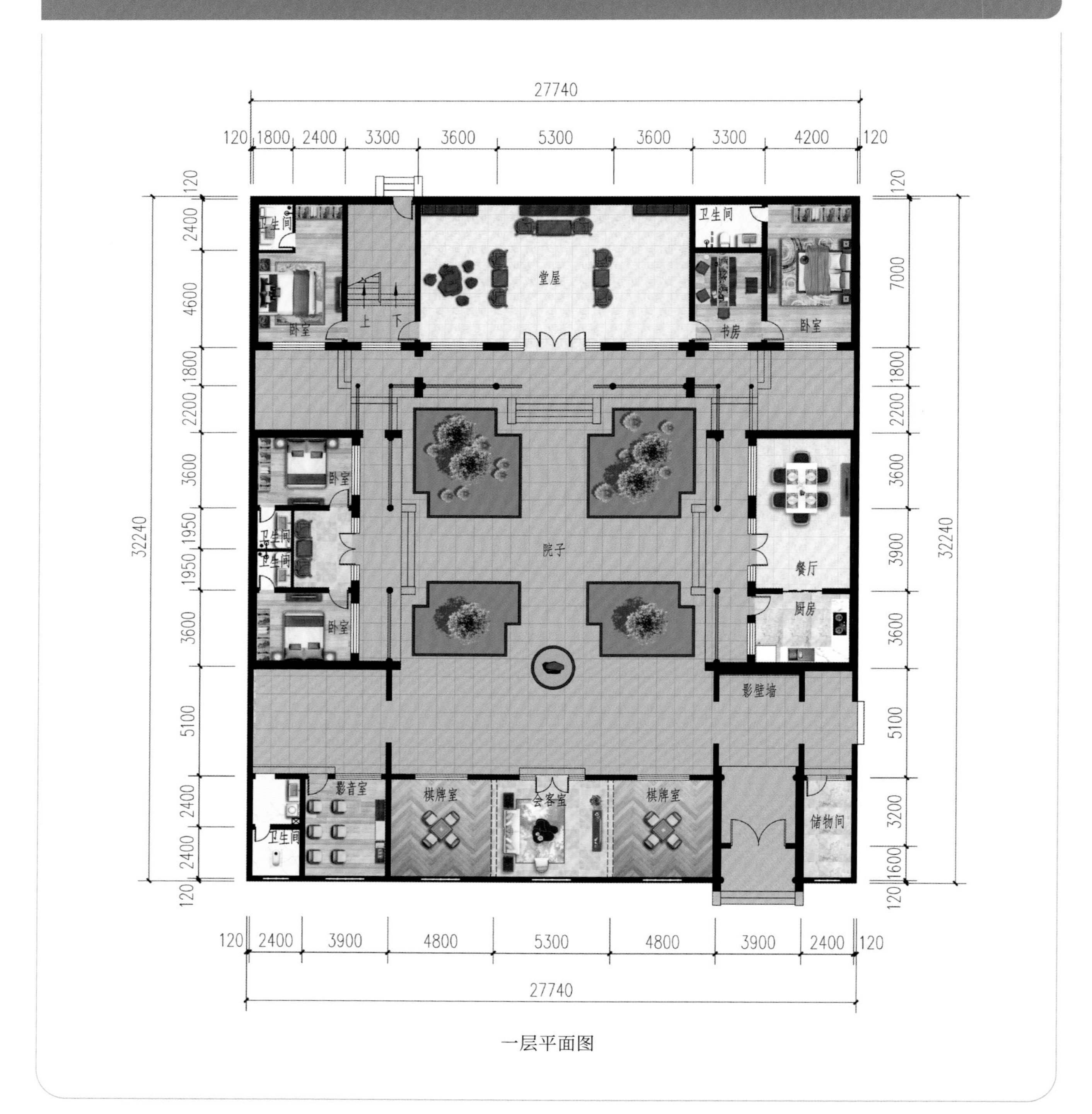

一层平面图

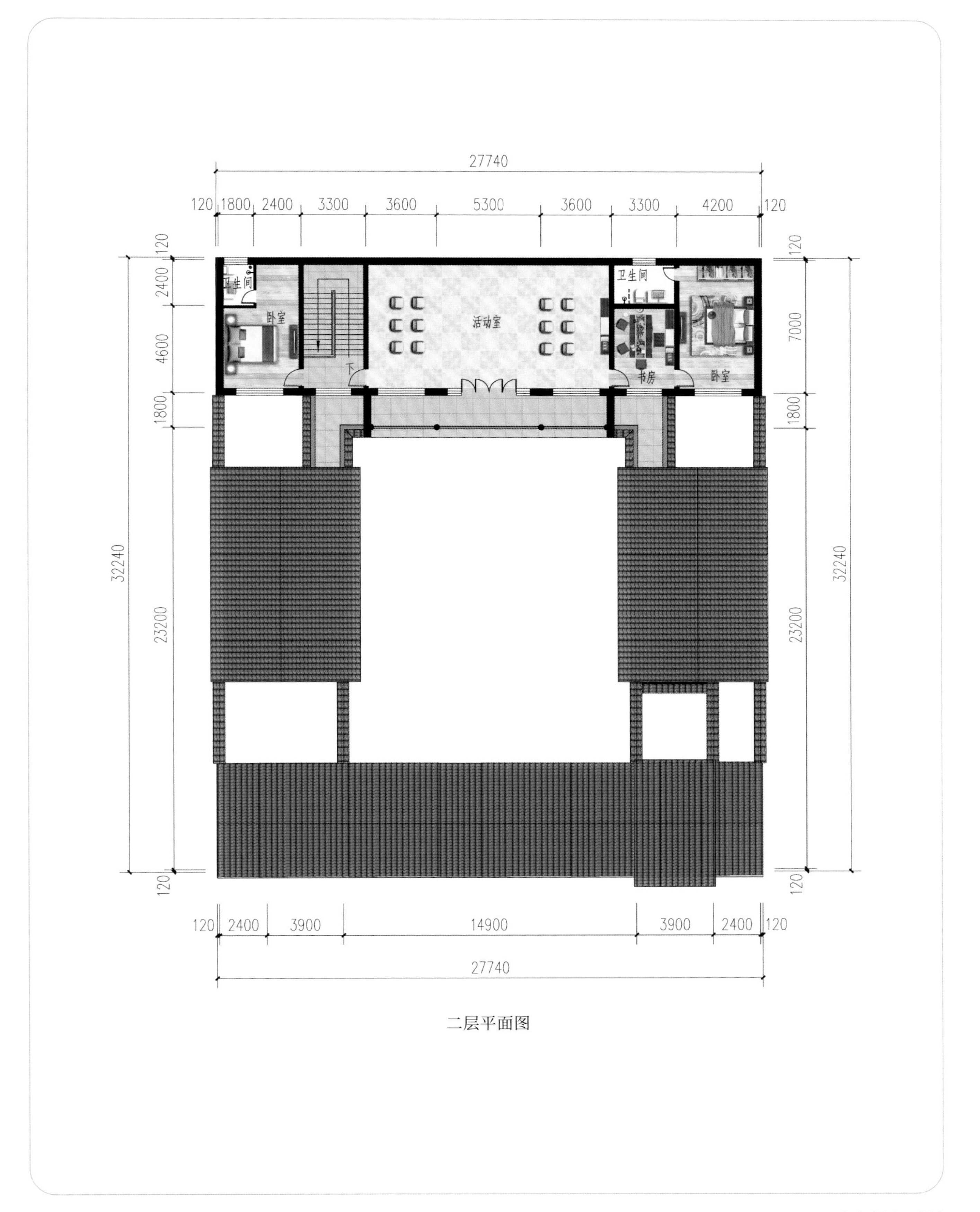
27740
120
1800
2400
3300
3600
5300
3600
3300
4200
120
卫生间
卧室
活动室
卫生间
书房
卧室
下
2400
4600
1800
7000
32240
23200
120
14900
3900

二层平面图

案例 20

外观效果图

户型信息

【图纸编号】108

【建筑层数】2 层

【用地宽度】20.24 米

【用地长度】24.24 米

【用地面积】490.62 平方米

【建筑面积】472.42 平方米

扫码观看相关视频

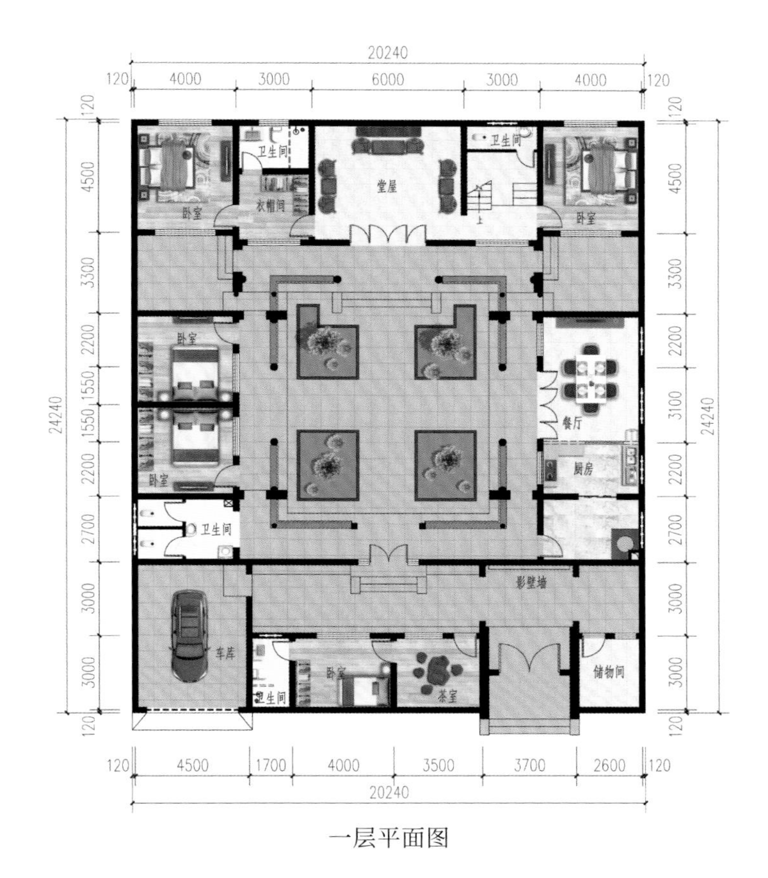

一层平面图

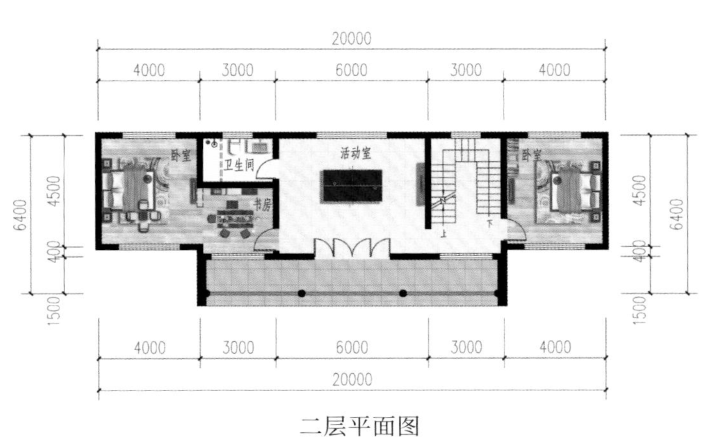

二层平面图

案例21

外观效果图

户型信息

【图纸编号】126

【建筑层数】2 层

【用地宽度】16.24 米

【用地长度】30.24 米

【用地面积】491.10 平方米

【建筑面积】474.86 平方米

扫码观看相关视频

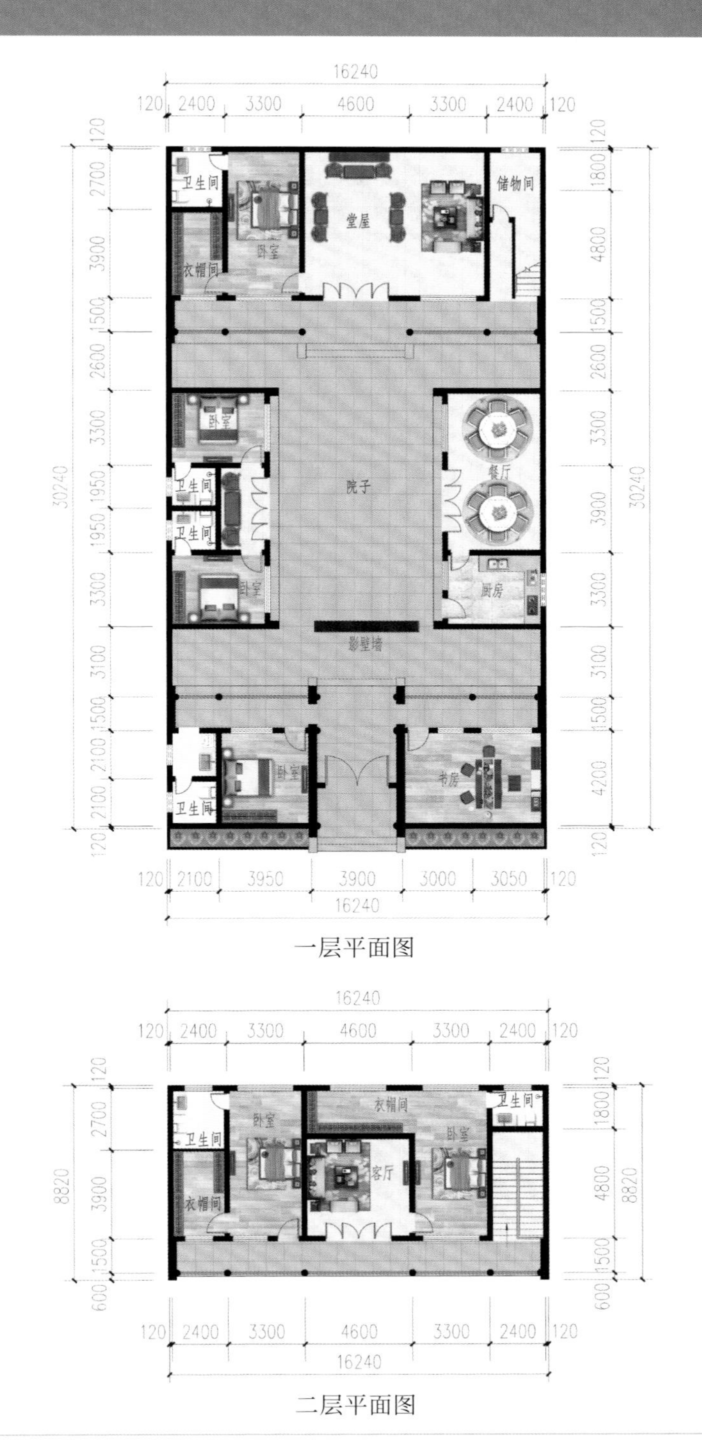

一层平面图

二层平面图

案例 22

外观效果图

户型信息

【图纸编号】198

【建筑层数】2 层

【用地宽度】36.74 米

【用地长度】26.74 米

【用地面积】982.43 平方米

【建筑面积】806.82 平方米

扫码观看相关视频

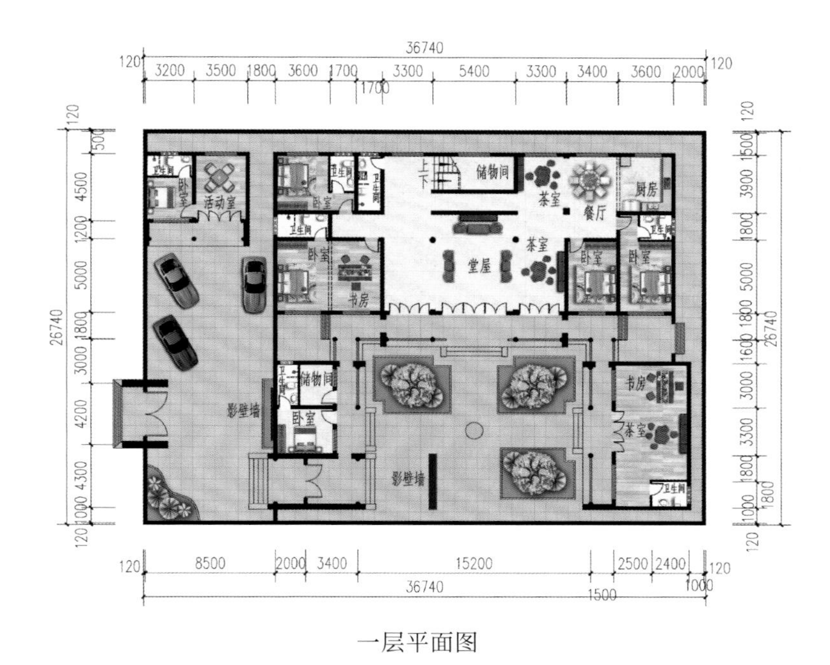

一层平面图

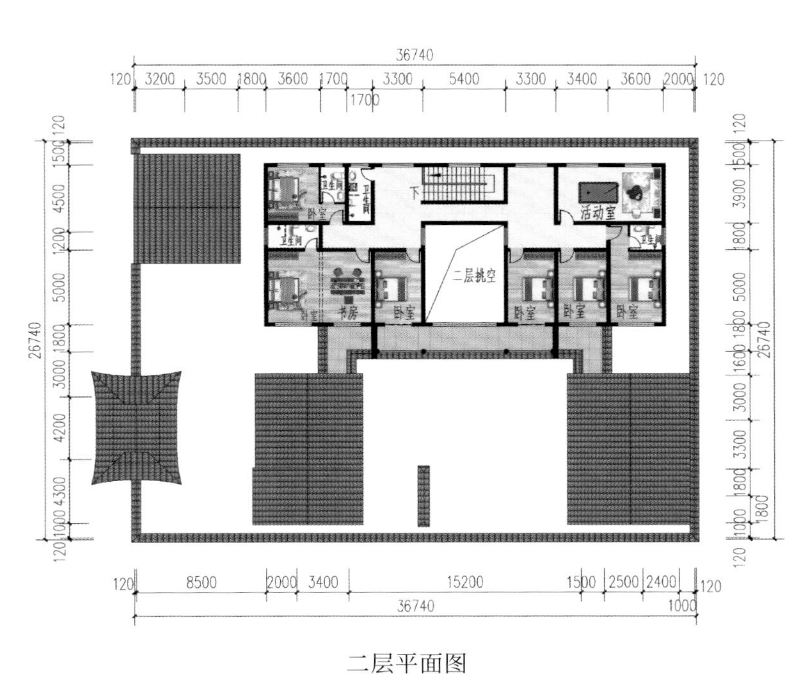

二层平面图

案例 23

外观效果图

户型信息

【图纸编号】137　　【用地长度】39.24 米

【建筑层数】2 层　　【用地面积】1108.14 平方米

【用地宽度】28.24 米　　【建筑面积】428.59 平方米

扫码观看相关视频

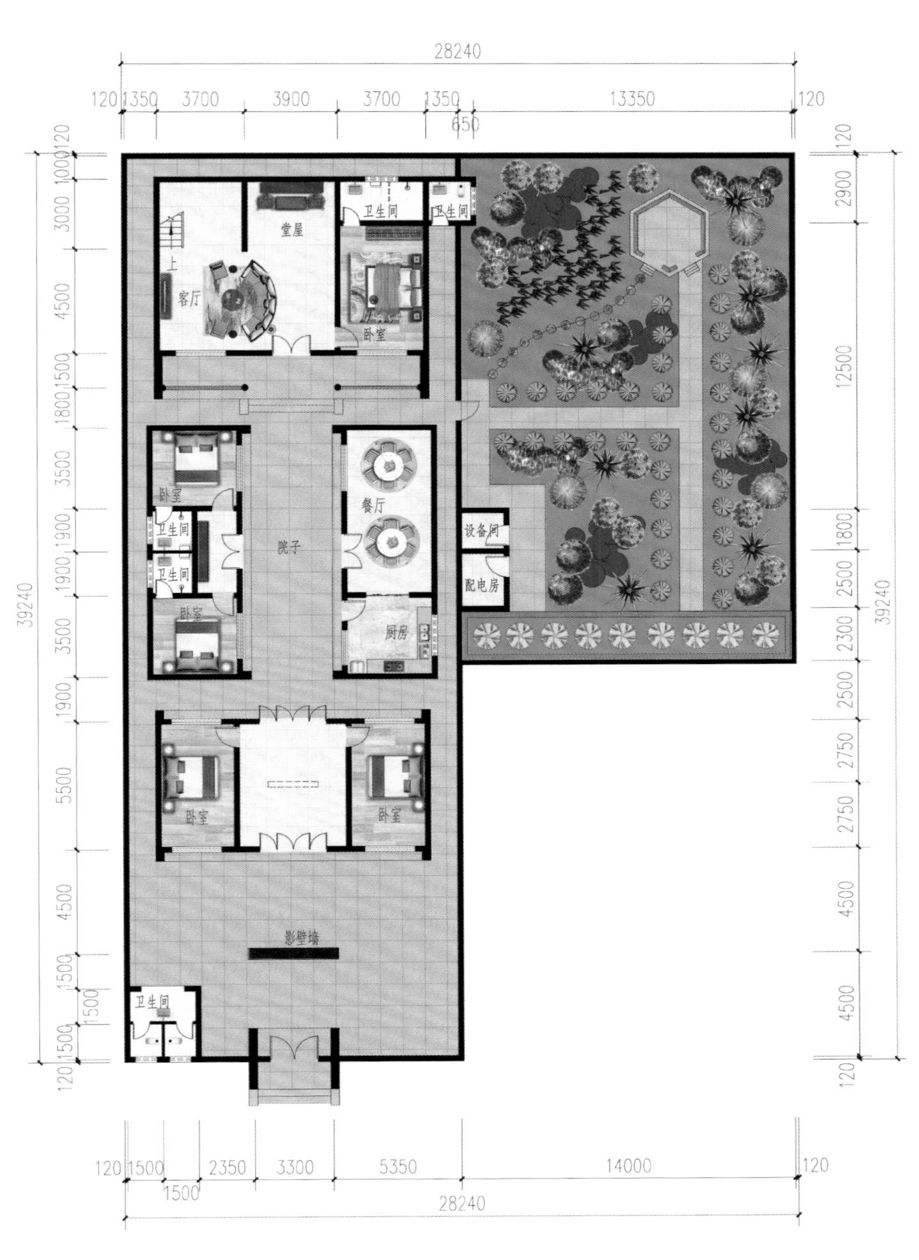

一层平面图

◆ 注：主房二层布局与一层相同。

案例 24

外观效果图

户型信息

【图纸编号】258
【建筑层数】2 层
【用地宽度】19.7 米
【用地长度】32.1 米
【用地面积】632.37 平方米
【建筑面积】693.07 平方米

扫码观看相关视频

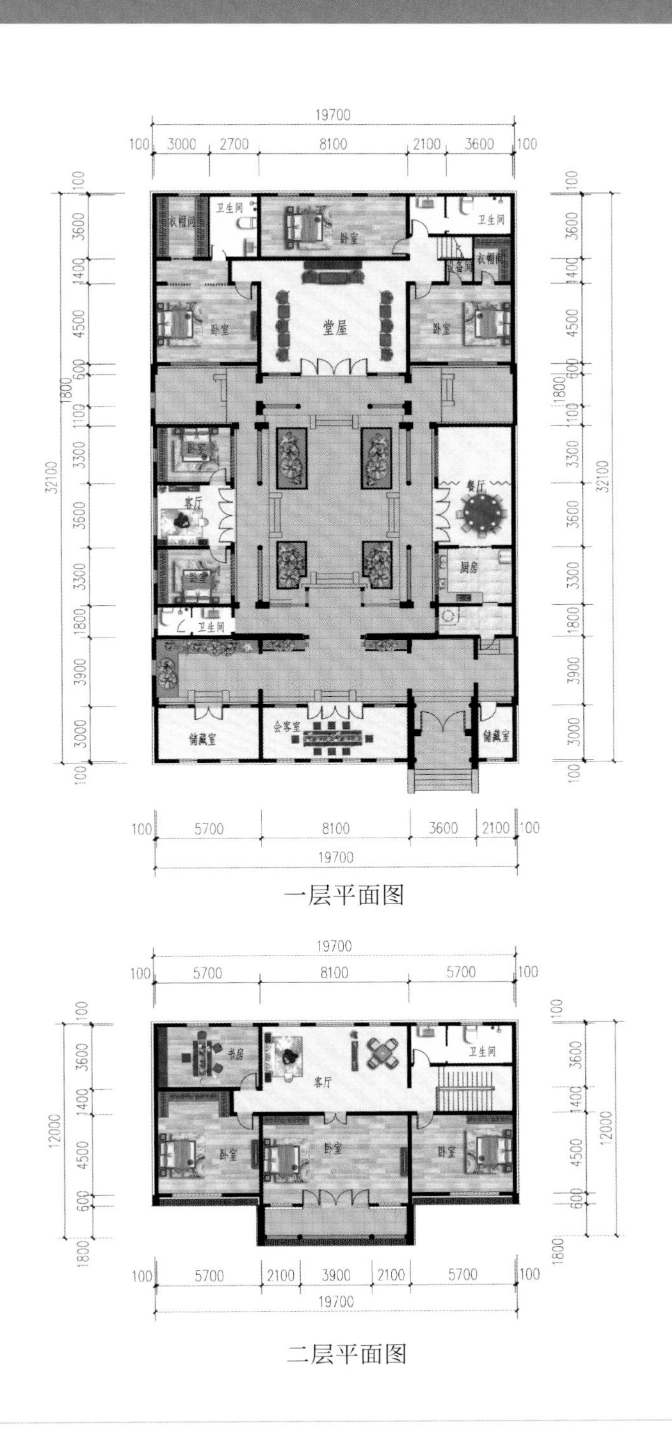

一层平面图

二层平面图

案例 25

外观效果图

户型信息

【图纸编号】148

【建筑层数】2 层

【用地宽度】23.24 米

【用地长度】33.64 米

【用地面积】781.79 平方米

【建筑面积】625.01 平方米

扫码观看相关视频

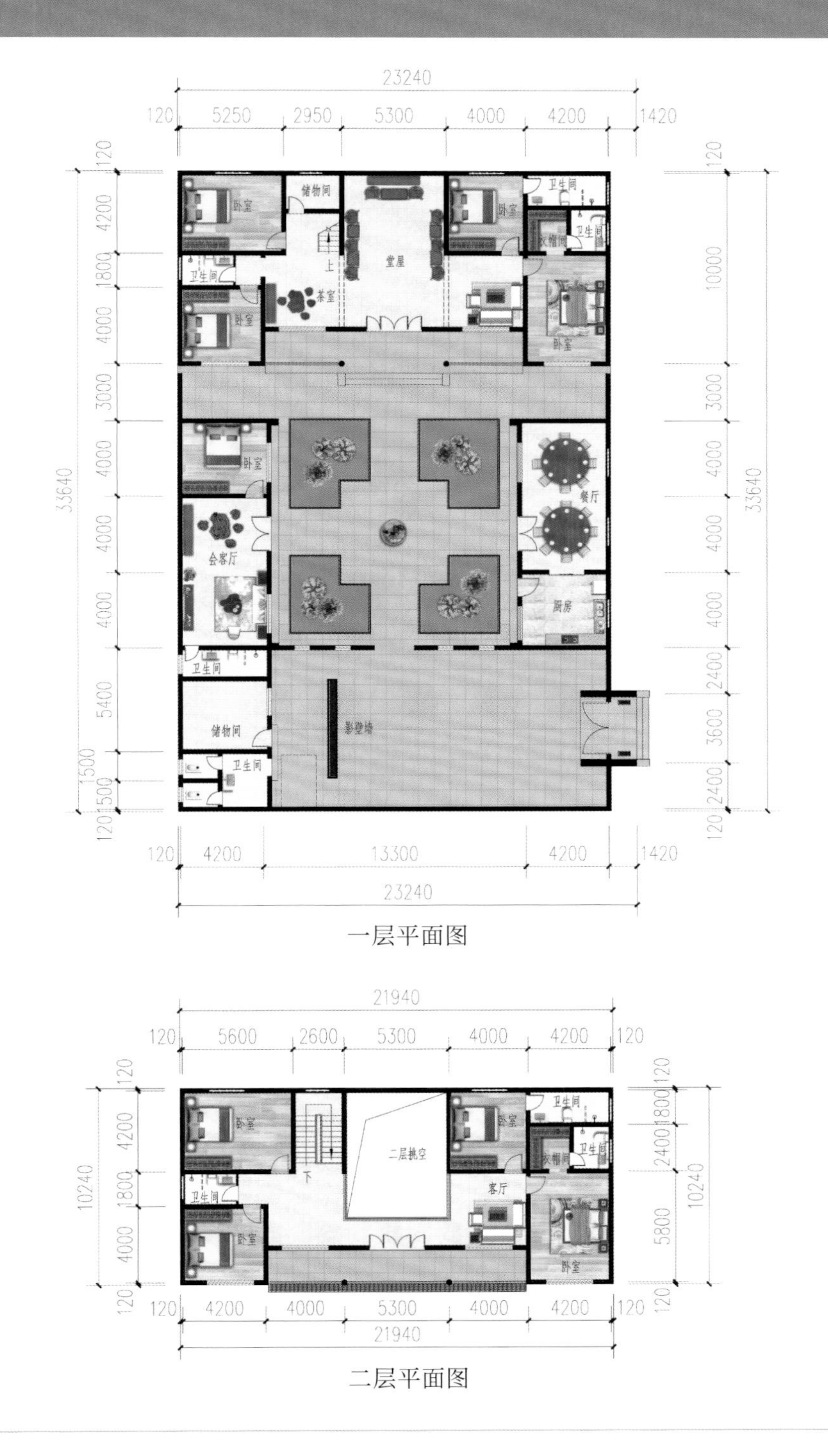

一层平面图

二层平面图

案例 26

外观效果图

户型信息

【图纸编号】240　　【用地长度】43.50 米

【建筑层数】2 层　　【用地面积】1201.91 平方米

【用地宽度】27.63 米　　【建筑面积】821.05 平方米

扫码观看相关视频

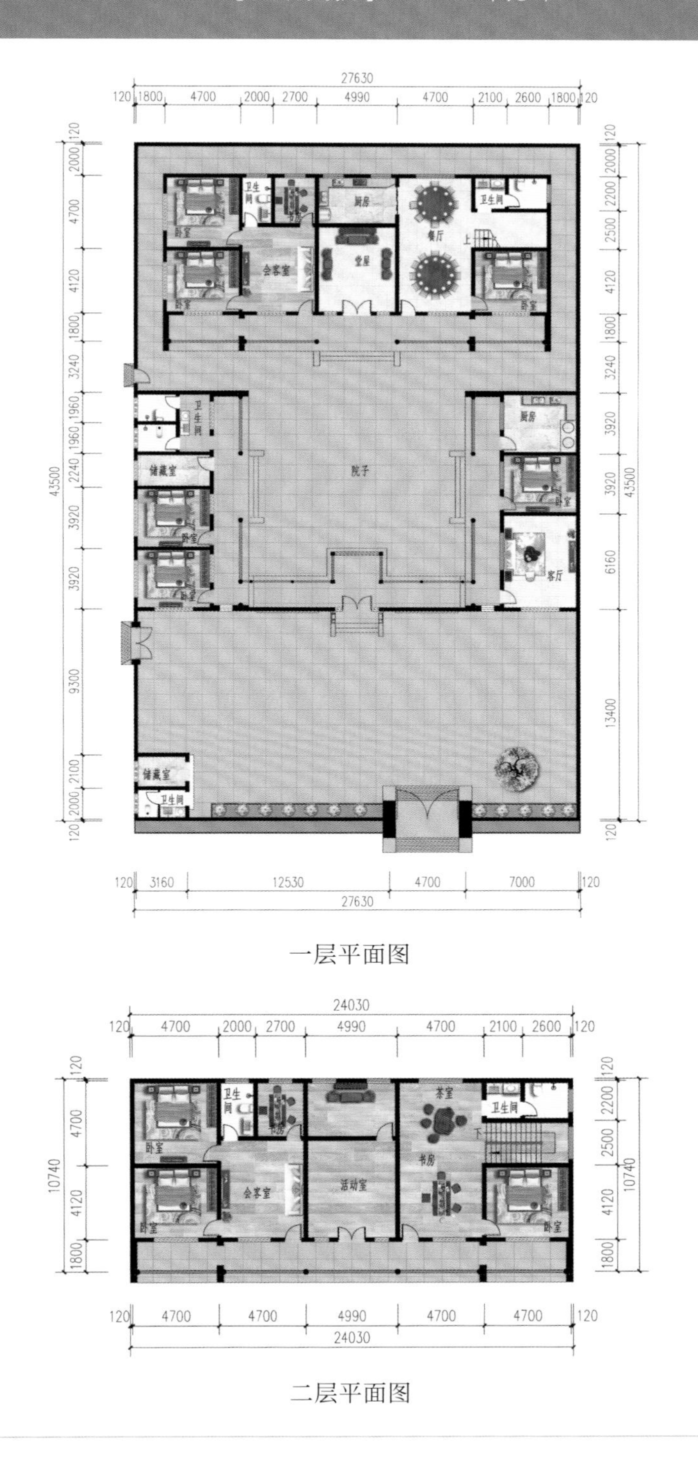

一层平面图

二层平面图

案例 27

外观效果图

院子效果图

户型信息

【图纸编号】192

【建筑层数】2 层

【用地宽度】19.94 米

【用地长度】24.64 米

【用地面积】491.32 平方米

【建筑面积】567.46 平方米

扫码观看相关视频

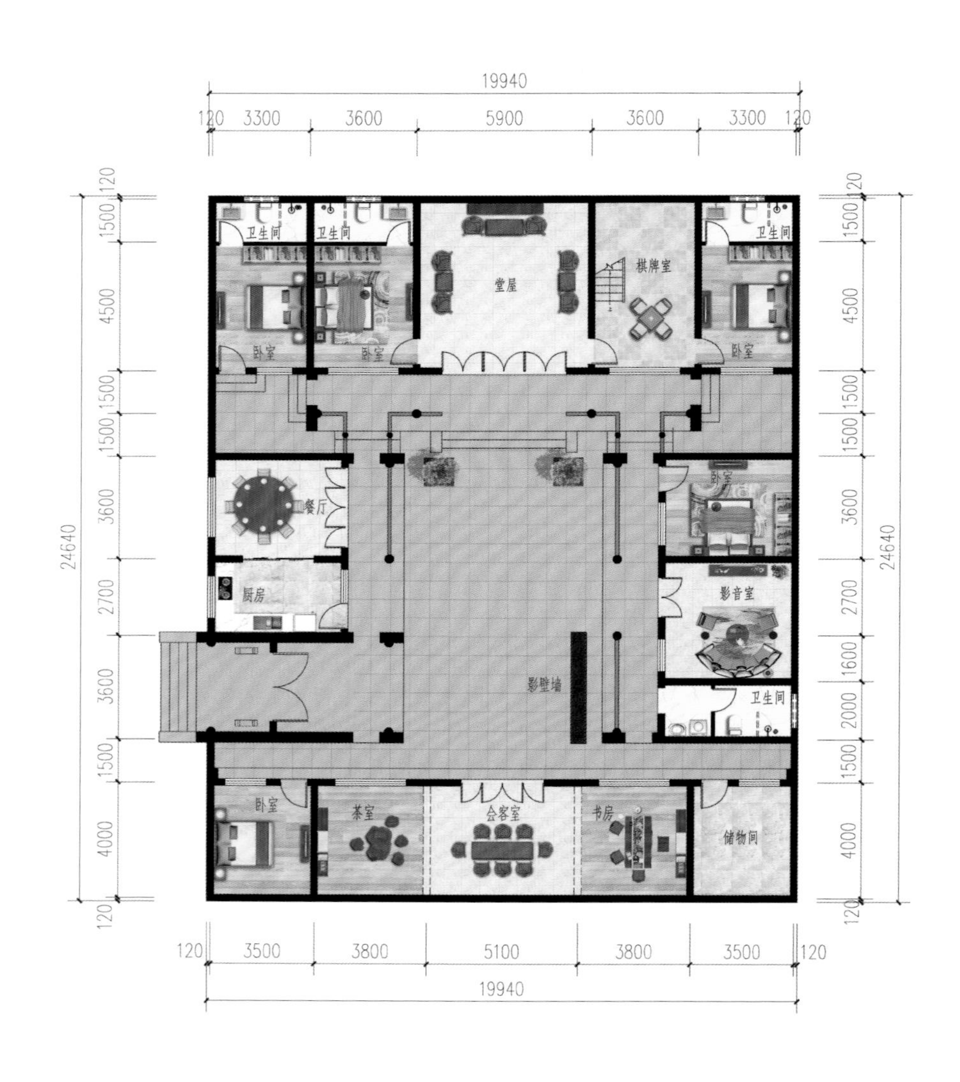

一层平面图

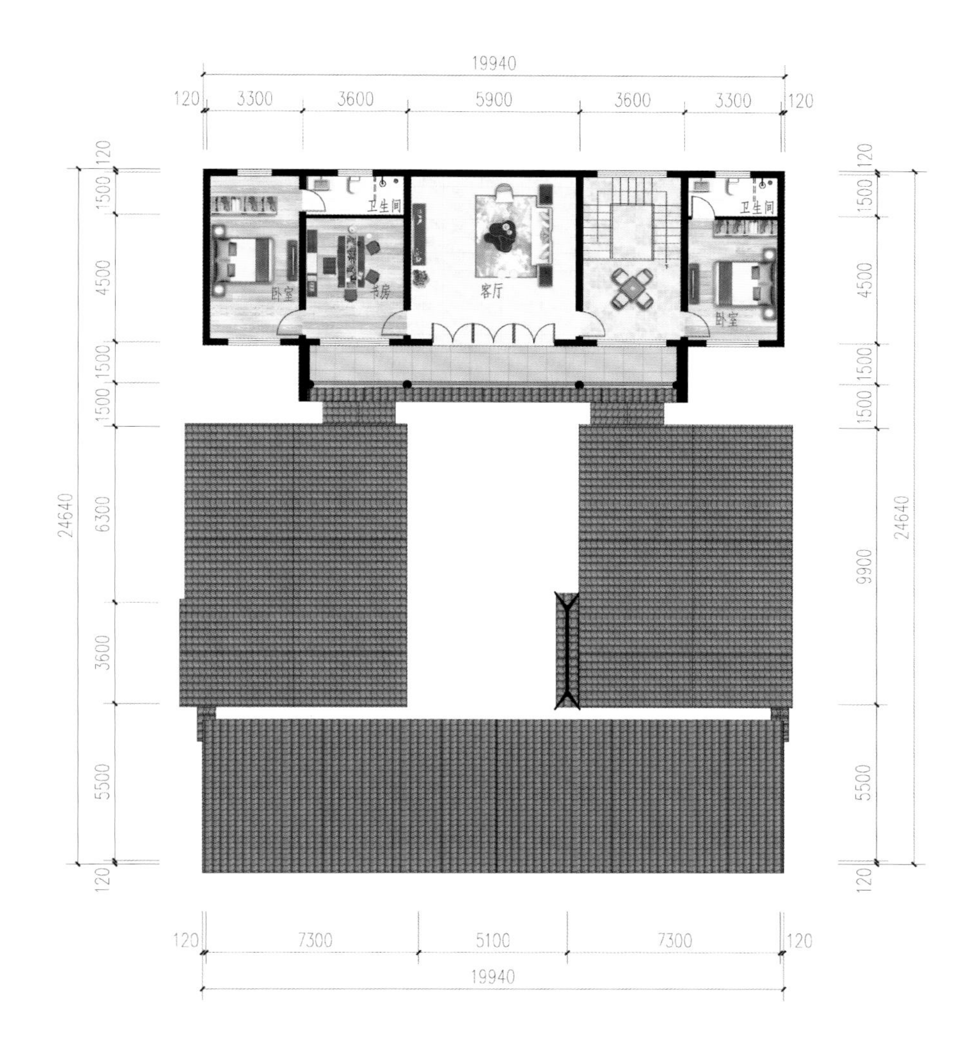
19940
120
3300
3600
5900
3600
3300
120
卫生间
卫生间
卧室
书房
客厅
卧室
120
1500
4500
1500
1500
6300
3600
5500
120
24640
9900
7300
5100
7300

二层平面图

案例 28

外观效果图

户型信息

【图纸编号】237　　【用地长度】42.6 米

【建筑层数】3 层　　【用地面积】1286.52 平方米

【用地宽度】30.2 米　　【建筑面积】1922.98 平方米

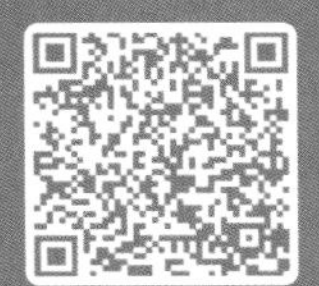

扫码观看相关视频

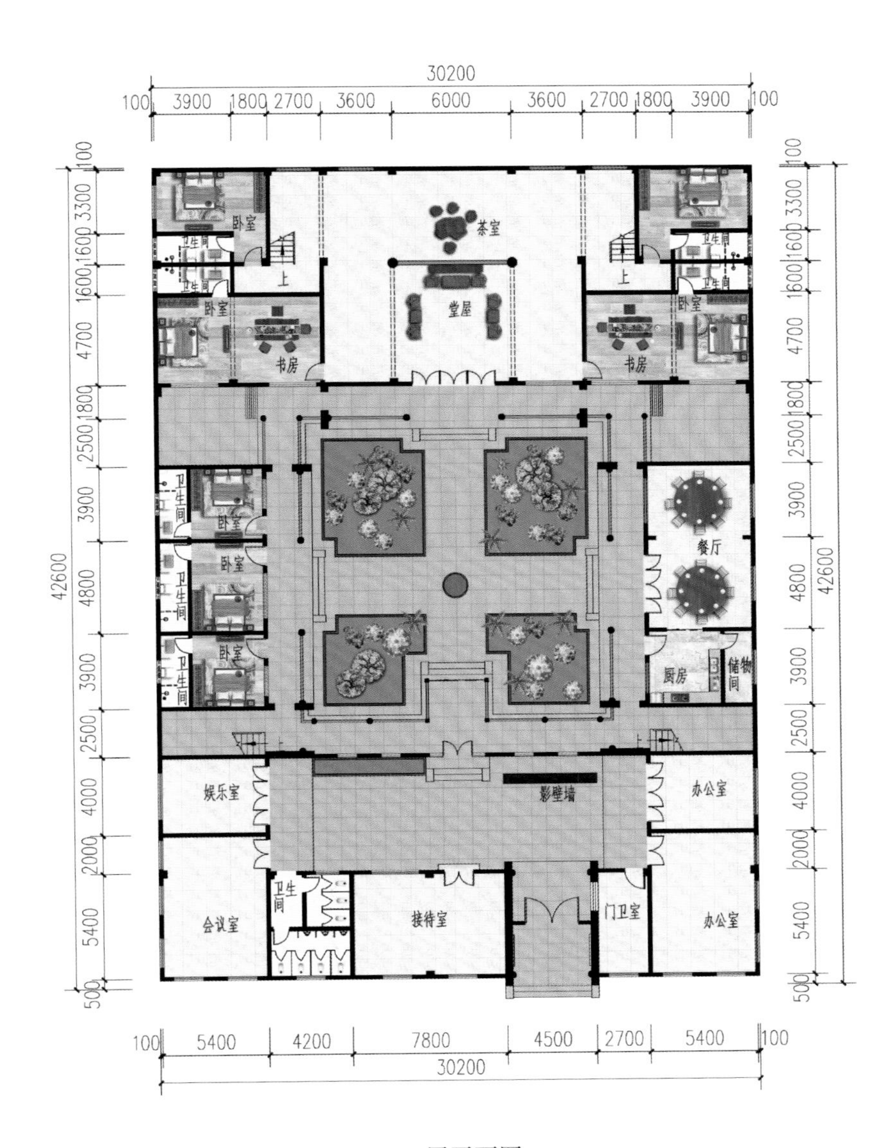

一层平面图

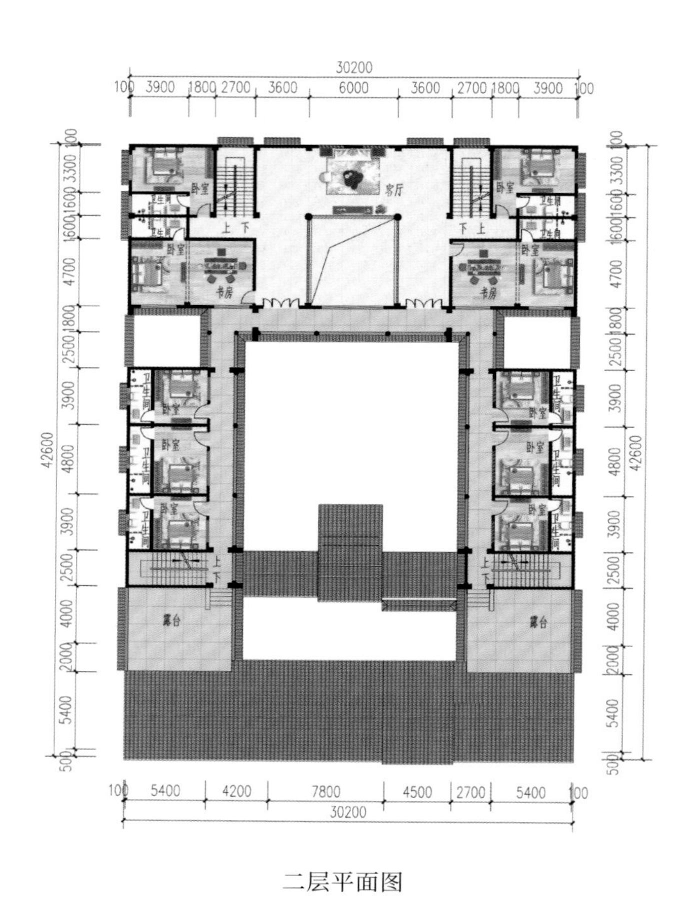
30200
100 3900 1800 2700 3600 6000 3600 2700 1800 3900 100
客厅
卧室
卫生间
书房
上
下
露台
42600
100 3300 1600 1600 4700 1800 2500 3900 4800 3900 2500 4000 2000 5400 500
100 5400 4200 7800 4500 2700 5400 100

二层平面图

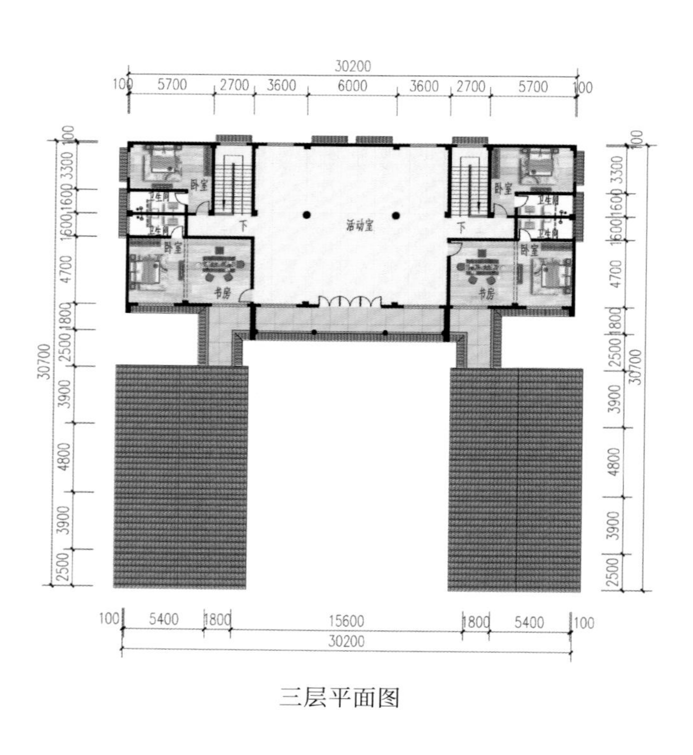
30200
100 5700 2700 3600 6000 3600 2700 5700 100
活动室
卧室
卫生间
书房
下
30700
100 3300 1600 1600 4700 1800 2500 3900 4800 3900 2500
100 5400 1800 15600 1800 5400 100

三层平面图

案例 29

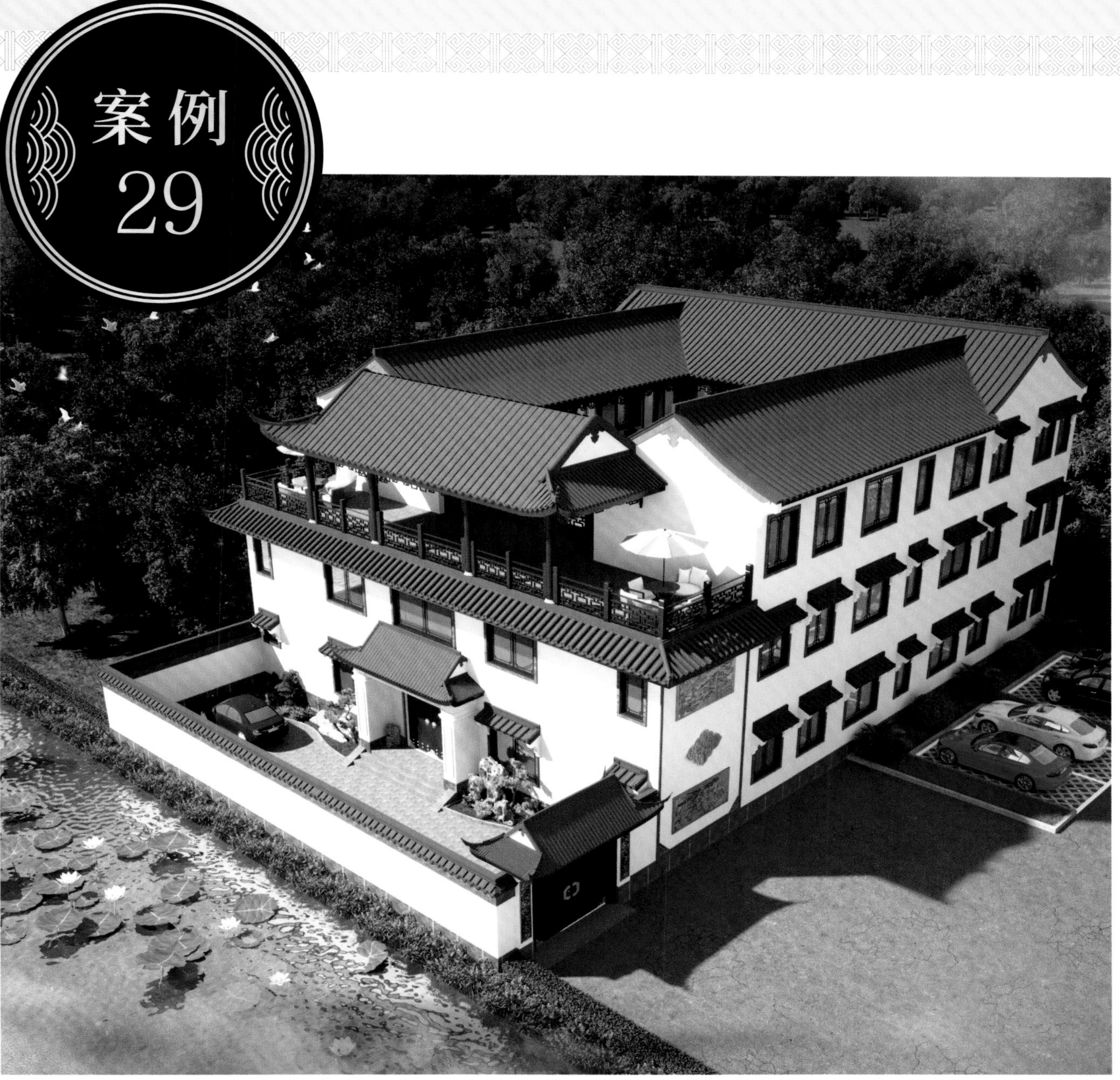

外观效果图

户型信息

【图纸编号】103

【建筑层数】3 层

【用地宽度】20.37 米

【用地长度】33.24 米

【用地面积】677.10 平方米

【建筑面积】1332.29 平方米

扫码观看相关视频

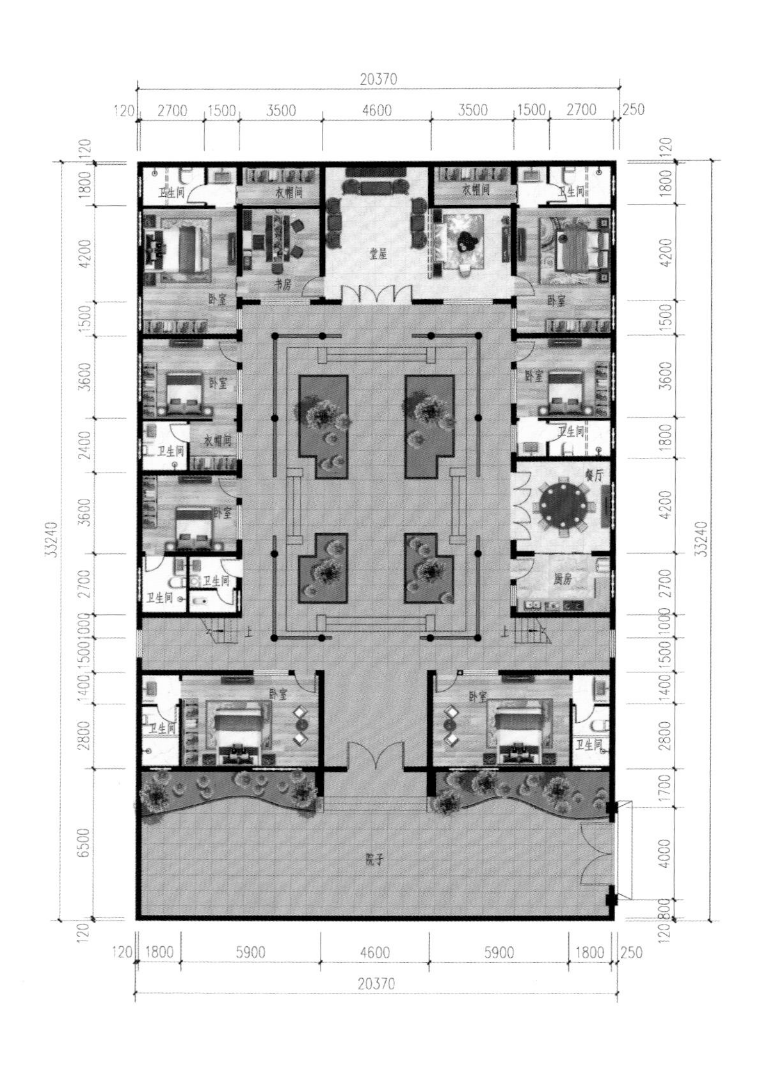

一层平面图

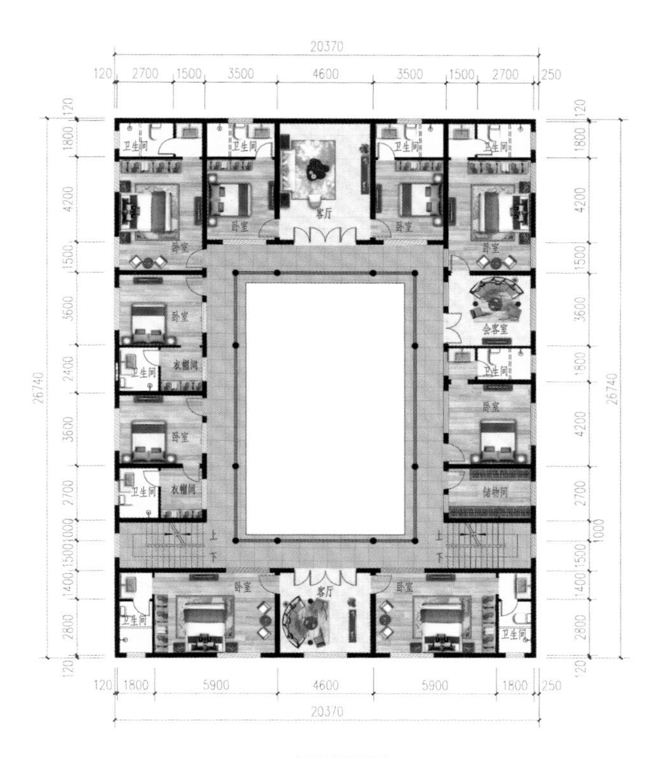
20370
120 2700 1500 3500 4600 3500 1500 2700 250
卫生间
卧室
客厅
会客室
衣橱间
储物间
上
下
120 1800 4200 1500 3600 2400 3600 2700 1000 1500 1400 2800 120
26740
120 1800 4200 1500 3600 1800 4200 2700 1000 1500 1400 2800 120
26740
120 1800 5900 4600 5900 1800 250
20370

二层平面图

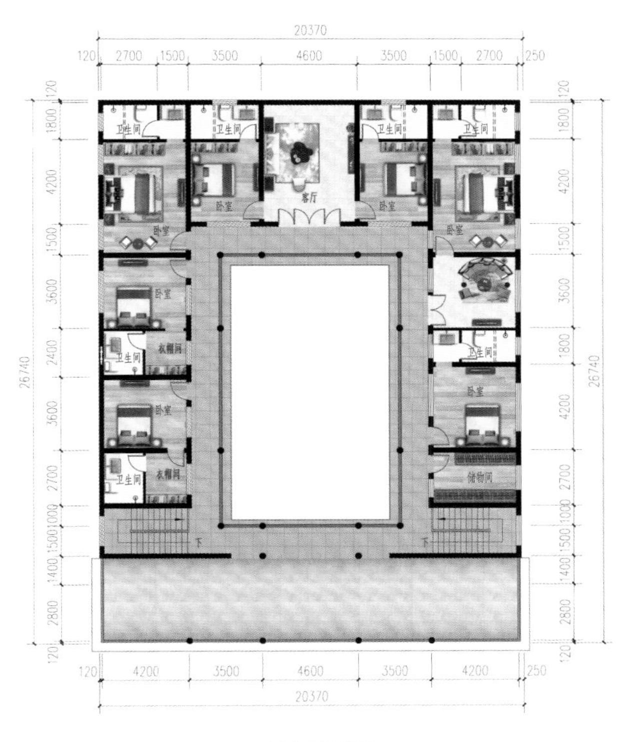
20370
120 2700 1500 3500 4600 3500 1500 2700 250
卫生间
卧室
客厅
衣橱间
储物间
下
120 1800 4200 1500 3600 2400 3600 2700 1000 1500 1400 2800 120
26740
120 1800 4200 1500 3600 1800 4200 2700 1000 1500 1400 2800 120
26740
120 4200 3500 4600 3500 4200 250
20370

三层平面图

案例 30

外观效果图

景墙效果图

户型信息

【图纸编号】208
【建筑层数】3 层
【用地宽度】36.25 米
【用地长度】54.13 米
【用地面积】1962.21 平方米
【建筑面积】3100.63 平方米

扫码观看相关视频

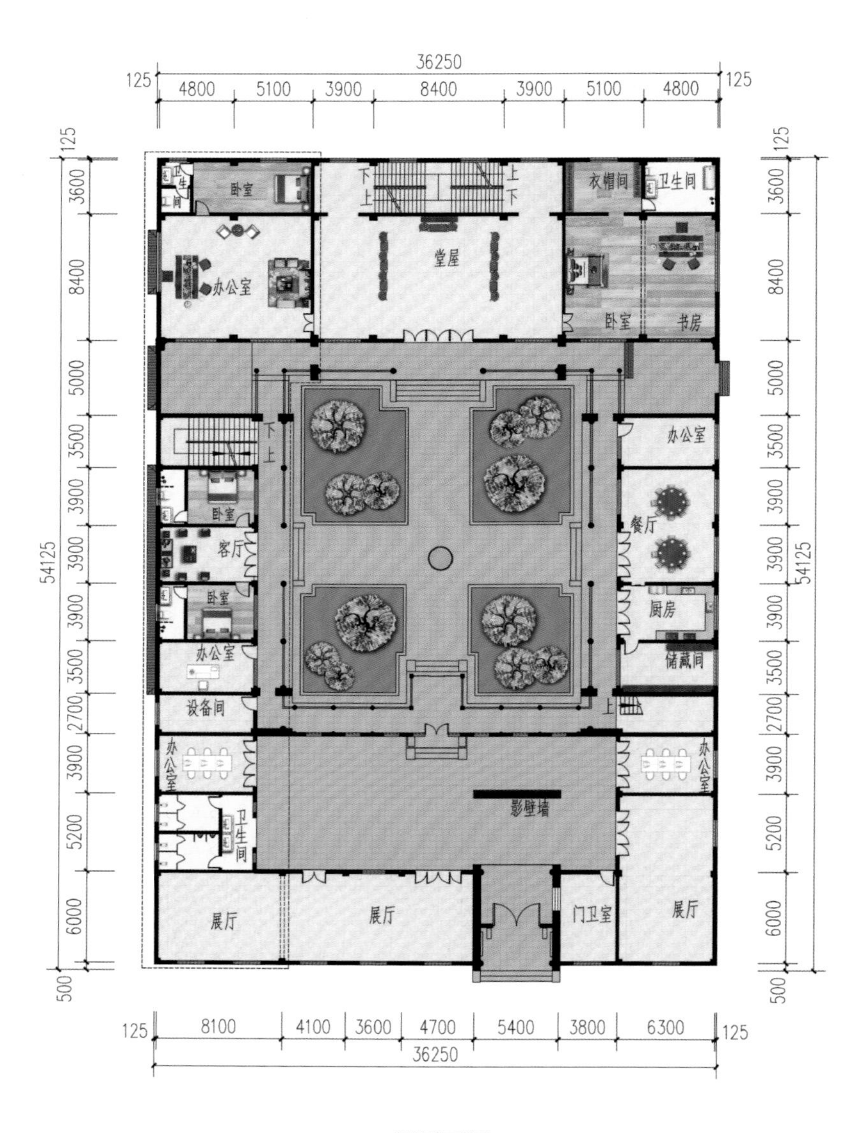

一层平面图

◆ 注：虚线下方为地下室。

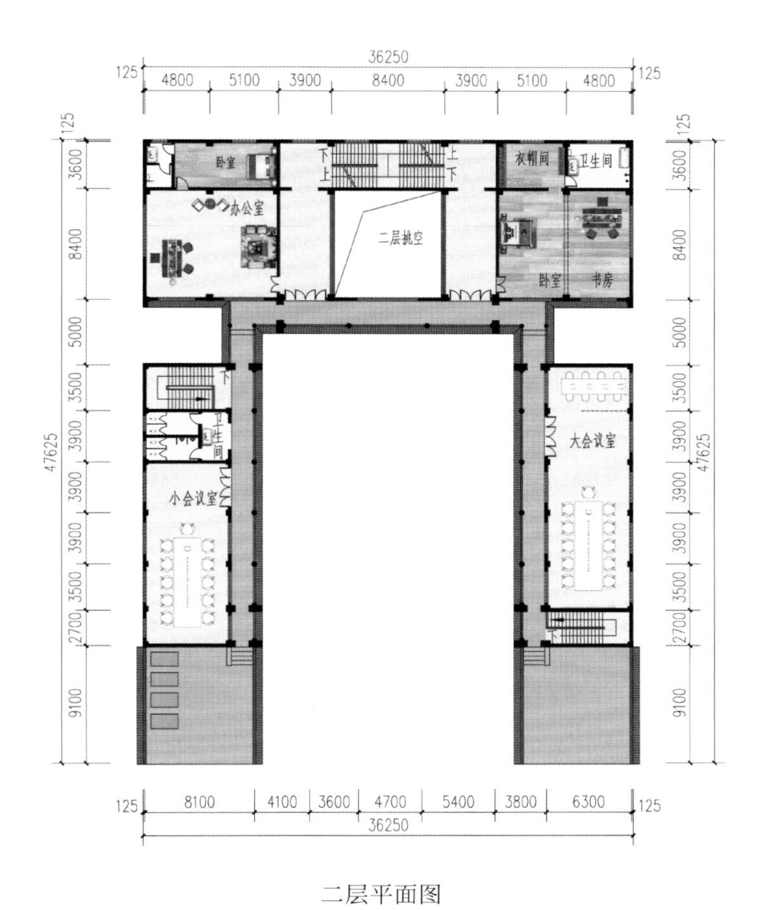
36250
125
4800
5100
3900
8400
3900
5100
4800
125
卧室
办公室
上
下
二层挑空
衣帽间
卫生间
卧室
书房
大会议室
小会议室
47625
8100
4100
3600
4700
5400
3800
6300
9100

二层平面图

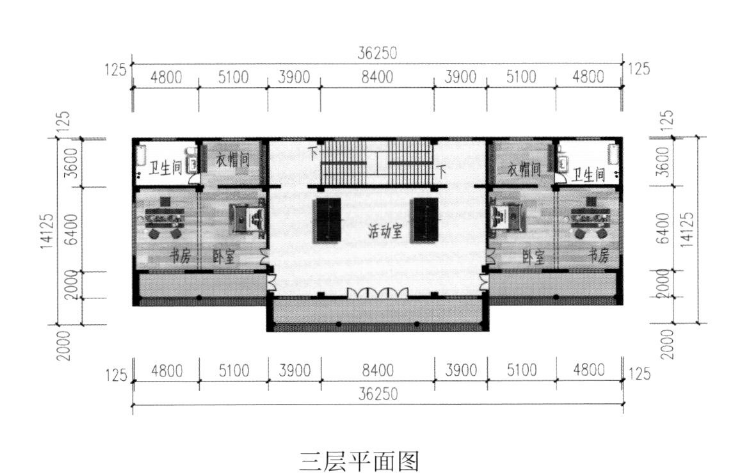
36250
125
4800
5100
3900
8400
3900
5100
4800
125
卫生间
衣帽间
书房
卧室
活动室
下
14125
3600
6400
2000

三层平面图

第五章 宗祠案例

案例01

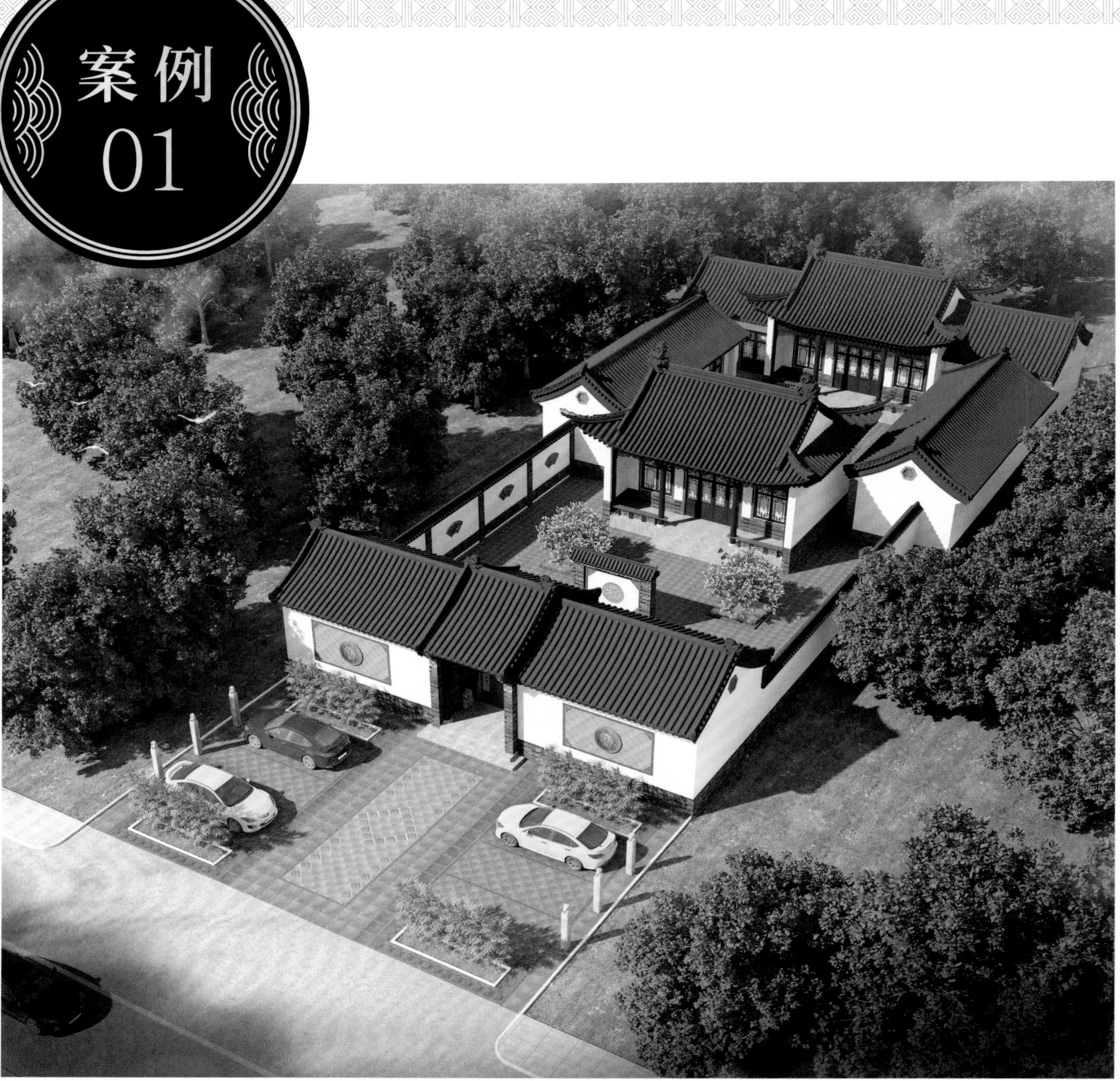

外观效果图

户型信息

【图纸编号】092　【用地宽度】22.54 米　【用地面积】1037.74 平方米

【建筑层数】1 层　【用地长度】46.04 米　【建筑面积】472.87 平方米

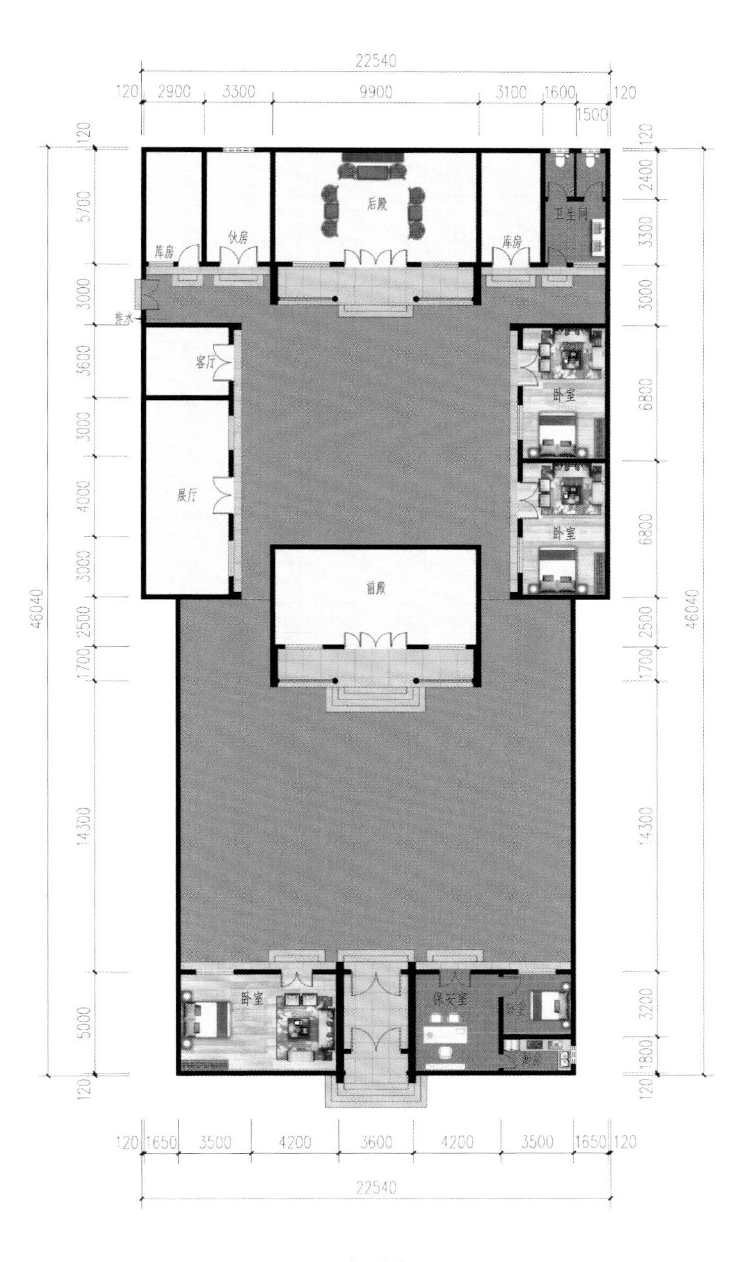

平面图

案例02

外观效果图

户型信息

【图纸编号】181　【用地宽度】21.99 米　【用地面积】1035.51 平方米

【建筑层数】1 层　【用地长度】47.09 米　【建筑面积】703.08 平方米

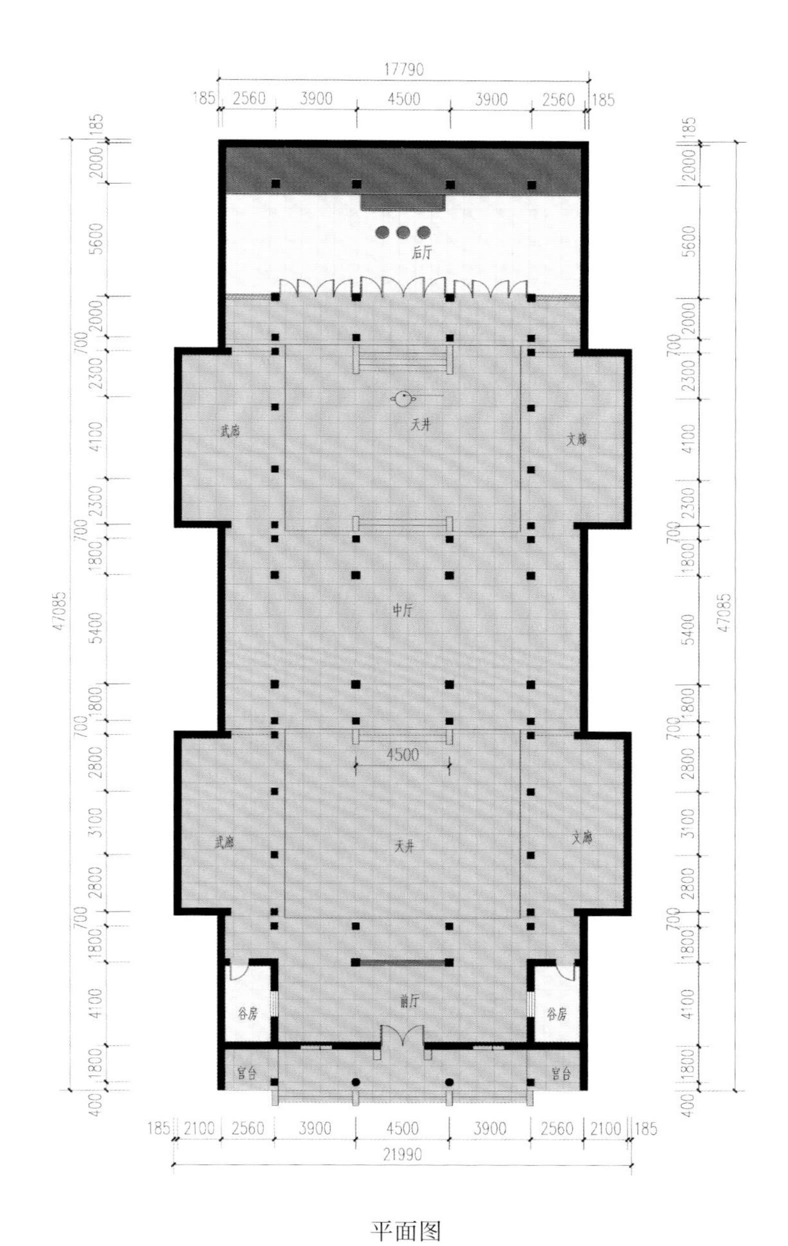

平面图

案例 03

外观效果图

户型信息

【图纸编号】180　【用地宽度】12.60 米　【用地面积】327.60 平方米

【建筑层数】1 层　【用地长度】26.00 米　【建筑面积】344.69 平方米

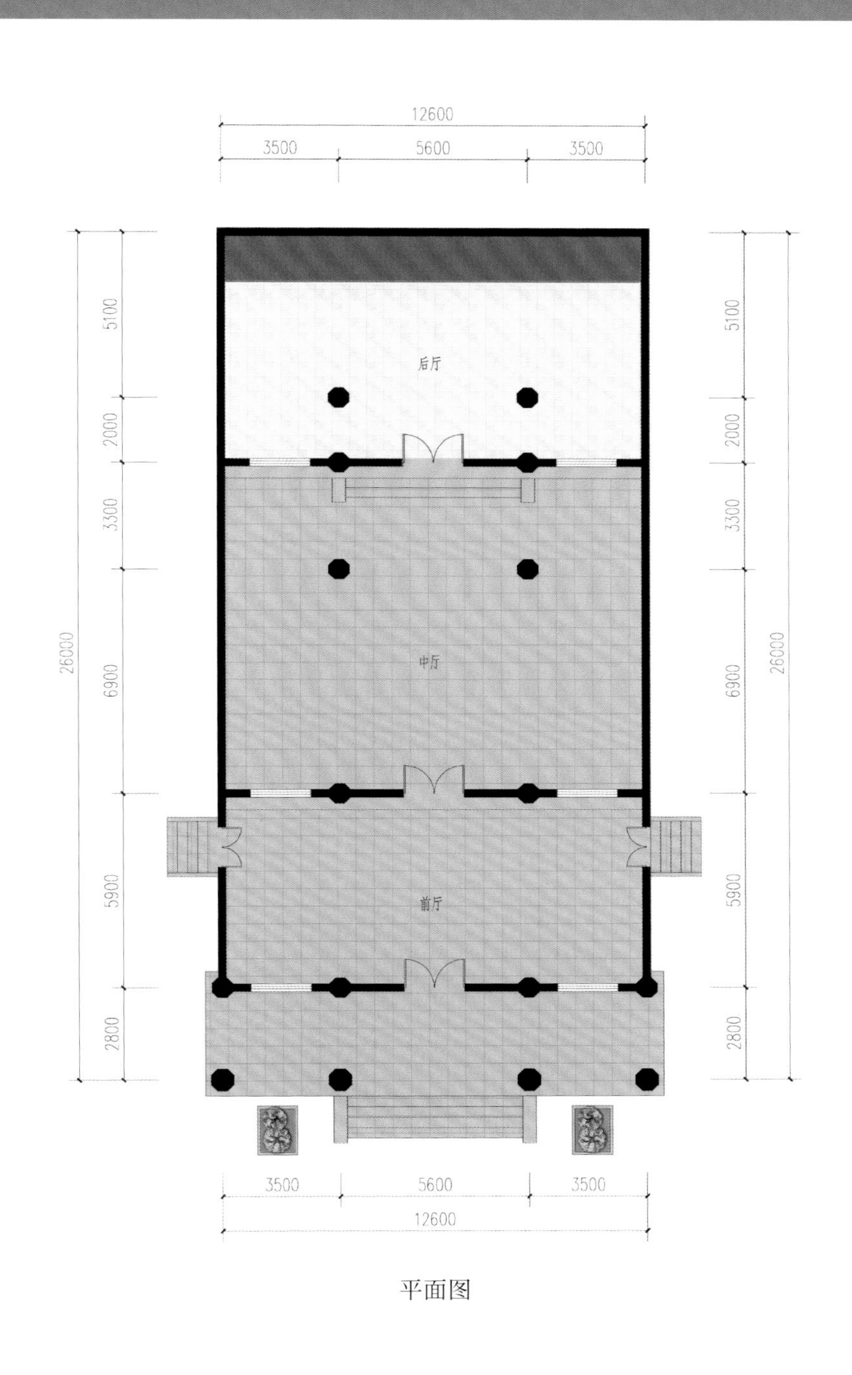

平面图

案例 04

外观效果图

户型信息

【图纸编号】182　【用地宽度】8.03 米　【用地面积】122.94 平方米

【建筑层数】1 层　【用地长度】15.31 米　【建筑面积】108.82 平方米

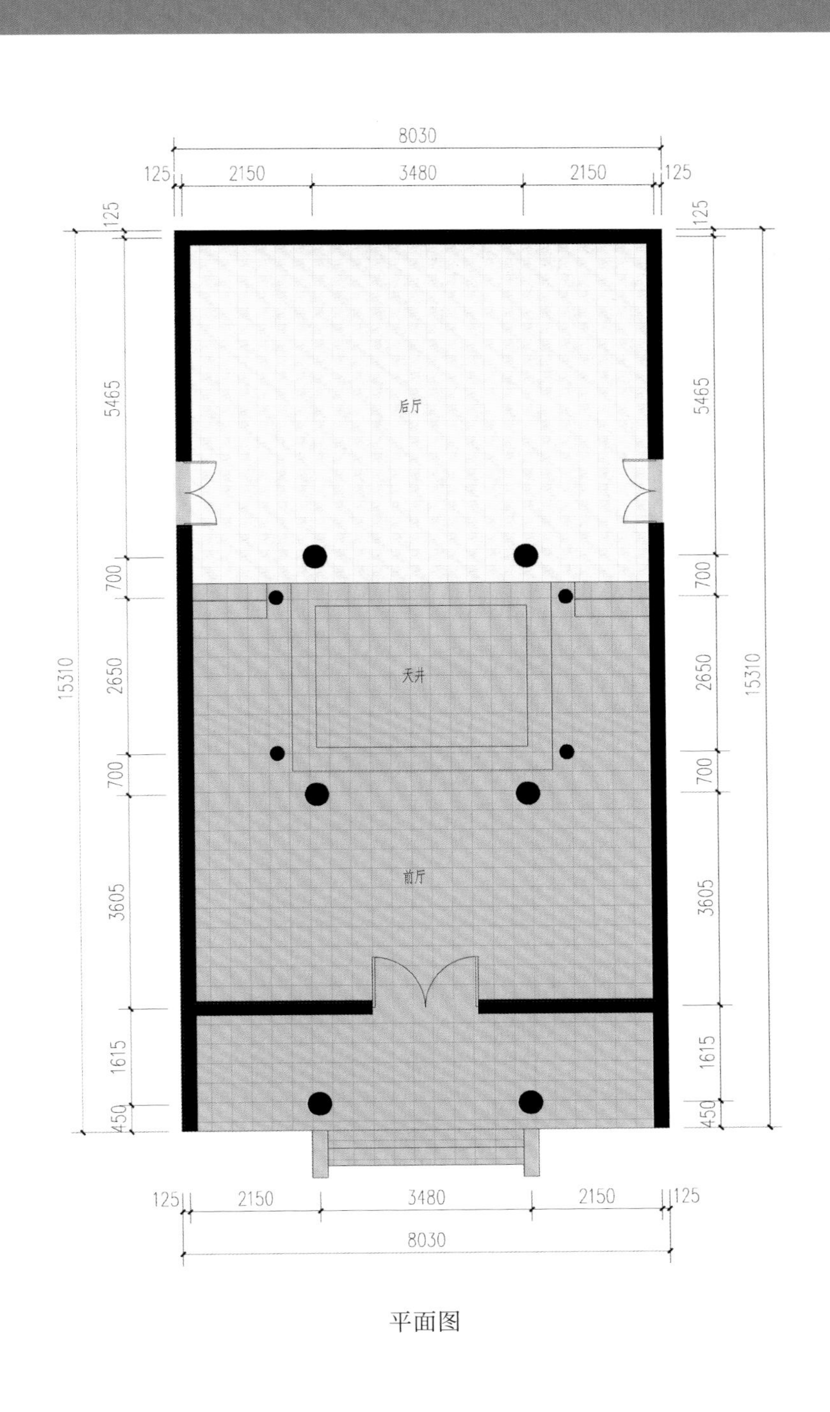

平面图

案例 05

外观效果图

户型信息

【图纸编号】183　　【用地宽度】18.80 米　　【用地面积】297.04 平方米

【建筑层数】1 层　　【用地长度】15.80 米　　【建筑面积】263.44 平方米

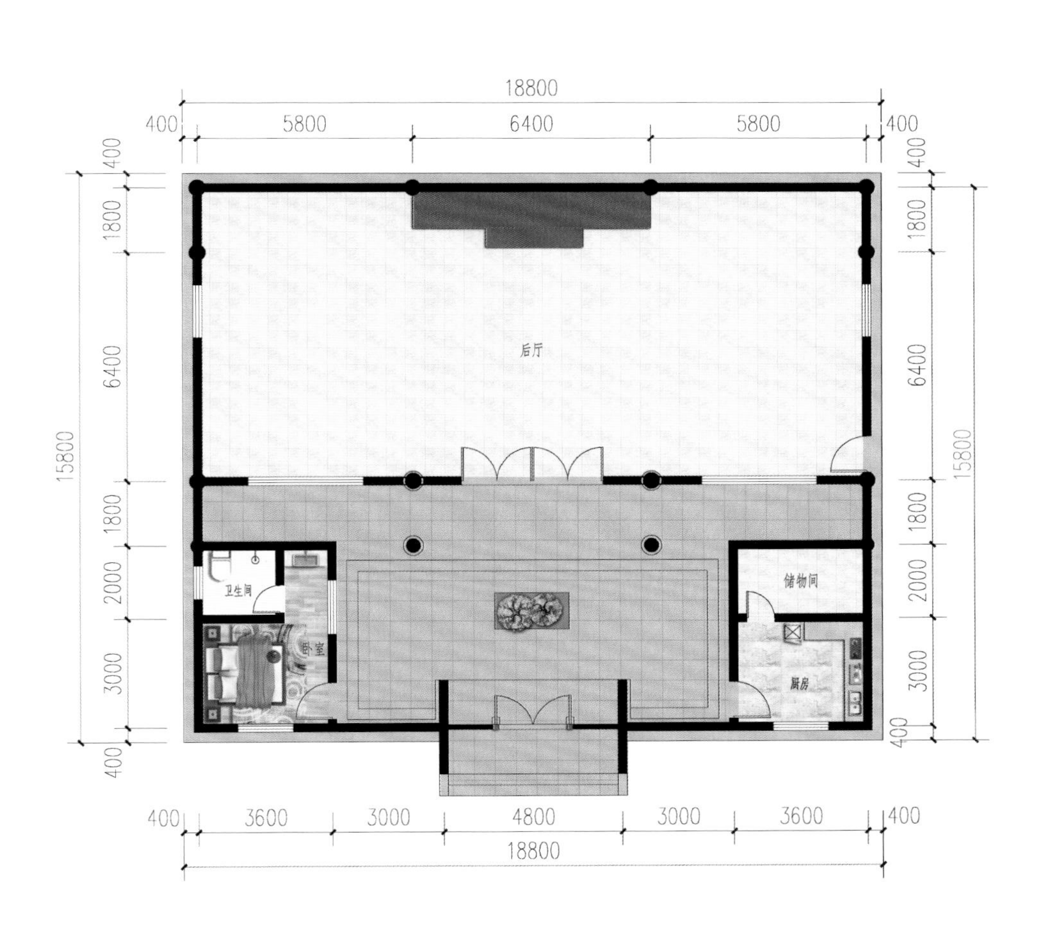

平面图

案例 06

外观效果图

户型信息

【图纸编号】186　　【用地宽度】11.50 米　　【用地面积】189.75 平方米

【建筑层数】1 层　　【用地长度】16.50 米　　【建筑面积】190.06 平方米

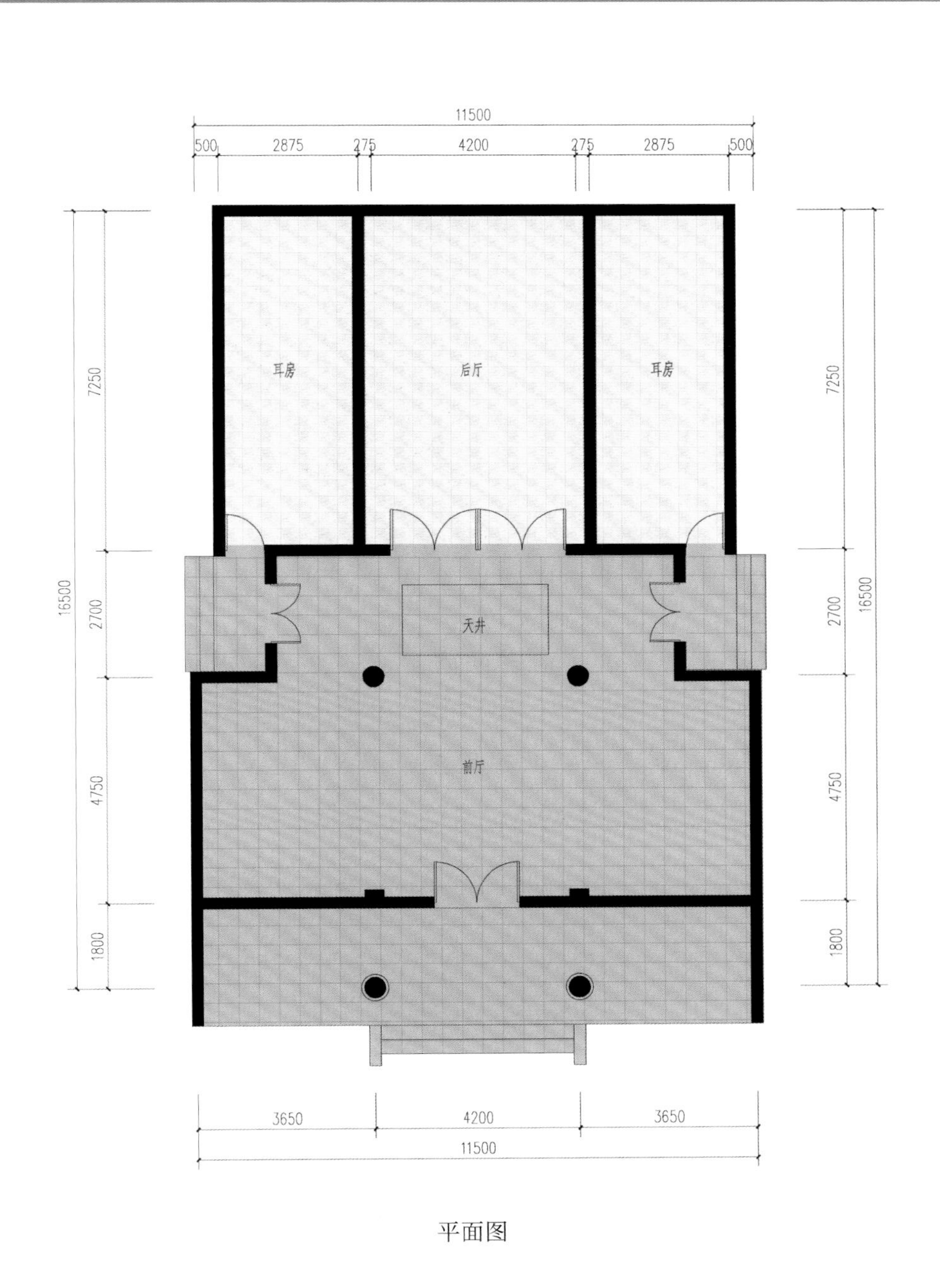

平面图

外观效果图

户型信息

【图纸编号】184　【用地宽度】15.24 米　【用地面积】315.77 平方米

【建筑层数】1 层　【用地长度】20.72 米　【建筑面积】269.77 平方米

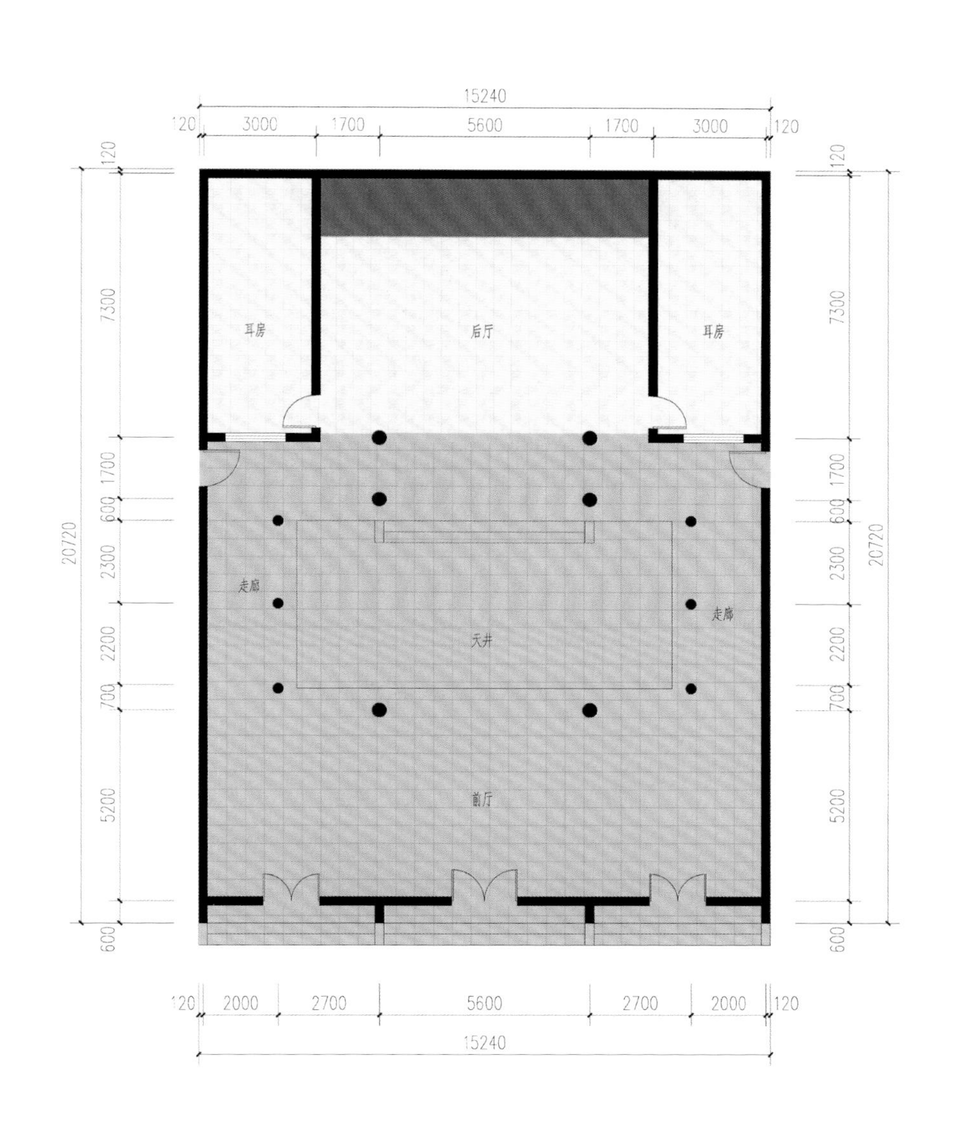

平面图

外观效果图

户型信息

【图纸编号】185　　【用地宽度】11.74 米　　【用地面积】236.21 平方米

【建筑层数】1 层　　【用地长度】20.12 米　　【建筑面积】230.63 平方米

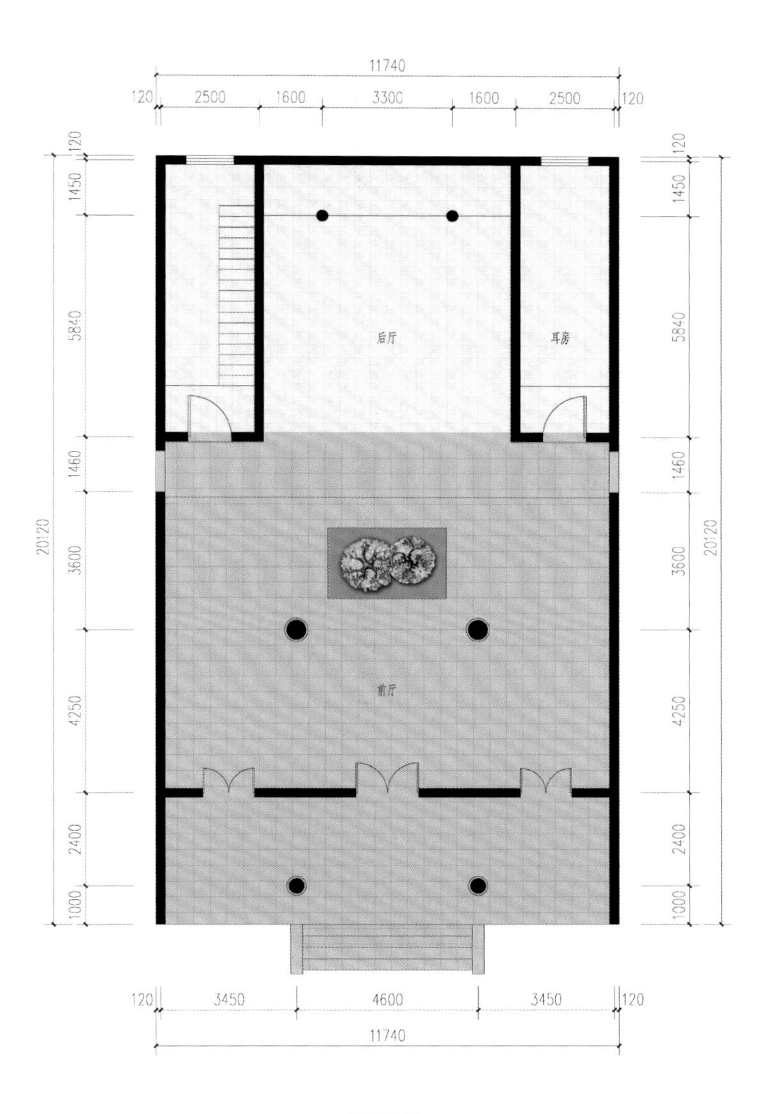

平面图

外观效果图

户型信息

【图纸编号】189　　【用地宽度】18.89 米　　【用地面积】451.66 平方米

【建筑层数】1 层　　【用地长度】23.91 米　　【建筑面积】395.78 平方米

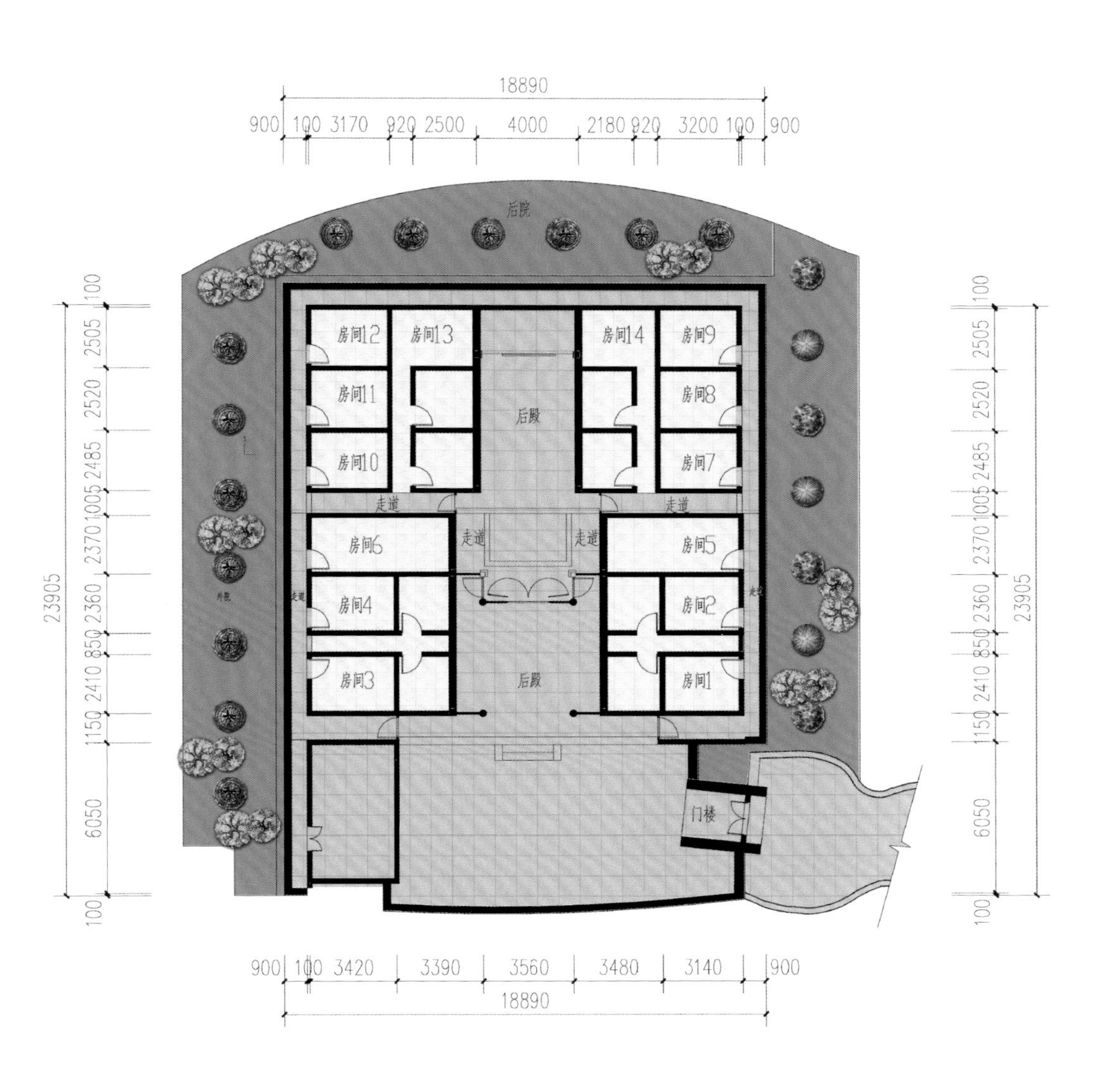

平面图

案例 10

外观效果图

户型信息

【图纸编号】190

【建筑层数】1 层

【用地宽度】9.44 米

【用地长度】18.92 米

【用地面积】178.60 平方米

【建筑面积】160.12 平方米

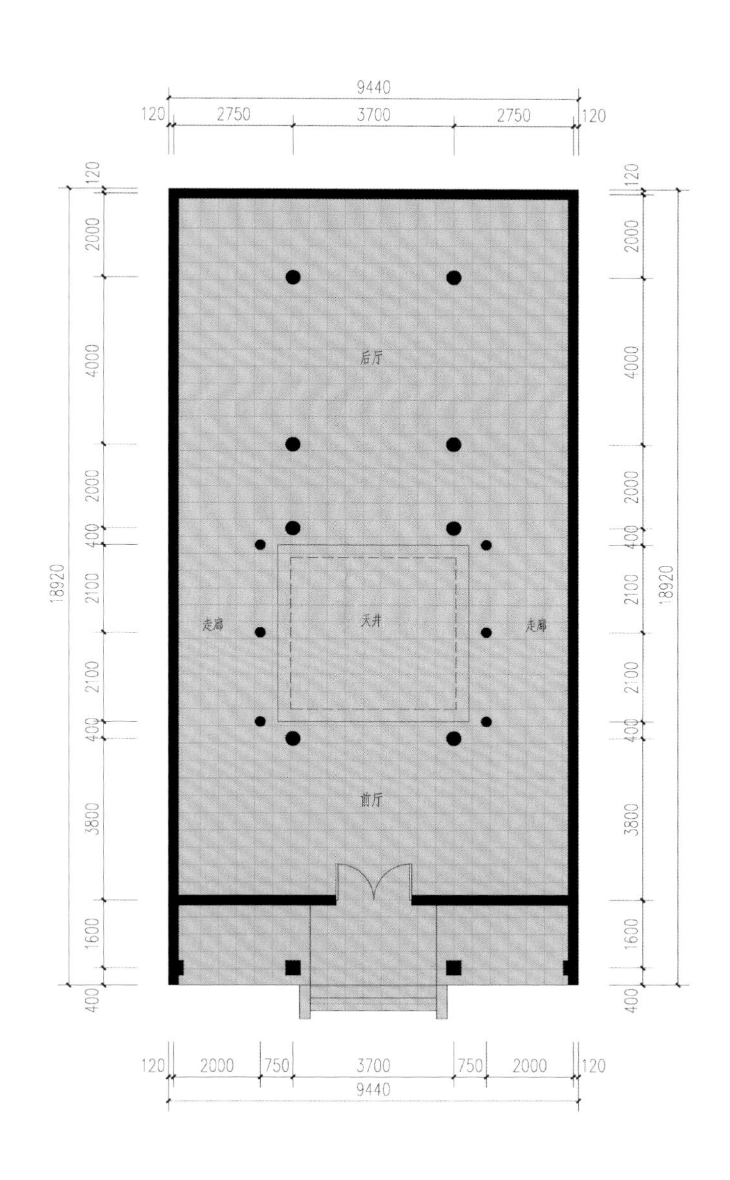

平面图

案例 11

外观效果图

户型信息

【图纸编号】187　**【用地宽度】**10.44 米　**【用地面积】**362.79 平方米

【建筑层数】2 层　**【用地长度】**34.75 米　**【建筑面积】**610.92 平方米

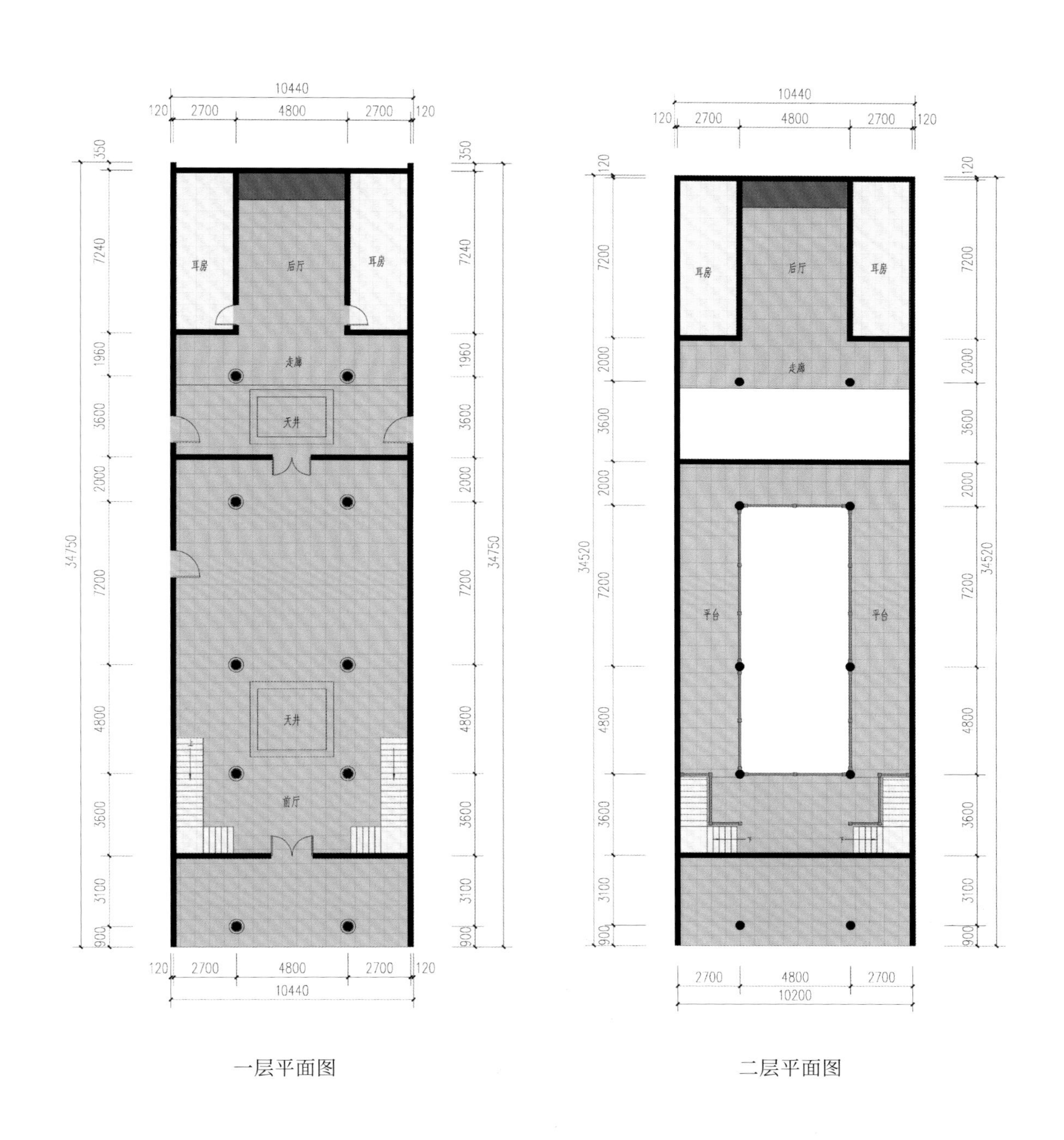

一层平面图

二层平面图

案例 12

外观效果图

户型信息

【图纸编号】179　【用地宽度】27.2 米　【用地面积】1093.44 平方米

【建筑层数】3 层　【用地长度】40.2 米　【建筑面积】1004.63 平方米

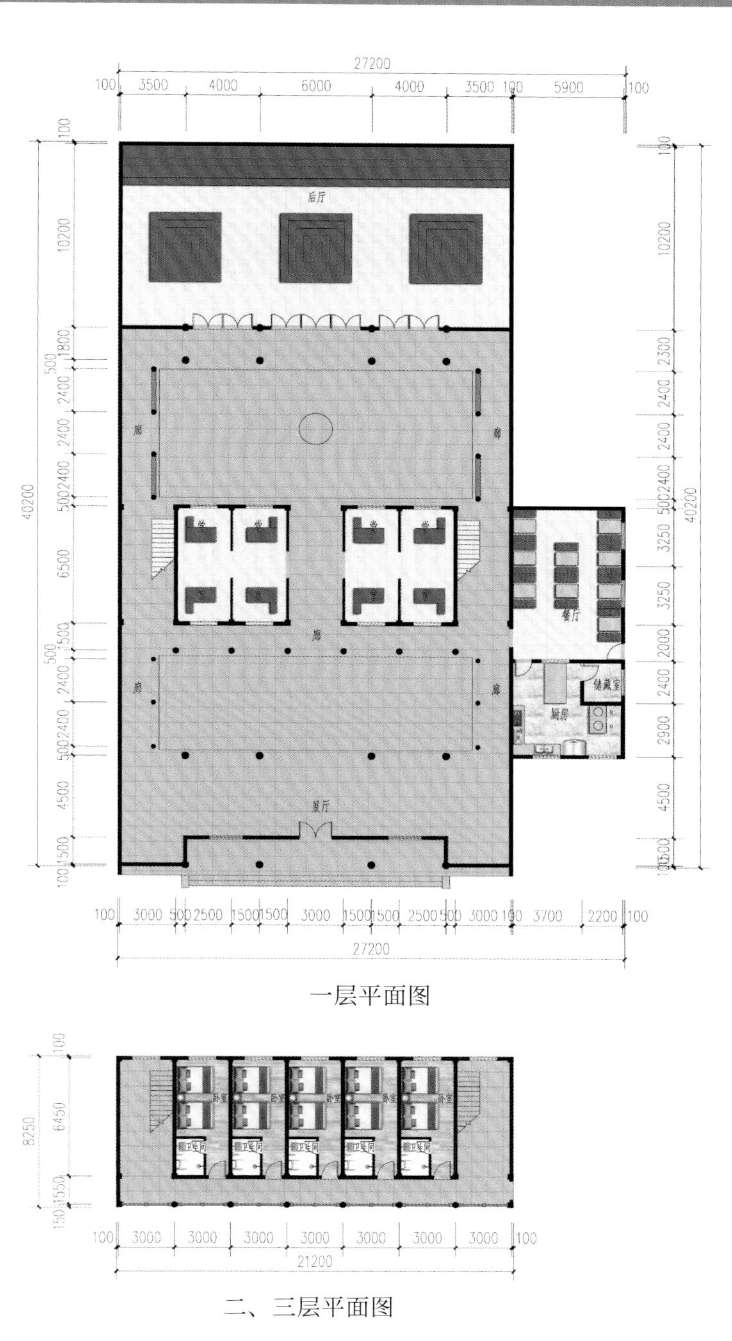

一层平面图

二、三层平面图

注：仅中间一栋为三层建筑。

外观效果图

户型信息

【图纸编号】188 【用地宽度】13.85 米 【用地面积】348.47 平方米

【建筑层数】3 层 【用地长度】25.16 米 【建筑面积】587.54 平方米

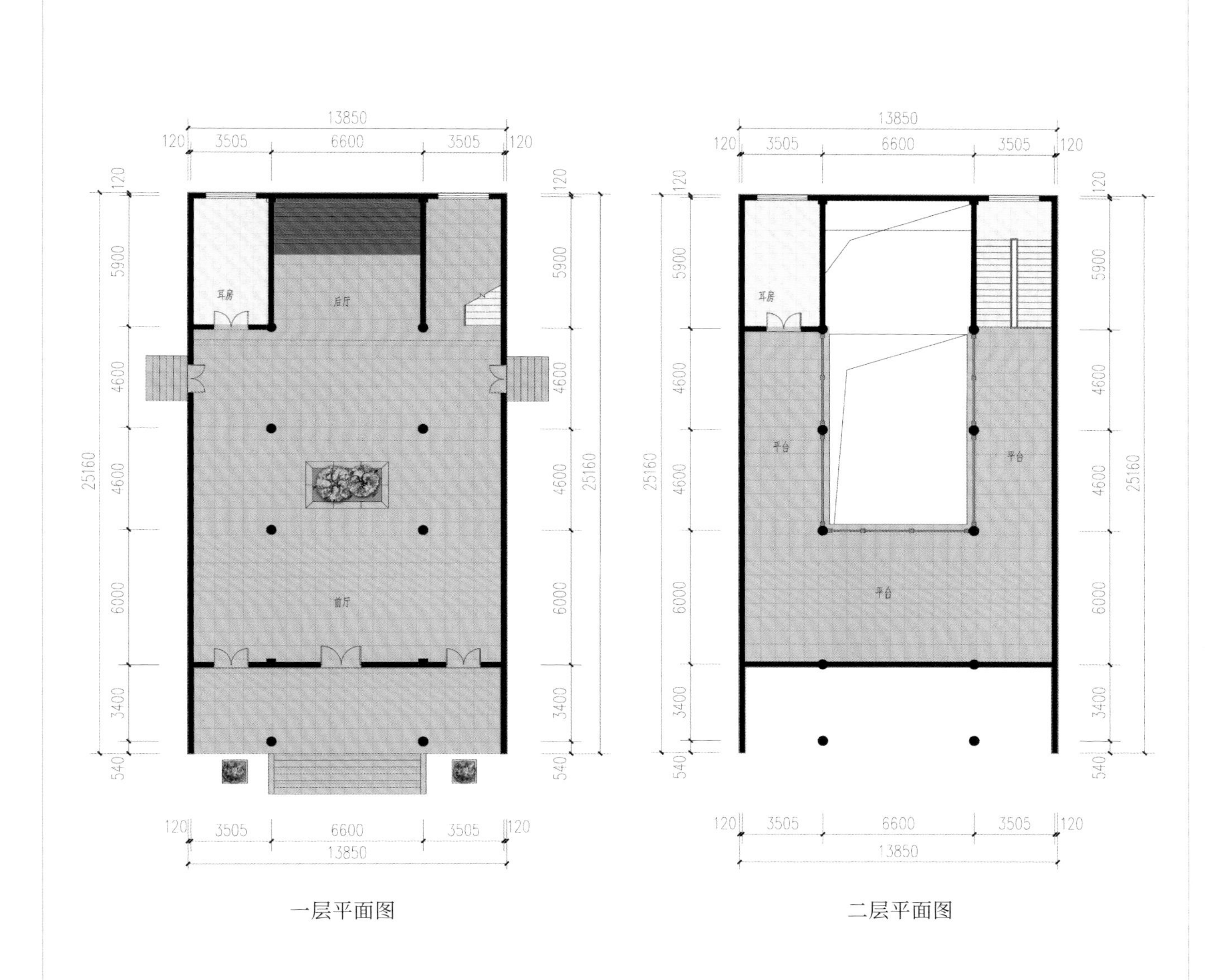

一层平面图

二层平面图

注：三层布局与二层相同。

索引

◉ 案例 01 图纸编号：193 第 008 页

◉ 案例 02 图纸编号：202 第 010 页

◉ 案例 03 图纸编号：174 第 012 页

◉ 案例 04 图纸编号：176 第 014 页

◉ 案例 05 图纸编号：175 第 016 页

◉ 案例 06 图纸编号：150 第 018 页

◉ 案例 07 图纸编号：153 第 020 页

◉ 案例 08 图纸编号：231 第 022 页

◉ 案例 09 图纸编号：084 第 024 页

◉ 案例 10 图纸编号：205 第 027 页

◉ 案例 11 图纸编号：115 第 030 页

◉ 案例 12 图纸编号：128 第 032 页

◉ 案例 13 图纸编号：139 第 034 页

◉ 案例 14 图纸编号：178 第 036 页

● 案例 15 图纸编号：168 第 038 页

● 案例 16 图纸编号：171 第 040 页

● 案例 17 图纸编号：166 第 042 页

● 案例 18 图纸编号：164 第 044 页

● 案例 19 图纸编号：191 第 046 页

● 案例 20 图纸编号：133 第 048 页

● 案例 21 图纸编号：140 第 051 页

● 案例 22 图纸编号：144 第 054 页

● 案例 23 图纸编号：158 第 057 页

● 案例 01 图纸编号：236 第 062 页

● 案例 02 图纸编号：177 第 064 页

● 案例 03 图纸编号：071 第 066 页

● 案例 04 图纸编号：173 第 068 页

● 案例 05 图纸编号：085 第 070 页

◉ 案例 06　图纸编号：098　　第 072 页

◉ 案例 07　图纸编号：307　　第 074 页

◉ 案例 08　图纸编号：297　　第 076 页

◉ 案例 09　图纸编号：255　　第 078 页

◉ 案例 10　图纸编号：264　　第 080 页

◉ 案例 11　图纸编号：199　　第 082 页

◉ 案例 12　图纸编号：212　　第 084 页

◉ 案例 13　图纸编号：294　　第 086 页

◉ 案例 14　图纸编号：286　　第 088 页

◉ 案例 15　图纸编号：303　　第 090 页

◉ 案例 16　图纸编号：130　　第 092 页

◉ 案例 17　图纸编号：143　　第 095 页

◉ 案例 18　图纸编号：146　　第 098 页

◉ 案例 19　图纸编号：151　　第 100 页

◉ 案例 20　图纸编号：243　　第 102 页

◉ 案例 21 图纸编号：211 第 105 页

◉ 案例 22 图纸编号：228 第 108 页

◉ 案例 23 图纸编号：099 第 111 页

◉ 案例 24 图纸编号：123 第 114 页

◉ 案例 01 图纸编号：204 第 120 页

◉ 案例 02 图纸编号：235 第 122 页

◉ 案例 03 图纸编号：295 第 124 页

◉ 案例 04 图纸编号：095 第 126 页

◉ 案例 05 图纸编号：112 第 128 页

◉ 案例 06 图纸编号：114 第 130 页

◉ 案例 07 图纸编号：120 第 132 页

◉ 案例 08 图纸编号：135 第 134 页

◉ 案例 09 图纸编号：154 第 136 页

◉ 案例 10 图纸编号：155 第 138 页

◉ 案例 11 图纸编号：156 第 140 页

◉ 案例 12 图纸编号：165 第 142 页

◉ 案例 13 图纸编号：167 第 144 页

◉ 案例 14 图纸编号：306 第 146 页

◉ 案例 15 图纸编号：241 第 148 页

◉ 案例 16 图纸编号：305 第 150 页

◉ 案例 17 图纸编号：079 第 152 页

◉ 案例 18 图纸编号：066 第 154 页

◉ 案例 19 图纸编号：068 第 157 页

◉ 案例 20 图纸编号：268 第 160 页

◉ 案例 21 图纸编号：075 第 163 页

◉ 案例 22 图纸编号：082 第 166 页

◉ 案例 23 图纸编号：101 第 168 页

第四章
四合院
案例

◉ 案例 03 图纸编号：282 第 210 页

◉ 案例 04 图纸编号：290 第 212 页

◉ 案例 05 图纸编号：301 第 214 页

◉ 案例 06 图纸编号：195 第 216 页

◉ 案例 07 图纸编号：100 第 218 页

◉ 案例 08 图纸编号：104 第 220 页

◉ 案例 09 图纸编号：106 第 222 页

◉ 案例 10 图纸编号：111 第 224 页

◉ 案例 11 图纸编号：267 第 226 页

◉ 案例 12 图纸编号：252 第 228 页

◉ 案例 13 图纸编号：122 第 230 页

◉ 案例 14 图纸编号：124 第 232 页

◉ 案例 15 图纸编号：125 第 234 页

◉ 案例 16 图纸编号：131 第 236 页

◉ 案例 17 图纸编号：278 第 238 页

◉ 案例 01 图纸编号：092 第 276 页

◉ 案例 02 图纸编号：181 第 278 页

◉ 案例 03 图纸编号：180 第 280 页

◉ 案例 04 图纸编号：182 第 282 页

◉ 案例 05 图纸编号：183 第 284 页

◉ 案例 06 图纸编号：186 第 286 页

◉ 案例 07 图纸编号：184 第 288 页

◉ 案例 08 图纸编号：185 第 290 页

◉ 案例 09 图纸编号：189 第 292 页

◉ 案例 10 图纸编号：190 第 294 页

◉ 案例 11 图纸编号：187 第 296 页

◉ 案例 12 图纸编号：179 第 298 页

◉ 案例 13 图纸编号：188 第 300 页